U0262965

高硫铝土矿脱硫工艺与技术

李军旗　金会心　陈朝轶　等 著

科学出版社

北 京

内 容 简 介

高硫铝土矿在我国铝土矿资源中占有相当大的比重，其开发利用可以缓解我国铝土矿资源短缺的问题及降低对外依存度。但高硫铝土矿中的硫会对氧化铝的生产过程产生非常严重的影响，因此高硫铝土矿的开发利用涉及脱硫的问题。本专著是在课题组成员多年研究成果的基础上编写而成的，包括高硫铝土矿资源概况、高硫铝土矿工艺矿物学、硫对铝酸钠溶液性质及分解的影响、高硫铝土矿拜耳法高压溶出及强化脱硫、高硫铝土矿拜耳法工序钡盐脱硫、高硫铝土矿焙烧脱硫等内容。

本书可作为有色金属冶金和轻金属冶金行业的科研人员和工程技术人员的参考书籍，也可作为冶金工程专业本科生、硕士研究生轻金属冶金教学的辅助教材。

图书在版编目(CIP)数据

高硫铝土矿脱硫工艺与技术 / 李军旗等著. —北京:科学出版社, 2022.11
ISBN 978-7-03-072028-3

Ⅰ.①高… Ⅱ.①李… Ⅲ.①铝土矿−脱硫 Ⅳ.①TD952.5

中国版本图书馆 CIP 数据核字 (2022) 第 054933 号

责任编辑：叶苏苏 / 责任校对：彭 映
责任印制：罗 科 / 封面设计：义和文创

科 学 出 版 社 出版
北京东黄城根北街16号
邮政编码：100717
http://www.sciencep.com

四川煤田地质制图印刷厂印刷
科学出版社发行 各地新华书店经销

*

2022 年 11 月第 一 版 开本：B5 (720×1000)
2022 年 11 月第一次印刷 印张：17
字数：343 000
定价：198.00 元
（如有印装质量问题，我社负责调换）

前　　言

　　铝土矿是生产氧化铝最主要的矿石资源，是促进我国铝工业可持续发展的重要基础原材料。但相比丰富的世界铝土矿资源来说，我国铝土矿资源储量占世界总储量的比例较低，是铝土矿资源相对贫乏的国家，而我国每年的氧化铝和电解铝产量分别占到世界总产量的一半以上，并且随着我国氧化铝工业和电解铝工业的大力发展，对铝土矿资源需求旺盛，使得高品质铝土矿资源几近枯竭，铝土矿的对外依存度达到 60% 左右，铝土矿资源成为制约我国铝工业发展的瓶颈。加大我国铝土矿资源的勘查及复杂难处理矿石的开发利用是保障我国铝工业可持续发展的有效途径。而在复杂难处理铝土矿的开发利用中，高硫铝土矿的开发利用占有重要地位。

　　铝土矿中的全硫含量大于 0.7%，即为高硫铝土矿。目前，高硫铝土矿占我国已查明铝土矿资源储量的 23%，主要分布在贵州、河南、山东等省，贵州省高硫铝土矿资源丰富，随着贵州黔北务正道地区铝土矿的资源勘查，贵州省高硫铝土矿已查明资源储量占到我国高硫铝土矿资源储量的一半以上，以贵阳清镇猫场、遵义地区和黔北务正道地区铝土矿资源为代表，矿石类型以一水硬铝石型为主，平均含硫量达到 1.1%。这些储量丰富的高硫型铝土矿的开发利用，可在很大程度上解决我国铝土矿资源严重短缺的问题及降低对外依存度，保证我国氧化铝工业的可持续发展。高硫铝土矿中的硫通常以黄铁矿(FeS_2)的形态存在，在拜耳法高压溶出过程中，硫主要以 S^{2-}、$S_2O_3^{2-}$、SO_3^{2-} 和 SO_4^{2-} 等形态存在于铝酸钠溶液中，并在拜耳法循环过程中不断累积，严重影响氧化铝生产过程的正常进行，如增加碱耗、降低产品质量、加速设备腐蚀的进程、蒸发排盐困难等，因此，高硫铝土矿的大规模开发利用必须首先解决脱硫的问题。

　　本书根据目前氧化铝生产工艺对高硫铝土矿的大量需求及生产应用中存在的问题，在作者针对高硫铝土矿脱硫工艺和技术多年研究成果的基础上撰写而成。包括高硫铝土矿资源概况、高硫铝土矿工艺矿物学、硫对铝酸钠溶液性质及分解的影响、高硫铝土矿拜耳法高压溶出及强化脱硫、高硫铝土矿拜耳法工序钡盐脱硫、高硫铝土矿焙烧脱硫共 6 章内容。课题组领衔人李军旗教授负责本书的整体思路、结构与章节规划；金会心统筹全书的修订及编辑工作。邓勇撰写第 1 章，金会心撰写第 2 章，权变利撰写第 3 章，兰苑培撰写第 4 章，陈朝轶撰写第 5 章，徐本军撰写第 6 章。本书可作为有色金属冶金和轻金属冶金行业的科研人员和工程技术人员的参考书籍，也可作为冶金工程专业本科生、硕士研究生轻金属冶金教学的辅助教材。

  课题组长期从事高硫铝土矿脱硫工艺与技术研发工作，但是由于本书涉及内容研究周期长，矿石品种多，外加作者水平有限，书中难免有不足之处，恳请读者批评指正。

作者

2022 年 8 月

目　　录

第1章 高硫铝土矿概况

铝土矿是生产氧化铝的主要原料,在我国国民经济中有重要的地位和作用。近年来,我国氧化铝的产能迅速增长,导致国内优质铝土矿资源逐步短缺,进口铝土矿剧增,已成为全球第一大氧化铝生产和铝土矿消费国。当前,我国对进口铝土矿资源的依存度高达 60%以上,加上出口政策限制、主导定价权等因素,导致我国铝土矿资源供应风险系数加大。铝土矿资源的消耗急剧上升,尤其是国内铝土矿资源质量每况愈下,开采消耗速度超过探明储量增长速度,高品质铝土矿资源的保证程度日趋严峻,资源问题已经成为制约我国氧化铝工业可持续发展的主要瓶颈。因此,加快勘探和合理开采其他类型铝土矿,扩大铝土矿可用资源量,并开发完善的综合利用技术,提高资源利用率势在必行。高硫铝土矿是指硫含量高于 0.7%的铝土矿,主要分布在河南、贵州、广西等地,是氧化铝工业重要的潜在可利用资源,至今未得到大规模的工业利用,主要原因在于硫含量过高会对氧化铝的生产过程产生非常严重的影响,使生产工序不能正常进行。因此开展高硫铝土矿脱硫工艺与技术的研究对于缓解我国铝土矿供矿危机,保证氧化铝工业的可持续发展具有重要战略和现实意义。本节主要从高硫铝土矿资源概况、地质和矿床特征及开发利用现状 3 个方面来综述高硫铝土矿整体的概况。

1.1 高硫铝土矿资源概况

1.1.1 世界铝土矿资源概况

铝土矿是潮湿的热带及亚热带气候条件下近地表风化作用的最终产物[1],以三水铝石、一水软铝石、一水硬铝石或混合型铝土矿为主要类型的矿石,主要化学成分为 Al_2O_3、SiO_2、Fe_2O_3、TiO_2 及少量的 CaO、MgO 和硫化物等。铝土矿是生产氧化铝的主要原料,其用量占全球铝土矿资源总产量的 90%以上[2]。国外铝土矿类型主要以三水铝石、一水软铝石-三水铝石混合型为主,其主要特点是中低铝、低硅、高铁、高铝硅比,适合于能耗、碱耗及生产成本低的拜耳法生产氧化铝。铝土矿的矿石类型、分布和质量状况直接影响全球氧化铝生产的成本和发展。因此,铝土矿资源对氧化铝工业的建设和可持续发展起决定性作用。目前,我国铝行业对进口铝土矿的依存度达 60%以上,资源供应能力面临较大压力。因此,分析全球铝土矿分布对于我国发展铝资源产业、提高国民经济水平以及保障国家战略发展具有重要意义[3]。

世界铝土矿资源极其丰富,资源保证度很高,遍及五大洲 50 多个国家和地区[4]。据美国地质调查局(United States Geological Survey)2020 年统计,全球铝土矿储量约为 300×10^8t,主要分布在非洲(32%)、大洋洲(23%)、南美洲(21%)、亚洲(18%)和其他地区(6%),世界铝土矿储量分布情况见表 1-1[5]。其中,几内亚铝土矿储量约占世界资源总储量的 24.7%,居世界首位;澳大利亚约占 20.0%,居世界第二位,上述两国的储量之和约占世界资源总储量的 45%,这与复杂多样的成矿环境和地质构造密切相关。南美的巴西和牙买加约占世界资源总储量的 15%。此外,亚洲的铝土矿储量在世界资源总储量中所占比例为 18%,越南和印尼储量分别为 37×10^8t 和 12×10^8t,中国为 10×10^8t。因此,从全球铝土矿储量的角度来看,我国不属于铝土矿资源丰富的国家。综上所述,全球铝土矿资源虽多,但资源分布极不均衡,一些铝工业发达的国家严重缺乏铝土矿资源,如美国、俄罗斯、德国和法国所拥有的铝土矿储量之和,还不到世界资源总储量的 2%。

表 1-1　世界铝土矿储量分布情况[5]

国家或地区	储量/10^8t	占全球储量比例/%	国家或地区	储量/10^8t	占全球储量比例/%
几内亚	74	24.7	印度	6.6	2.2
澳大利亚	60	20.0	俄罗斯	5	1.7
越南	37	12.3	沙特阿拉伯	2	0.7
巴西	26	8.7	马来西亚	1.1	0.4
牙买加	20	6.7	美国	0.2	0.1
印尼	12	4.0	其他国家	50	16.7
中国	10	3.3	全部国家	300	100.0

1.1.2　我国铝土矿资源概况

我国铝土矿资源较为丰富,是世界十大铝土矿资源国之一,居世界第七位[6]。自然资源部发布的《中国矿产资源报告(2019)》显示,2018 年我国铝土矿查明资源储量为 51.7×10^8t。中华人民共和国成立以来,铝土矿查明资源储量从 4.5×10^8t 增至 51.7×10^8t,增长约 10.5 倍。从分布地区上看,分布较广泛,但相对集中。全国 31 个省份中已有 19 个省份发现铝土矿资源,山西、广西、贵州和河南 4 省份铝土矿资源储量占全国的 90%以上[7]。截至 2016 年底,山西省铝土矿查明资源储量为 15.25×10^8t,位列全国第一,约 70%的资源储量分布在吕梁市和忻州市;河南省查明资源储量为 10.89×10^8t,位列全国第二;贵州省查明资源储量为 9.50×10^8t,基础储量为 1.44×10^8t,产地数为 136,位列全国第三;广西壮族自治

区查明资源储量为 8.86×10^8t，位列全国第四。此外，山东、陕西、重庆、云南、四川、湖南、河北、湖北、海南和广东等省(自治区、市)也分布有铝土矿资源。截至 2016 年底中国主要省(自治区、市)铝土矿分布见表 1-2[8]。

表 1-2　截至 2016 年底中国主要省(自治区、市)铝土矿分布[8]　　　　单位：10^8t

地区	储量	占全国百分比/%	基础储量	占全国百分比/%	资源储量	占全国百分比/%	查明资源储量	占全国百分比/%
全国	4.29	100.00	10.10	100.00	38.42	100.00	48.52	100.00
山西	—	—	1.42	14.06	13.83	36.00	15.25	31.43
河南			1.43	14.16	9.46	24.62	10.89	22.44
贵州	0.90	20.98	1.44	14.26	8.06	20.98	9.50	19.58
广西	3.32	77.39	4.92	48.71	3.94	10.26	8.86	18.26
重庆	—	—	0.64	6.34	0.65	1.69	1.29	2.66
云南	0.03	0.70	0.14	1.39	0.96	2.50	1.10	2.27
山东	0.01	0.23	0.02	0.20	0.44	1.15	0.46	0.95
其他	0.03	0.70	0.09	0.89	1.08	2.81	1.17	2.41

山西省铝土矿以中等品位[铝硅比(A/S)：4～6]为主，A/S 大于 7 的富矿只占总资源储量的 10%左右，矿石类型以一水硬铝石铝土矿为主。广西壮族自治区内铝土矿类型多样，是中国铝业的重要生产基地，具有高铝、高硅、低铁、平均 A/S 较高的特点，整体资源可利用性及矿石加工和溶出性能较好。贵州铝土矿主要集中分布于黔中的贵阳和黔北的遵义两个片区。其中清镇地区有铝土矿资源储量 2.29×10^8t，占全省资源总量的 51.34%；遵义地区铝土矿资源储量为 1.26×10^8t，占全省资源总量的 28.25%；务川、正安、道真三地的铝土矿资源储量约为 0.86×10^8t；黔南、黔东南等其他地区的铝土矿资源储量约为 0.25×10^8t；矿石品位较高，主要由一水硬铝石和少量三水铝石组成，氧化铝平均含量为 65.93%、平均 A/S 达到 7.31。

综上所述，我国的铝土矿资源近 95%是一水硬铝石型铝土矿，三水铝石矿石比例极小，只有海南等少数地区的铝土矿是三水铝石型，大部分都具有高铝、高硅、低硫、低铁、难溶、加工困难和耗能大的突出特点，A/S 较低(多数在 4～7，大于 8 的较少)[9]。矿石品位 Al_2O_3 在 40%～60%，我国 5 个省份的铝土矿平均品位见表 1-3[10]。相较国外的红土型铝土矿和三水铝石矿石，中国铝土矿适合露天开采的矿床比例小、矿体薄、品位变化大、采选难度大、矿石品质比较差、加工困难、耗能大、成本高，没有竞争优势。

表 1-3 我国 5 个省份铝土矿平均品位[10]

省份	Al_2O_3/%	SiO_2/%	Fe_2O_3/%	A/S
山西	62.35	11.58	5.78	5.38
贵州	65.75	9.04	5.48	7.27
河南	65.32	11.78	3.44	5.54
广西	54.83	6.43	18.92	8.53
山东	55.53	15.80	8.78	3.61

1.1.3 我国高硫铝土矿资源及分布特点

高硫铝土矿是指硫含量高于 0.7%的铝土矿，以三水铝石、一水软铝石或一水硬铝石为主要矿物组成[11]。主要含硫矿物为黄铁矿（FeS_2），部分为白铁矿或磁黄铁矿（$Fe_{1-n}S$），少数为石膏（$CaSO_4 \cdot H_2O$）、重晶石（$BaSO_4$）、黄铜矿（$CuFeS_2$）及闪锌矿（ZnS）等[12,13]。高硫铝土矿中黄铁矿、白铁矿和胶黄铁矿的嵌布特征和粒度特征对脱硫存在不同程度的影响。高硫铝土矿的主要特点如下：①矿藏深度越深则硫含量越高，硫含量在 0.8%～7%；②铝品位高，全球 2/3 储量的高硫铝土矿 A/S 在 7 以上；③分布不均匀、大小不一的含硫矿物与矿物流质嵌入关系复杂。我国高硫铝土矿资源储量分布如图 1-1 所示[14]。

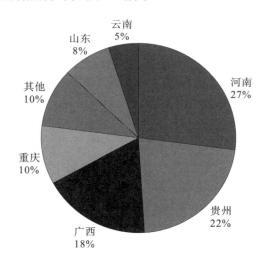

图 1-1 我国高硫铝土矿资源储量分布比例

贵州高硫铝土矿资源 60%以上属于高品位铝土矿，主要分布在清镇猫场和遵义务正道等地区，贵州省高硫铝土矿调查情况见表 1-4[15]。其中，贵州清镇猫场拥有资源储量丰富的高硫一水硬铝石矿[16]，其高硫矿平均氧化铝含量为 68%，平均 A/S 达到了 10，硫平均含量为 4.74%；遵义地区高硫铝土矿组成复杂，储量约

为 2000×10^4t，含硫量为 1%～8%，主要分布在务川县，矿石的显著特征是高铝、中低硅、中至高 A/S，其平均氧化铝含量为 65%，平均 A/S 为 6.9，硫平均含量在 1.1% 以上。

　　清镇市境内的猫场铝土矿矿床是国内储量较大、质量较好、开发条件极佳的坑采铝土矿，探明矿石资源储量为 1.56×10^8t，占贵州省铝土矿资源的一半以上，整个矿区北起曹家大坡—高翁一带，南抵小威岭—马场，西以岩脚寨—高坡为界，东至土地关—北岩上，面积为 80km²，全区可分为红花寨、白浪坝、将军岩、周刘彭、猫场、水落潭、李家冲、杨家洞、平桥 9 个矿段，可供开采的主要是红花寨、白浪坝、将军岩、周刘彭和水落潭矿段。从目前的勘测情况看，红花寨矿段、白浪坝矿段、将军岩矿段组成红花寨矿体，是猫场矿区的主要矿体，面积约为 16km²，高硫矿大部分沉积在此矿体中，多以黄铁矿的形态集于致密状铝土矿中，主要分布于工业矿体的边缘及顶、底部，矿体中部较少，其高硫矿储量占总矿储量的 14% 左右，约 2240×10^4t。

　　红花寨矿体 3 个矿段的高硫铝土矿成分如下：

　　(1) 将军岩矿段中的高硫铝土矿占该矿段的 10%，其 Al_2O_3 含量为 47.30%～78.87%，平均为 67.44%，SiO_2 含量为 1.36%～15.66%，平均为 6.64%，A/S 为 3.02～57.83，平均为 10.16，Fe_2O_3 含量为 0.35%～22.56%，平均为 5.23%，S 含量为 0.07%～3.43%，平均为 0.40%。

表 1-4　贵州省高硫铝土矿调查情况表[15]

实地调查	矿石外观	测试结果				
		Al_2O_3/%	SiO_2/%	Fe_2O_3/%	S/%	A/S
后槽金鸡顶	黑灰色碎屑状	71.49	3.27	6.13	2.93	21.88
遵义团溪两路口堆场	黑灰色块状	71.47	6.26	2.72	1.05	11.41
后槽王家湾	黑灰色块状	67.42	8.48	4.04	2.59	7.95
后槽老虎岩	黑灰色块状	75.50	2.34	2.35	1.04	32.25
川主庙煤湾	黑灰色土状	53.93	4.51	16.41	10.79	11.95
川主庙松林宝	黑灰色土状	64.95	2.42	11.67	5.58	26.87
川主庙老洼山	黑灰色碎屑状	65.18	6.37	7.56	4.47	10.23
川主庙老洼山堆场	黑色碎屑状	73.94	4.64	0.71	0.28	15.95
尚稽宋家大林	黑灰色碎屑状	68.99	6.58	3.78	2.08	10.48
尚稽八一堆场	黑灰色混合	55.52	2.60	17.99	10.88	21.36
三合新站	黑灰色块状	52.24	9.87	18.43	0.48	5.30
苟江	深灰色碎屑状	65.91	10.05	1.08	0.18	6.65
长冲	含黑色颗粒碎屑状	76.27	1.93	1.78	0.29	39.52

实地调查	矿石外观	测试结果				
		Al_2O_3/%	SiO_2/%	Fe_2O_3/%	S/%	A/S
长冲	黑灰色致密块状	65.94	5.56	1.97	0.25	11.85
长冲堆场	黑灰色含黄铁矿	61.76	4.30	11.98	7.05	14.36
长冲堆场	黑灰色土状	61.91	13.55	2.66	0.18	4.64
修文白泥田	深灰色半土状	76.96	2.34	0.85	0.11	32.88
斗篷山	黑灰色致密	63.14	8.54	9.81	0.06	7.39
斗篷山	深灰色致密	58.52	19.55	2.00	0.07	2.99
斗篷山	浅灰色矿土状	76.06	2.72	1.00	0.07	27.95
斗篷山	黑灰色混合	54.38	24.06	2.54	0.07	2.26
织金马场	浅灰色致密块状	56.16	6.13	14.80	9.05	9.16
织金马场	深灰色致密块状	60.53	4.29	12.30	10.65	14.11
织金马场	浅灰色碎屑状	70.78	5.78	3.22	1.04	12.50
林歹燕垅	深灰色高铁	52.49	12.71	15.85	0.01	4.13

(2)白浪坝矿段中的高硫铝土矿占该矿段的33%，其Al_2O_3含量为46.41%～78.27%，平均为66.31%，SiO_2含量为2.42%～15.47%，平均为9.17%，A/S为3.00～32.34，平均为7.23，Fe_2O_3含量为0.75%～20.80%，平均为4.28%，S含量为0.04%～3.41%，平均为0.93%。

(3)红花寨矿段中的高硫铝土矿占该矿段的20%，其Al_2O_3含量为47.23%～79.18%，平均为69.60%，SiO_2含量为2.46%～10.81%，平均为6.72%，A/S为4.73～32.19，平均为10.36，Fe_2O_3含量为0.86%～24.83%，平均为3.59%，S含量为0.04%～5.82%，平均为1.02%。

务川县瓦厂坪矿区高硫铝土矿目前探明储量高达4100多万吨,矿石中的主要化学组分为Al_2O_3、SiO_2、Fe_2O_3、TiO_2及烧失量,此5种组分之和占总量的95%～98%,而前3项之和一般为78%～82%,Al_2O_3品位为65%左右,平均硫含量为1.13%,矿区矿体以断层为界分为东西两个矿段。两个矿段的矿体特征如下。

(1)东矿段：矿体分布于向斜东翼。露头线长4200m，南西端抵F1断层，北东端为人工堆积所掩盖，共施工27条探槽、32个钻孔。东矿段为一个完整矿体，走向长度为3000m，最大宽度为1800m，厚度一般为1.5～3.0m，平均为2.38m，矿层向斜轴部逐渐变厚。矿体内部较简单，偶有夹层，未出现分叉或尖灭再现等现象。矿体连续性良好，未受构造破坏或构造影响而复杂化，矿体边缘规整，矿石质量优良，平均品位：Al_2O_3为65.01%，SiO_2为9.45%，Fe_2O_3为4.91%，S为1.27%，A/S为6.88。本矿段资源量占矿区总量的75%。

(2)西矿段：矿体分布于向斜西翼。露头线长4000m，目前共施工14个探槽及取样点, 深部仅 3 个钻孔控制。矿体走向长度为 3200m, 平均宽度为 1000m, 厚度为 1.50m, 平均品位: Al_2O_3 为 63.93%, SiO_2 为 9.24%, Fe_2O_3 为 5.22%, S 为 0.72%, A/S 为 6.92。本矿段资源量占矿区总量的 25%。

综上所述, 在贵州高硫铝土矿资源中, 遵义片区和清镇片区占全省高硫铝土矿资源的 95% 以上, 同时也是高硫铝土矿的主要产区。其矿石硫含量较高且分布较均匀, 硫矿物呈星点、结核状, 在绝大部分矿体中均有出露, 矿体规模大, 矿石质量较好, 平均 A/S 均较高, 适于拜耳法处理, 但目前尚未得到大规模的开发利用。如果能充分地利用这种高品位的高硫铝土矿, 则将很大程度地缓解我国的供矿危机。

1.2 高硫铝土矿的地质和矿床特征

1.2.1 高硫铝土矿的地质特征

铝土矿的地质特征包括区域成矿地质背景、构造特征及沉积相特征等, 具有复杂性和多样性的特征。在近一个世纪的研究中, 前人在铝土矿矿床地质特征与成因理论方面做了系统探索, 深入揭示了铝土矿成矿环境与成矿过程, 取得了重大的成果[17]。铝土矿形成会经历一系列复杂的地质成矿演变过程, 如铝土化作用, 即风化、浸出和沉积等作用[18], 具有多阶段性, 每个阶段都是富铝和除杂(主要为去硅除铁)的过程。铝土矿床在各个地质历史时期(从晚元古代到新生代)中都有产出。但主要成矿期有 3 个: 晚元古代、中生代和新生代, 其中以新生代成矿期最为重要[8]。在狭窄较深的古溶坑内、钙碱性条件或沼泽环境中以及还原条件下, 经脱硅、去钾和富硫的成矿作用可生成高硫铝土矿[19]。以黔中铝土矿的形成为例, 第一阶段为成矿母岩(主要为铝硅酸盐岩)经红土化作用形成富铝铁古风化壳, 第二阶段为此种风化壳物质经冲洪积作用搬运沉积后再次经历脱硅脱铁作用形成铝土矿[20]。区域成矿地质背景研究表明, 铝土矿的形成主要受构造和气候两大因素制约[21]。

基底地层在一定程度上提供了铝土矿成矿物源, 很可能成为铝土矿成矿母岩。以贵州猫场铝土矿为例, 其成矿物质的主要来源为寒武系的富含铝的铝硅酸盐类岩石[22]。因基底岩性和古喀斯特地貌的不同, 使得铝土物质在沉积阶段的沉积分选方式有差异, 同时导致铝土物质次生富集阶段地下水化学特性及动力系统的差异, 使硅排铁作用强弱不同, 这些因素都影响矿石类型和品位。因此, 铝土矿含矿岩系基底地层特征对成矿过程存在制约作用[23]。基底与铝土矿的形成密切相关, 通常根据基岩类型不同, 铝土矿可分为喀斯特型与红土型两种。产自碳酸盐岩古喀斯特地面上的为喀斯特型铝土矿, 而产自铝硅酸盐岩上的则为红土型铝土矿。

喀斯特型铝土矿所含矿物一般是硬水铝石，占国内铝土矿总资源量的80%以上，主要分布于山西、河南、贵州及广西等省份。多数喀斯特型铝土矿多具有异源特征，与区域重大地质事件具有成因联系，是洋陆俯冲、大陆漂移以及集中风化等多因素耦合的结果。例如，华北板内铝土矿(山西、河南)成因机制主体为离子结晶与碎屑沉积综合成因；而华南铝土矿(贵州、广西)成因机制主体为离子结晶成因[24]。红土型铝土矿所含矿物主要是三水铝石，主要分布在桂中、福建漳浦、广东雷州半岛以及海南蓬莱等地区。其中，桂中地区的红土型铝土矿铁含量较高，往往也被称为高铁红土型铝土矿。红土型铝土矿可直接根据物质组成和结构推测其与潜在母岩间的关系。

从大地构造上看，我国铝土矿主要分布在华南褶皱系、扬子地台、华北地台以及东南沿海地区，尤其是晋中—晋北、豫西—晋南、黔北—黔中3个铝土矿成矿带的铝土矿资源相对较丰富。以黔北—黔中成矿带为例，黔北地块上升，为该地区铝土矿的成矿作用提供了重要的构造背景，主要为硅酸盐岩，古喀斯特地貌不明显，但黔中以碳酸盐岩为主且有显著古喀斯特地貌。我国铝土矿地层时代、分布与类型见表1-5[25]。

高硫铝土矿因地质成因不同而具有不同的类型。根据与主矿层的空间相对位置，高硫型矿体可分为主矿层上层高硫型、主矿层中层高硫型、主矿层下层高硫型3种类型。局部位置全矿层均为高硫型铝土矿[22]。以贵州猫场高硫铝土矿为例，其地质特征为含矿岩系直接顶、底板分别为石炭系摆佐组白云岩和寒武系娄山关群灰岩。

表 1-5　我国铝土矿时代、分布与类型[25]

地层时代	自然类型	工业类型	成因类型	主要矿区
第四纪	硬水铝石型	高铁型铝土矿	喀斯特型(堆积型)	桂西平果、那坡、田阳、靖西等
更新世	三水铝石型	高铁型铝土矿	钙红土型	桂中贵港、横县、宾阳、来宾、武鸣等
第三纪	三水铝石型	高铁低硫型铝土矿	红土型	福建漳浦，广东雷州半岛，海南蓬莱
晚二叠世	硬水铝石型	高硫型铝土矿	喀斯特型(沉积型)	广西田阳、平果，湖南保靖、怀化，陕西西乡
早二叠世	硬水铝石型	低铁低硫型铝土矿	喀斯特型(沉积型)	湖南泸溪、慈利，四川南川，辽宁本溪田师傅等
晚石炭世	硬水铝石型	低铁低硫型铝土矿	喀斯特型(沉积型)	贵州开阳、息烽、遵义，河南张瑶院、杜家沟、新安郁山，山西平陆，陕西铜川、白河
中石炭世	硬水铝石型	中、高铁型铝土矿	喀斯特型(沉积型)	辽宁本溪、复州湾，山东淄博、河北唐山、滦县，陕西府谷，四川昭化等

含矿岩系下石炭统大塘组是一套以黏土岩类为主，伴有铝土矿、赤铁矿、硫铁矿等矿产的含矿岩系组合。整个含矿岩系的厚度受其下伏地层古喀斯特侵蚀程

度的制约。含矿岩系上段为含铝岩系，下段为含铁岩系。含铝岩系由黏土岩、硫铁矿、铝土矿及铝土岩等组成，而含铁岩系由铁质黏土岩、绿泥石黏土岩、绿泥石赤铁矿、赤铁矿及绿泥石岩等组成[22]。高硫铝土矿主要形成于后生、表生期，含矿岩系因受剥蚀而部分暴露于地表或近地表，在水动力作用及氧化条件下，铝土矿中发生排铁去硫变化，部分铝土矿被氧化转变为低铁低硫铝土矿，而深部铝土矿仍多为高硫型铝土矿[26]。因此，存在深部高硫型铝土矿向地表低硫型铝土矿过渡的规律。

1.2.2　高硫铝土矿的矿床特征

世界上大多数的铝土矿矿床都是通过在温暖和潮湿的环境中风化而形成的。铝土矿的矿床研究经历了长期的探索。国际上，铝土矿矿床研究起步于 20 世纪初期，我国研究起步相对较晚。诸多国内外学者通过铝土矿的成矿物源、矿体形态、地质产状、基岩类型、矿床成因以及产出大地构造背景等对铝土矿展开了详细的分类研究[24]。我国铝土矿资源储量分布具有高度集中的特点，Sun、Gao 等中国学者[27, 28]系统总结了中国铝土矿的矿床特征，并将矿床类型分为沉积型、堆积型和红土型。伴生矿产多，多伴生铌、钽、镓、钒、锂、钛、钪等有用元素。其中，以古风化壳沉积型为主，其保有资源储量占全国保有资源储量总量的 80%以上。例如，我国第一大铝土矿资源省——山西省，矿床类型为古风化壳沉积型铝土矿床。沉积型铝土矿矿床特征如下：矿床由含铝质岩石经风化剥蚀、搬运、沉积而成。

我国的沉积型铝土矿主要有华北地区赋存于寒武系—奥陶系古风化剥蚀面上的上石炭统本溪组中下部的铝土矿，上扬子古陆及其周边(如贵州中部)产于下石炭统底部大塘组中的铝土矿，以及黔北、重庆等地区产于中二叠统梁山组中的铝土矿等[8]。堆积型铝土矿矿床特征如下：矿床产于岩溶洼地，矿体产状平缓，覆盖薄，宜露采。该类矿床是在适宜的构造条件下暴露地表，经风化淋滤剥蚀，搬运、沉积而成。典型矿床为广西平果铝土矿[8]。红土型铝土矿矿床特征如下：主要产于玄武岩风化形成的第四系的红土层中，由玄武岩风化淋滤而成。玄武岩风化壳标准剖面层序自上而下为红土层—铝结核红土层—红壤化风化玄武岩—高岭土化玄武岩，该类矿床属高铁低硫型铝土矿。该类矿床覆盖薄，宜露采。典型矿床有海南蓬莱铝土矿床等[8]。按矿床规模划分，矿床规模以大中型为主；从矿区数量来看，以中小型矿区为主；从保有资源储量的分布看，大中型铝土矿占主导地位。大型铝土矿矿区数仅占全国矿区总量的 13%，其保有资源储量超过全国保有资源储量总量的 55%，中型次之，小型铝土矿矿区数占全国矿区总量的 39%，但其保有资源储量仅占全国保有资源储量总量的 8%。大中型矿区保有资源储量所占比例超过 90%，其中超过九成为山西、广西、贵州和河南四省份所贡献[29]。

1. 沉积型

古风化壳沉积型矿床多产于古风化壳碳酸盐岩侵蚀面上，少数产于砂岩、页岩或玄武岩等硅酸盐岩的侵蚀面上或其组成的岩系中。矿体形态、规模及矿石物质组分等均受含矿岩系基底岩性和古地形的控制，据此又可划分为两个亚类。

1) 产于碳酸盐岩侵蚀面上的一水硬铝石型铝土矿矿床（G 层铝土矿）

含矿岩系呈假整合覆盖于灰岩、白云质灰岩或白云岩侵蚀面上。含矿岩系自上而下有黏土页岩、煤线（部分薄煤层）、黏土岩（矿）、铝土矿、含铁黏土岩、铁矿（赤铁矿、菱铁矿）或黄铁矿等组分，铝土矿位于含水矿岩系的中上部。矿体呈似层状、透镜状和漏斗状。单个矿体一般长数百米至数千米，个别矿体仅数十米，宽 200m 至千余米。产状一般平缓，部分受后期构造影响而变陡。矿层厚度变化较大，一般厚 1~6m。古地形低凹处矿体厚度增大，质量也好，岩溶漏斗极度发育地区矿体厚度很不稳定，最厚可达 50 余米（漏斗中部）；古地形凸起处厚度变薄，质量变差，甚至出现无矿"天窗"，该亚类铝土矿矿石结构呈土状（粗糙状）、鲕状、豆状、碎屑状等。矿石颜色多为白色、灰色，也有红色、浅绿色及杂色等。矿物成分以一水硬铝石为主，含少量高岭石、一水软铝石、伊利石、褐铁矿、针铁矿、赤铁矿等，微量的锆石、锐钛矿、金红石等。主要化学组分含量：Al_2O_3 为 40%~75%，SiO_2 为 4%~18%，Fe_2O_3 为 2%~20%，S 为 0.8%~8%，A/S 为 3~12。伴生有用元素镓等，共生矿产有耐火黏土、铁矿、熔剂灰岩、煤矿等。该类矿床规模多为大中型，该类铝土矿储量约占全国总储量的 75%。

根据矿石中铁和硫组分含量，可将铝土矿划分为低铁低硫型铝土矿、高硫型铝土矿和高铁型铝土矿 3 种矿石类型，同一矿床以一种矿石类型为主，或少数兼有两种类型而以某一类矿石为主。以低铁低硫型铝土矿为主的矿床，产于石炭系底部、寒武系或奥陶系碳酸盐岩岩溶侵蚀面上。矿石 Fe_2O_3 含量小于 10%，S 含量小于 0.8%，A/S 为 3~12，一般为 4~7。这类矿床是目前中国工业意义最大的，主要开采利用的铝土矿矿床，如贵州小山坝、林歹，河南小关、张窑院，山西克俄、相王，山东沣水等。以高硫型铝土矿为主的矿床，含矿岩系为石炭系、二叠系，基底为下二叠统或更老地层的灰岩、白云岩或泥质白云岩。矿石颜色多为灰、灰白、灰黄等，氧化后为褐黄色。矿石中 S 含量较高，为 0.8%~13%，Fe_2O_3 含量为 2%~20%。属于这类矿床的有贵州猫场、四川大佛岩、山东湖田南（深部）、广西平果布绒等。该类矿床矿层的浅部（潜水面以上），常因黄铁矿被氧化，硫被淋失，低价铁转为高价铁，高硫铝土矿转变为高铁铝土矿，两者为渐变过渡关系。

以高铁型铝土矿为主的矿床，含矿岩系为石炭系或二叠系，基底为石炭系或寒武系的灰岩、白云岩或泥质白云岩。这类矿床以低铝、低硅、高铁、中高 A/S 为特征，矿石 Fe_2O_3 含量为 10%~20%，S 含量小于 0.8%。矿石因含铁比重较大，颜色多为褐红、灰绿。属于这类矿床的有陕西府谷、山西保德和贵州大豆厂等。

2）产于砂岩、页岩、泥灰岩、玄武岩侵蚀面上，或由这些岩石组成含矿岩系中的一水硬铝石铝土矿矿床（B 层或 A 层铝土矿）

含铝岩系为二叠系砂页岩、黏土岩，基底为砂岩、页岩、玄武岩。矿体呈层状或透镜状，单个矿体一般长数十米至数百米。厚度较稳定，一般厚 1～4m。矿石品位变化较大，沿走向及倾向常被黏土岩所代替。该类铝土矿矿石结构呈致密状、角砾状、鲕状、豆状等。矿石颜色呈灰、青灰、浅绿、紫红及杂色等。矿石类型多为高铁型或高硫型一水硬铝石型。矿物成分主要为一水硬铝石，次为高岭石、蒙脱石、多水高岭石、绿泥石、菱铁矿、褐铁矿、黄铁矿等。主要化学组分含量：Al_2O_3 为 40%～70%，SiO_2 为 8%～20%，Fe_2O_3 为 2%～20%，S 为 0.8%～3%，A/S 为 2.6～9，一般为 3～5。伴生有用元素镓等，共生矿产有半软质黏土和硬质黏土矿等。属于这类矿床的有山东王村、湖南李家田、四川新华乡和辽宁牛心台等。该类矿床规模为小到中型，矿石储量约占全国总储量的 6%。

贵州铝土矿主要的矿床类型是沉积型，根据侵蚀面的不同，分为产于碳酸盐岩侵蚀面上的铝土矿和产于碎屑岩及玄武岩侵蚀面上的铝土矿，成因主要分为红土化风化、迁移就位及表生富集 3 个阶段[30]。贵州铝土矿矿床形成与独特的地质背景和成矿条件密切相关。加里东晚期—海西早期运动产生裂陷背景下的大陆裂谷盆地，造就了黔中潟湖海盆、凯里海湾和渝南—黔北半封闭潟湖海湾的湿热古地理环境。使早古生代—晚古生代早期各类岩石接受风化剥蚀，达到前期的"排杂"，使铝得到初步富集，搬运到潟湖海盆沉积和后期的"降硅沉铁"作用"脱颖而出"并沉积形成铝土矿矿床[31]。贵州省铝土矿矿床特征见表 1-6[31]。黔北北部铝土矿矿床的直接成矿母岩为志留系寒家店组，最终物源为区域含火山岩基底，成矿过程经历了脱硅—脱铁—富铝作用。岩相古地理、构造、地层岩性和古地形地貌是黔北北部铝土矿矿床的主要控矿因素[32]。

表 1-6　贵州省铝土矿矿床特征表[31]

特征	清镇—修文地区	遵义—息烽地区	凯里—黄平地区	务正道地区
地理位置	位于黔中地区，主要为贵阳、清镇、修文、织金、龙里等	位于遵义地区，主要为遵义市（县）、息烽、开阳、瓮安等	位于黔东地区，主要为福泉、凯里、黄平等	位于黔北地区，主要为务川、道真、正安、凤冈等
古地理环境	黔中潟湖海盆	黔中潟湖海盆	凯里海湾	渝南—黔北半封闭潟湖海湾
基底岩性	碳酸盐岩	碳酸盐岩	碳酸盐岩	碎屑岩（砂页岩、局部灰岩）
成矿时代	早石炭世大塘期	早石炭世大塘期	早石炭世大塘期	中二叠世罗甸期
控矿构造	主要为 NE 向、NNE 向背斜构造	主要为 NE 向、NNE 向背斜构造	主要为 NE 向、NNE 向背斜构造	以 NE 向、NNE 向背斜构造为主

续表

特征	清镇—修文地区	遵义—息烽地区	凯里—黄平地区	务正道地区
含矿岩系	含矿岩系为下石炭统九架炉组,位于寒武系碳酸盐岩侵蚀间断面上;下部为铁矿系,中上部为铝土矿系,上覆地层为中下石炭统祥摆组、摆佐组	含矿岩系为下石炭统九架炉组,位于下奥陶统碳酸盐岩侵蚀间断面上;下部为铁矿系,中上部为铝矿系,上覆盖地层为中二叠统梁山组砂泥岩	含矿岩系为中二叠统梁山组,位于上泥盆统高坡组碳酸盐岩侵蚀间断面上,含矿岩系分3层,上层为煤、中层为铝土、下层为铁矿系,上覆地层为中二叠统栖霞组灰岩	含矿岩系主要为中下二叠统大竹园组和梁山组,多位于下志留统韩家店组砂页岩侵蚀间断面上;下部为铁质泥岩、铝土质(碳质)页岩,上覆地层为中二叠统栖霞组灰岩
成矿物源	寒武系—奥陶系—石炭系	寒武系—奥陶系—志留系—石炭系	寒武系—奥陶系—泥盆系	寒武系—奥陶系—志留系—石炭系
矿体形态	层状、似层状、透镜状为主,其次为扁豆状、囊状、漏斗状;矿体规模较大,矿体连续性好	矿体形态复杂,多为层状、似层状、透镜状、狭谷状、扁豆状、囊状、漏斗状等形态并存;大矿体数量少,以小规模矿为主,连续性较差	多呈层状、似层状、透镜状、碎屑状	多呈层状、似层状、大透镜状,矿体厚度较稳定,多为中大型规模,矿体连续性好
矿石类型	以土状、半土状为主	以碎屑状铝土矿为主	以豆鲕状、碎屑状为主	以多半土状至碎屑状为主
造构构造	以土状、半土状、碎屑状为主,辅以豆鲕状及致密块状	以土状、半土状、碎屑状为主,辅以豆鲕状以及致密块状	以土状、半土状、碎屑状为主,辅以豆鲕状以及致密块状	以碎屑状、豆鲕状以及致密块状为主,少有土状、半土状矿石
矿床类型	产于碳酸盐岩侵蚀面上的一水硬铝石沉积型铝土矿	产于碳酸盐岩侵蚀面上的一水硬铝石沉积型铝土矿	产于碳酸盐岩侵蚀面上的一水硬铝石沉积型铝土矿	产于碎屑岩侵蚀面上的一水硬铝石沉积型铝土矿
矿石质量	A/S 和 Al_2O_3 偏低	A/S 和 Al_2O_3 较高	A/S 和 Al_2O_3 较高	A/S 和 Al_2O_3 较高
矿体产状	产状较缓,多在 20%~30%	产状较缓,多在20%~30%	产状较缓,多在20%~30%	产状较陡,多在40%以上
共伴生矿产	多形成煤—铝—铁和耐火材料共生,伴共生矿产有镓、锂等	多形成煤—铝—铁和耐火材料共生,伴共生矿产有镓、锂等	多形成煤—铝—铁和耐火材料共生,伴共生矿产有镓、锂等	多形成单一铝土矿产,共生矿产不发育,伴生矿产有镓、锂等
矿体埋深	露采为主,部分坑采	露采为主,部分坑采	露采为主,部分坑采	坑采为主,部分露采
矿床规模及矿集区	超大型1个、大型1个、中型19个,大型—超大型矿集区	中型5个,中小型矿集区	大型2个、中型6个,大中型矿集区	超大型2个、大型9个、中型14个,大型—超大型矿集区
典型矿床	猫场、长冲、干坝、马桑林	川主庙、团溪、苟江、仙人岩	于东、王家寨、苦李进	大竹园、新民、红光坝、瓦厂坪
古风化壳形成时限	150Ma	约180Ma	180Ma	150Ma

2. 堆积型

该类矿床系由原生沉积型高硫铝土矿在适宜的构造条件下经风化淋滤，就地残积或在岩溶洼地(或坡地)中重新堆积而成的，因成矿年代和产矿地域不同而呈现出多样化特征[33]。在风化淋滤过程中有害组分硫被淋失，矿石由高硫铝土矿转变为高铁铝土矿，从而提高了矿床的工业利用价值。矿石呈现大小不等的块砾及碎屑夹于松散红土中构成含矿层(矿体)，上覆松散红土或无覆盖。矿体形态复杂，呈不规则状，多随基底地形而异，长数百米至 2000 余米，宽数十米至千余米。含矿层厚度变化较大，一般为 0.5~10m。含矿率一般为 0.4~1.2t/m^3。

矿石类型以高铁型铝土矿为主，矿物成分以一水硬铝石铝土矿为主，次为高岭石、针铁矿、赤铁矿、一水软铝石和少量三水铝石。矿石结构呈鲕状、豆状、碎屑状。矿石颜色为灰色、褐红色、杂色等。化学成分含量：Al_2O_3 为 40%~65%，SiO_2 为 2%~12%，Fe_2O_3 为 16%~25%，S 小于 0.8%，A/S 为 4~15，一般大于 7。该类矿床因矿石与红土混杂，需经选洗才能利用。矿石特征是 Fe_2O_3 含量高，A/S 高，伴生有用组分镓等。矿床产状平缓，覆盖薄，宜露采。属此类矿床的有广西平果、云南广南等。矿体规模多为中小型，矿石储量约占全国总储量的 18%。

广西地区的岩溶堆积型铝土矿矿床位于广西西部北回归线附近，因间歇性上升的构造运动和强烈的岩溶作用，到二叠系原生沉积铝土矿发生崩解、坍塌、坠落、堆集而生成一种次生成级改造矿床，进一步形成岩溶堆积型铝土矿矿床。矿区区域地层除了表现为上寒武系、泥盆系、石炭系、二叠系，该种地区特征在形成的过程中由海相陆源碎屑岩堆积而成，同时伴有海相碳酸盐沉积[34]。水文地质条件是岩溶型铝土矿成矿的重要条件。酸性、还原性和有机质是沉积—成岩过程中形成高质量岩溶型铝土矿的必要水文地质条件。铝土矿材料在一定的水文地质条件下经历了铝的富集和硅、铁的去除，形成了高质量的铝土矿[35]。

3. 红土型

红土型铝土矿矿床主要由三水铝石和一水软铝石型铝土矿组成，具有品位高、富铝、高铁、低硅、易采、易选的优点，适宜流程简单、耗能较低的拜耳法生产，是生产氧化铝的最佳原材料。红土型铝土矿矿床是由基岩风化作用形成的，自上而下可大致分为红土带、三水铝土矿带、半风化过渡带和基岩带。根据风化壳基岩岩性，中国红土型铝土矿可划分为玄武岩风化壳型和硫酸盐岩风化壳型两个亚类。

1)产于玄武岩风化壳的红土型铝土矿矿床(玄武岩风化壳型)

矿床产于新生代玄武岩风化壳中，由玄武岩风化淋滤而成。玄武岩风化壳一般自上而下分为红土带、含矿富集带、玄武岩分解带，再下为新鲜玄武岩。含矿富集带位于风化壳的中上部，与上、下两带均为过渡关系，由红土与块砾状铝土矿组成。含矿富集带(含矿层)多分布于残丘顶部，呈斗篷状或不规则状，产状平缓。单个含矿层面积一般为 0.1~4km²，厚度一般为 0.2~1m，含矿率为 0.1~0.6t/m³。

矿石呈残余结构，如气孔状、杏仁状、斑点状、砂状等。矿石颜色为灰白色、棕黄色、褐红色等。矿物成分以三水铝石为主，其次为褐铁矿、赤铁矿、针铁矿、伊丁石、高岭石、一水软铝石及微量石英、蛋白石、钦铁矿等。矿石类型属高铁低硫型铝土矿。化学成分含量：Al_2O_3 为 30%~50%，SiO_2 为 2%~12%，Fe_2O_3 为 12%~30%，A/S 为 4~6，共伴生矿产有镓及钴土矿[29]。

该类矿床覆盖薄，宜露采。国外多为大型—特大型矿床，为国外铝工业的主要矿源之一。中国已知矿床不多，且多为小型，仅海南蓬莱为大型。属此类矿床的有海南蓬莱、福建漳浦、广东徐闻曲界等。矿石储量不到全国总储量的 1%。

2)产于碳酸盐岩风化壳的红土型铝土矿矿床(碳酸盐岩风化壳型)

矿床产于新生代碳酸盐岩风化壳中，由碳酸盐岩经红土化作用形成。碳酸盐岩风化壳自上而下可分为红土表层带、三水铝土矿层带、杂色黏土层带、半风化基岩带和基岩带。铝土矿层由棕黄-褐红色红土与块砾状铝土矿及少量褐铁矿结核组成，矿石表面常有一层深褐色铁、锰质外壳。含矿层厚 0.1~16m，一般为 2~6m，一般中上部含矿率高(大于 0.5 t/m³)、矿石块度大、基质黏土疏松、黏性弱，为高铁三水铝土矿的主矿层；下部含矿率较低(0.1~0.5t/m³)、矿石块度较小(一般小于 3mm)，铁、锰含量相对较高，基质黏土结构较紧密、黏性中等，为次要含矿层，两者呈渐变过渡关系，无明显分界线。

矿石主要呈细晶-隐晶结构、自形-它形粒状结构、残余结构等。矿石构造主要有砾状、豆状、鲕状、结核状、皮壳状、熔渣状(多孔状)、角砾状等，其中豆(鲕)状、结核状构造最为常见。矿石成分以三水铝石为主，其次为含铝针铁矿、赤铁矿、高岭石、伊利石、锂硬锰矿、钛铁矿、一水软铝石及微量磁铁矿、蛋白石、石英等。矿石类型属高铁低硫型铝土矿。化学成分含量：Al_2O_3 为 30%~40%，SiO_2 为 10%~18%，Fe_2O_3 为 25%~45%，A/S 为 2~4[29]。

1.3 高硫铝土矿的开发利用现状

1.3.1 铝土矿的勘查历程

1. 铝土矿勘探与开发简史

铝土矿最早发现于 1821 年，铝土矿的发现早于铝元素，当时误认为是一种新矿物。铝土矿的开采始于 1873 年的法国，1894 年采用拜耳法从铝土矿生产氧化铝，生产规模仅每日 1t 多。到了 1900 年，法国、意大利和美国等国家有少量铝土矿开采，年产量才不过 $9×10^4$t[36]。希腊、法国等欧洲发达国家发现和开发利用铝土矿较早，国内勘探开发程度较高，矿山多已枯竭，加之对环境保护的重视，这些国家已基本停止铝土矿勘查工作。2015 年，马达加斯加完成东南部一个矿区的勘探工作，已探明铝土矿储量约为 $1.5×10^8$t。柬埔寨铝业发展有限公司 2018 年底在柬埔寨东部地区完成铝土矿勘探工作，探明铝土矿储量约为 $3×10^8$t。2019 年，俄罗斯最大的两座铝土矿山 North Urals 和 Timan 产量分别为 $240×10^4$t 和 $320×10^4$t。近些年，通过边采边探，储量均有所增加。近年来，巴西的朗多（Rondon）超大型铝土矿床已完成勘查工作，其铝土矿资源量达 $9.8×10^8$t。总体来讲，铝土矿勘探方面，在铝土矿储量大国中，俄罗斯和澳大利亚主要以对大型成熟铝土矿山的扩边增储工作为主，巴西、加纳、牙买加等国则主要以勘探新区为主，并探获多处储量达亿吨级的铝土矿远景区。目前，新冠肺炎疫情在全球持续蔓延，对世界主要铝土矿生产国的开工、资金投入势必造成不同程度的影响，可能导致铝土矿开采减产停产，未来铝土矿勘探与开发形势仍存在很大变数[37]。

　　我国铝土矿的普查找矿工作最早始于 1924 年，当时由日本人板本峻雄等对辽宁省辽阳、山东省烟台地区的矾土页岩进行了地质调查。此后，日本人小贯义男等，以及我国学者王竹泉、谢家荣、陈鸿程等先后对山东淄博地区、河北唐山和开滦地区，山西太原、西山和阳泉地区，辽宁本溪和复州湾地区的铝土矿和矾土页岩进行了专门的地质调查。1925～1941 年日本人对我国辽宁省辽阳、山东烟台矿区 A、G 两层铝土矿进行了开采，1941～1943 年又对我国山东省淄博铝土矿湖田和沣水矿区的田庄、红土坡矿段进行了开采，矿石用作炼铝原料，后来台湾铝业公司也曾进行过小规模开采供炼铝用。我国南方铝土矿的调查始于 1940 年，首先是边兆祥对云南昆明板桥镇附近的铝土矿进行了调查。随后，1942～1945 年，彭琪瑞、谢家荣、乐森（王寻）等，先后对云、贵、川等地铝土矿、高铝黏土矿进行了地质调查和系统采样工作。总体来说，中华人民共和国成立以前的工作多属一般性的踏勘和调查研究性质。铝土矿真正的地质勘探工作是从中华人民共和国成立后开始的。1953～1955 年间，冶金部和地质部的地质队伍先后对山东淄博铝土矿、河南巩县小关一带铝土矿(如竹林沟、茶店、水头及钟岭等矿区)、贵州黔中一带铝土矿(如林歹、小山坝、燕垅等矿区)、山西阳泉白家庄矿区等进行了地质勘探工作。20 世纪 60 年代初，贵州省地质局三岔河队、遵义综合队、娄山关队等对分布在遵义境内的铝土矿进行了预查、普查工作，后续在黔北北部务川、正安、道真发现了铝土矿矿床。1954 年恢复了以前日本人曾小规模开采过的山东沣水矿山，1958 年以后在山东、河南、贵州等省先后建设了 501、502、503 三大铝厂。为了满足这三大铝厂对铝土矿的需求，在山东、河南、山西、贵州等省建成了张店铝矿、小关铝矿、洛阳铝矿、修文铝矿、清镇铝矿、阳泉铝矿等铝矿原料基地。由于当时缺少铝土矿的勘探经验，只是盲目套用苏联的铝土矿规范，以致 1960～1962 年复审时，大部分地质勘探报告都被降了级，储量也一下减少了许多。1958 年以后，我国对铝土矿的勘探积累了一定的经验，在大搞铜铝普查的基础上，又发现和勘探了不少矿区，其中比较重要的有河南张窑院、广西平果、山西孝义克俄、福建漳浦、海南蓬莱等铝土矿矿区。进入 20 世纪 80 年代，我国铝土矿的地质勘探和铝工业得到了发展，特别是 1983 年中国有色金属工业总公司成立以后，我国铝土矿的地质勘探和铝工业得到了迅速发展，在山东、河南、贵州、山西和广西等省份建设了一批重点矿山，并建成了山东铝厂、郑州铝厂、贵州铝厂、山西铝厂、中州铝厂、平果铝厂六大氧化铝生产基地[38]。我国第一个铝工业基地是 1954 年建成的山东铝厂，它先后建成露天矿山 2 座、地采矿山 2 座，矿山设计生产能力为 60×10^4 t/a。1965 年建成国内最大的郑州铝工业基地，先后建成 6 座露天矿山，矿山设计生产能力为每年开采铝土矿 115×10^4 t。20 世纪 80 年代末建成了山西铝厂，并建成露天铝土矿山 1 座，设计生产能力为 180×10^4 t/a。1993 年我国又建成了中州铝厂。我国原铝年产量由 1954 年的不足 2000t 发展到 2005 年的 741×10^4 t，建立了从地质、矿山到冶炼加工的一整套完整的铝工业体系，铝金属及其加工产品基本可满足我国经济建设的需要。2001 年以来，我国铝土矿勘查找矿工作取得了一些新突破，一些新类型、隐伏矿及与铝土矿伴生的大型稀有、稀土矿床相继被发现，新发现了一批大型—超大型铝土矿床。例如，2001 年在广西的靖西县新探明了伴生镓、钛、铌和钪的新圩特大型岩溶堆积型三水铝石铝土矿矿床；2008 年在陕县一带发现 3 处隐伏大型—中型伴生镓和锂的铝土矿矿床；2008 年在广西的贵港、宾阳、横田一带探明一处特大型三水铝土矿床；2009 年在贵州的务川县发现了瓦厂坪大型铝土矿矿床；2011 年在安徽淮北的芦岭煤矿中发现了伴生的高品位铝土矿。此外，一些矿山的勘查工作也新增了一些资源储量，如 2012 年贵州务正道铝土矿整装勘查区的东山、马鬃岭两个项目探获铝土矿资源量 5000×10^4 t，2014 年广西凤山县福家坡铝土矿矿区勘查新增资源储量超过 3000×10^4 t[39]。"十二五"期间新增铝土矿资源储量 $(5 \sim 8) \times 10^8$ t。据自然资源部发布的数据显示，2015 年新增查明铝土矿资源储量 1.9×10^8 t；2017 年新增查明铝土矿资源储量 1.58×10^8 t；2019 年新增查明铝土矿资源储量 2.01×10^8 t。

2. 区域铝土矿勘探与开发

我国铝土矿资源的 90%集中在山西、河南、贵州、广西、重庆等省(自治区、市)。山西、河南、贵州、广西铝土矿资源分别占 37%、19%、18%、17%。总体来看，铝土矿矿区数量较多，但部分矿区的矿石品质较差，且大多数铝土矿矿区只能采用地下开采的方式进行开发，采矿难度大、成本高。这些铝土矿的矿床类型主要为古风化壳沉积型矿床，矿体产状比较复杂，矿石贫化率偏高、回收率偏低，对伴生矿产的综合利用效率较低[39]。

山西铝土矿资源丰富，具有分布的广泛性与集中性并存及共、伴生矿产多的特点。全省铝土矿埋深 400m 以浅的面积约为 $1.7×10^4 km^2$，75%的铝土矿分布在吕梁和忻州市。与铝土矿共生的有耐火黏土、山西式铁矿等，伴生镓、稀土、稀有稀散元素等。从 20 世纪 50 年代起，就开始有针对性地开展铝土矿的普查工作。1958 年孝义铝土矿的发现拉开了山西铝土矿勘查测评的序幕。但对于山西铝土矿的应用则始于 20 世纪 80 年代。1991~1993 年对孝义—交口地区铝土矿成矿特征及勘查技术方法又进行了研究。1992~1994 年山西铝厂与长春地质学院合作，开展了对山西铝土矿的系统观测和综合评价研究。以晋豫中小型铝土矿资源调查为重点的综合评价研究，是保证山西铝厂拜尔法生产工艺稳定发展，不断提高经济效益的一项具有战略意义的措施[40]。自《山西省矿产资源总体规划（2008~2015)》实施以来，全省在基础地质调查、矿产资源勘查开发利用与保护方面取得了突出的成果。新增铝土矿资源储量 $4.75×10^8 t$(2008 年以来)，铝土矿节约与综合利用水平明显提高，矿业结构趋向合理，铝土矿大中型矿山比例分别由 2008 年的 10.53%提高到 15%。《山西省矿产资源总体规划（2016~2020 年)》指出，铝土矿资源勘查必须对耐火黏土矿、高铝黏土进行综合勘查，并加强“三稀”矿产的综合勘查、选冶试验研究工作。有计划地开采铝土矿，重点对低品位铝土矿选矿技术进行攻关，对铝土矿赤泥中的稀土、稀有和稀散元素进行综合回收利用。加快选冶新技术、新工艺、新材料的研发、引进和应用工作。

广西拥有丰富的铝土矿资源，分布集中度高，有利于集约化规模化开发，铝土矿资源储量的 96%集中于百色市，主要产地为平果、田阳、德保、田东、靖西等。主要特点如下：①以大中型规模一水硬铝石岩溶堆积型矿石为主，集中分布于桂西资源富集区；②保有资源储量占比高达 90%以上，开发潜力较大；③矿体埋藏浅，矿山开发利用效率高[41]。近年来，广西铝土矿的勘探工作取得了很大进展。2001 年在广西的靖西县新探明了伴生镓、钛、铌和钪的新圩特大型岩溶堆积型三水铝石铝土矿矿床，2008 年在广西的贵港、宾阳、横田一带探明一处特大型三水铝土矿矿床，2014 年广西凤山县福家坡铝土矿矿区勘查新增资源储量超过 $3000×10^4 t$。广西靖西县新圩特大型岩溶堆积型铝土矿矿床伴生镓、钛、铌、钪、三水铝石等，具有较高的综合利用价值，是继平果铝土矿之后在百色地区探明的又一特大型铝土矿矿床。自《广西壮族自治区矿产资源总体规划（2008~2015 年)》实施以来，铝土矿地质调查工作程度不断提高，资源勘查取得重大突破。铝土矿资源储量新增约 $11×10^8 t$，优势矿产资源的地位进一步巩固。铝土矿资源开发规模化和集约化程度不断提高。稳步推进矿业开发基地建设，初步建成白色铝土矿矿业开发基地。《广西壮族自治区矿产资源总体规划（2016~2020 年)》指出：加快推进桂滇交界铝土矿开发，巩固发展平果—德保—靖西铝土矿，合理开发那坡铝土矿。将扶绥地区作为铝土矿重点勘查区，德保—靖西铝土矿及扶绥—龙州铝土矿作为重点矿区。预计到 2020 年，铝土矿新增资源储量达 $2000×10^4 t$(2016~2020

年累计数)。强化铝土矿矿产资源节约与综合利用,进一步推广生态铝开发利用技术,打造"氧化铝—电解铝—铝材产品"产业链。

贵州是我国铝土矿资源丰富的省份之一。省地质找矿突破战略行动"246"计划取得重大突破,铝土矿找矿成效明显,资源储量大幅增加,形成一批新的资源勘查开发基地。第二轮矿产资源规划实施以来,全面创新地质找矿新机制,实施矿产整装勘查,找矿取得新突破,规划期内新增铝土矿资源储量 $3.92 \times 10^8 t$,铝土矿资源保障能力得到大幅提高。全省共有矿产地 72 处,主要集中分布在清镇—修文(占全省产地总数的 60%),次为遵义县南部(占 20%),再次为务川—正安—道真及黄平—凯里—瓮安地区(分别占 8%和 12%)。贵州务川县瓦厂坪为大型沉积型铝土矿并伴生镓和锂。该矿床的发现结束了黔北无大型铝土矿的历史,对发展黔北铝工业具有重大意义。此外,贵州沿河一带铝土矿的发现,为贵州寻找铝土矿提供了新的信息;2009 年在贵州的务川县发现了瓦厂坪大型铝土矿矿床,一些矿山的勘查工作也新增了一些资源储量,如 2012 年贵州务正道铝土矿整装勘查区的东山、马鬃岭两个项目探获铝土矿资源量 $5000 \times 10^4 t$,2015年在清镇卫城新发现一个中型铝土矿,铝土矿资源储量达 $1984 \times 10^4 t$[42]。《贵州省矿产资源总体规划(2016~2020 年)》指出,综合考虑资源禀赋、开发利用条件、环境承载力和区域产业布局等因素,适度扩大铝土矿开发规模,鼓励社会资金对铝土矿的勘查,预期 2020 年新增铝土矿资源储量 $1 \times 10^8 t$,开发铝土矿 $1700 \times 10^4 t$。重点建设黔中北铝土矿资源基地(清镇—修文片区、务正道片区、播州区,已设铝土矿采矿权规模分别约为 $1000 \times 10^4 t/a$、$200 \times 10^4 t/a$、$250 \times 10^4 t/a$),并将清镇—修文铝土矿及务正道铝土矿划为重点勘查区。预期实现建设目标:清镇—修文片区形成铝土矿产能 $600 \times 10^4 t/a$;务正道片区规划建设铝土矿山总规模 $600 \times 10^4 t/a$,氧化铝厂总规模 $300 \times 10^4 t/a$;播州区规划建设 $205 \times 10^4 t/a$ 氧化铝项目、$25 \times 10^4 t/a$ 电解铝项目。铝行业要大力推广高硫及中低品位铝土矿生产氧化铝技术,开展黔中铝土矿综合利用示范基地建设,在实验室流程试验的基础上,进行扩大连续试验和半工业试验,为高硅、高硫、高铁铝土矿的开发利用提供完整工艺技术参数。

河南省铝土矿勘查工作始于 20 世纪 50 年代,在当时的巩县首次发现铝土矿,通过《河南省 6139 地质找矿行动计划》的实施,到 2016 年底河南省累计查明铝土矿资源储量 $8.12 \times 10^8 t$,查明资源量位列我国第二,铝土矿保有储量位居全国第三[43]。铝土矿资源主要分布在三门峡—焦作—郑州—平顶山之间的不规则四边形地带之内,常共生耐火黏土矿和铁矾土,含矿岩系之上常覆盖有可作熔剂灰岩用的上石炭统灰岩,从而形成多矿种共生的矿区。《河南省矿产资源总体规划(2016~2020 年)》指出,要在该地区重点发展氧化铝深加工业及新型耐材工业。河南陕县—新安—济源一带,发现隐伏大-中型铝土矿,伴生镓和锂,在富铝土矿成矿认识上取得了突破,为在中深部寻找隐伏富品位铝土矿提供了理论依据,扩大了寻找富铝土矿的空间和远景。近年来，河南省也不断加大省内铝土资源的勘测力度，随着各项工作的深化，河南省内的铝土资源呈现出巨大的开发潜力。目前铝土矿勘查工作亟须解决的问题主要表现在：铝土矿矿产后备资源不足，保障度低，部分地区仍存在矿山布局散，规模小，勘查开发方式粗放，共生资源综合利用水平尚待提高，矿山管理工作不足等问题[44]。《河南省矿产资源总体规划(2016～2020年)》指出，铝土矿勘查开发方向为加强铝土矿综合勘查，合理高效利用铝土矿资源，加快突破伴生资源锂、镓、铷等的开发利用技术瓶颈，大力发展高附加值产品。

目前，我国铝土矿勘查开发利用主要存在的问题有[39]：①可开发利用铝土矿资源储量占比少；②勘查资金投入相对少，新增查明资源储量有限；③过度开采严重，静态保证年限有限；④进口量逐年增加，对外依存度不断提高；⑤氧化铝产能过剩形势日趋严峻。

因此，要实现铝土矿资源可持续开发利用。针对上述问题，应采取以下措施：①立足国内，合理开发利用铝土矿资源，推进综合开发利用方式转变，如加强高硫或低品位铝土矿的开发和利用；②积极勘查开发利用境外铝土矿资源，提高矿产资源保障能力；③铝土矿进口需多元化；④淘汰落后产能，向国外转移产能；⑤合理高效利用铝土矿资源，加快突破伴生资源综合利用技术瓶颈，大力发展高附加值产品。

1.3.2　高硫铝土矿的地位与作用

铝土矿在我国国民经济中具有重要的地位和作用，绝大部分是生产氧化铝的主要原料，少部分是制备铝酸盐水泥、耐火材料、化工产品(硫酸铝、氯化铝、铝酸钠)等的原料，用途十分广泛。目前，已经形成了由铝土矿、氧化铝、电解铝、铝材加工 4 个产业环节构成的铝产业链。近年来，我国氧化铝的产量迅速增长，成为全球第一大铝土矿消费国和氧化铝生产国。图 1-2 所示为我国历年氧化铝产量。

以最近 5 年为例，全国氧化铝产能占全球总产能的 54%，成为全球产出氧化铝最多的国家。金属铝是以氧化铝为原料通过熔盐电解工艺生产制得的，因此，氧化铝是生产金属铝的原料。金属铝产业的快速发展推动了氧化铝生产的迅猛发展。自然资源部发布的《中国矿产资源报告(2019)》显示，2018 年电解铝达 $3580.2×10^4$t，呈逐年增长的趋势。前瞻产业研究院发布的《中国氧化铝行业产销需求与投资预测分析报告》统计数据显示，2018 年我国氧化铝产量再创新高，达 $7000×10^4$t 以上，累计消耗铝土矿约 $1.7×10^8$t。随着氧化铝产能的增加，国内铝土矿资源逐步短缺，进口铝土矿剧增。

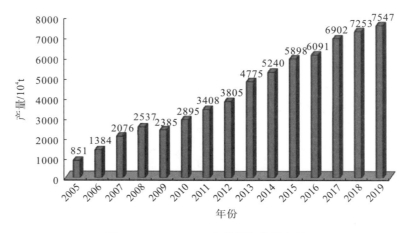

图 1-2   2005～2019 年我国氧化铝产量

目前，我国铝行业对进口铝土矿的依存度达 60%（图 1-3），由 10 年前的约
$200×10^4t$ 增至 2016 年的 $5000×10^4t$[3]。然而受国外铝土矿出口政策限制、铝土矿
商主导定价权等因素影响，我国铝土矿资源供应风险系数加大。综上所述，铝工
业的高速发展导致铝土矿资源的消耗急剧上升，尤其是中国铝土矿资源质量每况
愈下，开采消耗速度超过探明储量增长速度，高品质资源的保证程度日趋严峻，
进口规模迅速扩张，资源问题已经成为铝工业发展的主要瓶颈[45]，而且还可能导
致重金属污染、水土流失和植被破坏等生态环境问题[46]。

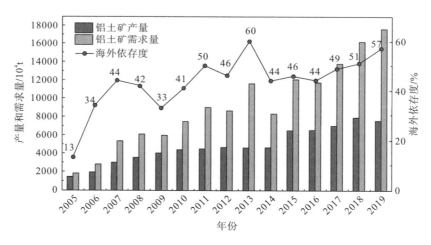

图 1-3   2005～2019 年我国铝土矿产量、需求量及海外依存度的关系

针对目前我国对铝土矿需求量大幅度增加及高品位铝土矿资源总储量日渐减
少的现状，寻求新的高品位铝土矿刻不容缓[47,48]。因此，有必要加快开发和完善
其他类型铝土矿利用技术，扩大铝土矿可用资源量，提高资源利用率，有必要进

行铝土矿资源的勘察并合理开采和有效利用现有的铝土矿资源[49-51]。高硫铝土矿是铝工业的重要潜在可利用资源[52]。河南、贵州和广西等地有相当数量的高硫铝土矿，以中高铝、中低硅、高硫、中高铝硅比型铝土矿为主，其中约 57%具有较高品位[53]。这些高硫型高品位矿适用于拜耳法生产氧化铝，但高硫铝土矿中的黄铁矿在拜耳法高压溶出过程中生成可溶的二价和三价铁的羟基硫化物的复杂络合物，硫主要以 S^{2-}、$S_2O_3^{2-}$、SO_3^{2-} 和 SO_4^{2-} 等形态存在，不同硫形态的离子在铝酸钠溶液中不断积累，这将会造成碱耗升高、晶种分解速度降低、赤泥沉降性能变差、蒸发工序无法排盐、容器结疤、产品质量变差及设备腐蚀等问题[54]，对氧化铝生产工艺及设备带来极大危害。因此，硫含量大于 0.7%的高硫铝土矿至今未得到大规模的工业利用。《贵州省矿产资源总体规划(2016～2020 年)》指出，铝行业要大力推广高硫及中低品位铝土矿生产氧化铝技术。因此，基于我国丰富的高硫铝土矿资源分布和现状，在我国高品位铝土矿资源逐渐枯竭的情况下，若能解决好我国，特别是贵州省高硫铝土矿生产氧化铝过程中的脱硫问题，扩大可利用的铝土矿资源量，将在很大程度上缓解我国供矿危机和矿石急剧贫化的趋势，对保证我国氧化铝工业的可持续发展具有重大意义。

1.3.3　高硫铝土矿脱硫研究现状

高硫型高品位铝土矿适于拜耳法处理，但硫的存在将破坏氧化铝的溶出和烧结过程，生产流程中硫的积累使碱耗增加，使晶种分解率下降，引起溶液中可溶性铁的浓度增高，氢氧化铝被污染，赤泥沉降性能变差，硫化物和硫代硫酸盐加剧对钢设备的腐蚀，更重要的是当生产流程中硫酸钠积累到一定数量时，析出硫酸钠结晶，严重影响正常的生产操作，甚至使生产无法进行。因此，该类矿要得到充分利用必须解决脱硫问题。

随着氧化铝工业的迅速发展，为了有效开发利用高硫铝土矿、减轻硫在氧化铝工业生产中的危害，控制矿石中的硫进入溶液，减少产品氧化铝中铁的含量，国内外许多科研工作者针对硫的赋存状态及硫在溶出过程中的行为进行了大量的实验研究。

在拜耳法处理高硫铝土矿的过程中，黄铁矿与溶出液中的苛性碱在 180℃时开始反应，并随温度和苛性碱浓度的升高而加剧，生成可溶的二价和三价铁的羟基硫化物的复杂络合物；随着溶出过程的进行，这些铁的络合物转变为高度分散的氧化亚铁和磁铁矿、亚硫酸钠和硫酸钠，不仅使铝酸钠溶液受到污染，还使赤泥沉降性能变差，而且还引起蒸发器管结疤造成堵塞。

矿石中的硫元素主要以 S^{2-} 的形式进入溶液，约占全部硫含量的90%以上，其他的有 $S_2O_3^{2-}$、SO_3^{2-}、SO_4^{2-} 及 S_2^{2-} [55-57]。硫向铝酸钠溶液中转移的情况与含硫矿物的种类及反应条件有关。

铁的硫化物容易与碱液反应，其反应能力为陨硫铁矿>胶黄铁矿>磁黄铁矿>白铁矿>黄铁矿。在稀碱液中，陨硫铁矿可按下式反应：

$$FeS+2NaOH \!\!=\!\! Fe(OH)_2+Na_2S \tag{1-1}$$

黄铁矿与碱液的反应过程可用下列反应式来描述：

$$8FeS_2+30NaOH \!\!=\!\! 4Fe_2O_3+14Na_2S+Na_2S_2O_3+15H_2O \tag{1-2}$$

$$6FeS_2+22NaOH \!\!=\!\! 2Fe_3O_4+10Na_2S+Na_2S_2O_3+11H_2O \tag{1-3}$$

$$3FeS_2+8NaOH \!\!=\!\! Fe_3O_4+2Na_2S+2Na_2S_2+4H_2O \tag{1-4}$$

黄铁矿与碱液的反应速度取决于在反应物(磁赤铁矿、磁铁矿、赤铁矿)层中的扩散速度。在不同工序的铝酸钠溶液中硫离子的状态是不同的，这是由于硫有着复杂的氧化、还原过程。

在溶出过程中很容易生成二硫化钠，二硫化钠不稳定，会发生如下反应：

$$4Na_2S_2+6NaOH \!\!=\!\! 6Na_2S+Na_2S_2O_3+3H_2O \tag{1-5}$$

二硫化钠也很容易被氧化：

$$Na_2S+Na_2SO_3+0.5O_2+H_2O \!\!=\!\! Na_2S_2O_3+2NaOH \tag{1-6}$$

随着温度的升高，硫代硫酸钠稳定性变差，并在高压溶出过程中于 230～235℃下分解：

$$3Na_2S_2O_3+6NaOH \!\!=\!\! 2Na_2S+4Na_2SO_3+3H_2O \tag{1-7}$$

$$Na_2S_2O_3+2NaOH \!\!=\!\! Na_2S+Na_2SO_4+H_2O \tag{1-8}$$

生成的 Na_2SO_3 很容易被氧化成 Na_2SO_4，是硫在溶出过程后的铝酸钠溶液中的最终表现形态。因此，在铝酸钠溶液中硫离子的形态有 S^{2-}、$S_2O_3^{2-}$、SO_3^{2-}、SO_4^{2-} 及 S_2^{2-}。这些离子与空气接触，大部分被氧化为 SO_4^{2-}，溶液中多余的石灰与溶液中的 SO_4^{2-} 形成水合硫铝酸钙，最终分解产生 $CaSO_4$ 进入赤泥排除[58]。

因此，高压溶出过程后的铝酸钠溶液中，除硫化钠和硫酸钠外，铝酸钠溶液中还积累了较多的硫代硫酸钠和亚硫酸钠及少量以二硫化物为主的多硫化物。这些不同形态的硫离子在溶出过程中会对溶出工艺造成不利影响(如溶出、沉降、蒸发等)。然而，铝土矿中硫的主要危害是因铝酸钠溶液受铁的污染而使氧化铝品位下降。在低温下，黄铁矿被 S^{2-} 的分散剂作用分解生成赤铁矿、磁铁矿等并以胶体的形式进入溶液；在高温高压溶出时，硫化钠和二硫化钠与铁发生反应，生成羟基硫代铁酸钠；在溶出条件下，铝酸钠溶液中的铁离子的含量随 S^{2-} 浓度的增加而增加，随 $S_2O_3^{2-}$ 浓度的增加而稍微增加。

反应式如下：

$$Fe_2O_3+2Na_2S+5H_2O \!\!=\!\! Na_2[FeS_2(OH)_2] \cdot 2H_2O+Fe(OH)_2+2NaOH \tag{1-9}$$

$$Fe(OH)_2+Na_2S_2+2H_2O \!\!=\!\! Na_2[FeS_2(OH)_2] \cdot 2H_2O \tag{1-10}$$

此外，铝酸钠溶液中硫的含量多对原矿浆磨制不利，使赤泥沉降性能变差，蒸发排盐量和结疤加剧，同时也会对钢铁设备造成一定的腐蚀。

国内外的许多学者针对硫的赋存状态及硫在溶出过程中的行为进行了大量的

研究工作，并相继发表了一系列相关的论文，许多学者就硫的赋存状态、硫的溶出率、硫和铁的溶出行为机理、硫在铝酸钠溶液中的存在形态、不同形态硫的相互转化等进行了研究。张念炳等[59]利用 XRD 和 SEM 分析研究贵州高硫铝土矿硫的赋存状态，矿物的 XRD 分析结果和 SEM 研究结果表明，硫主要以黄铁矿(FeS_2)的形式存在，少量的硫以漫染状态离散分布于基体中；一水硬铝石[$AlO(OH)$]将黄铁矿完全包裹，硫元素在矿石中分布较集中，高硫铝土矿中黄铁矿在细粒部分赋存比较多，磨矿后单体解离度较低，少量的黄铁矿呈脉状充填于脉石矿物的裂隙中。胡小莲等[60]利用 XRD 分析和化学物相定量法研究不同地区高硫铝土矿中硫的赋存状态及不同形态的硫的脱除方法，研究表明，高硫铝土矿中硫的存在形态以硫化物和硫酸盐为主，不同产地的铝土矿中硫的存在形态不同。

对于铝土矿中的硫在溶出过程中的行为，苏联研究较早，并取得了一些成果。美国的 J.T.Malito 根据对巴顿路切工厂的溶液进行试验所得的数据导出了有关硫酸钠平衡溶解度的关系经验式[61]。刘桂华等[62]模拟拜耳法溶出一水硬铝石的过程，研究了 S^{2-}、Na_2O_k、Na_2CO_3、Na_2SO_4 浓度变化对 $Fe(OH)_3$、FeS、FeS_2 反应行为的影响规律，结果表明，随着体系中硫化钠浓度的升高，加入 FeS 或黄铁矿和加入氧化铁对溶出液中铁浓度的影响有所不同，前者使铁浓度略有下降，而后者使铁浓度明显升高；随着苛性碱浓度的升高，分别加入 $Fe(OH)_3$、FeS、黄铁矿时，加入 $Fe(OH)_3$ 的溶出液中铁浓度变化不明显，加入 FeS 的溶出液中铁浓度降低，加入黄铁矿的溶出液中铁浓度却升高；Na_2SO_4 对溶出液中铁浓度的影响不明显，而 Na_2CO_3 对溶出液中铁浓度有明显的促进作用。陈文汨等[63]对溶出液中铁和硫的行为机理进行了研究，表明铝土矿中硫含量高引起溶出液中铁含量升高。张祥远等[64]研究了贵州某高硫铝土矿中硫和铝的溶出行为，通过正交试验确定了溶出条件等参数的影响程度，利用线性回归法确定了各参数对硫和氧化铝溶出率的影响。谢巧玲[54]对广西和河南的高硫铝土矿的溶出行为做了研究，结果表明，铝土矿中不同的硫含量对氧化铝的溶出率无明显影响，铝土矿中硫含量越高硫的溶出率越大，溶出液中铁含量越大、二价硫离子的浓度越高。胡小莲[65]研究了在溶出过程中铝土矿中硫含量对硫转化率的影响以及硫的溶出行为，研究表明，铝土矿中硫含量越高硫的溶出率越大，溶出液中铁含量越大、二价硫离子的浓度越高；溶出液中的硫是各种形式的硫离子的混合物，而且硫离子之间可以进行相互转换，一部分硫离子会留在溶液中，一部分会以含水硫铝酸钙和硫酸钙的形式随赤泥排出。此外，张念炳等[59]对贵州猫场高硫铝土矿进行了溶出行为方面的研究，在溶出温度为 240℃、碱浓度为 195g/L、时间为 50min、石灰添加量为 16%的溶出条件下，硫溶出率仅为 15%左右，但氧化铝溶出率为 90%左右。贵州大学何润德教授、谭希发[66]等对中低品位高硫铝土矿用纯碱烧碱法进行研究，发现在碱比为 1.3、烧结温度为 1100℃的条件下烧结 30min 后，矿石中氧化铝的溶出率可达89.78%。

综上所述，高硫铝土矿中硫的累积行为对氧化铝生产工艺及设备存在较大影响。因此，脱硫对于高硫铝土矿的开发利用非常必要。关于脱硫方法的研究较多，如浮选法、预焙烧法、微波脱硫、分解母液的冷冻脱硫及湿法脱硫等，但各自有优缺点[67]，现将各种方法及其应用现状进行如下简要评述。

1. 浮选法

浮选法主要是根据矿物表面的物理和化学性质的差异来实现矿物的分选，通过加入浮选药剂来调节和控制这种差异，对目的矿物直接进行分选，从而达到效果，是一种根本有效的脱硫方法，而且经济效益较高[68]。国际上最早研究高硫铝土矿脱硫的是苏联乌拉尔工学院[69,70]。通过对含硫 2%（质量分数）的铝土矿使用浮选法脱硫，获得含硫低于 0.41%的精矿，脱硫率约为 80%。乌拉尔南部铝土矿则选用浮选法去除硫化物工艺，使硫含量从原矿的 2.22%降低到 0.19%。乌拉尔北部采用筛分—光电拣选—浮选联合流程的工业试验也获得了成功[71,72]。国内的牛芳银等[73]也对某高硫铝土矿进行一段浮选的正交实验，将硫的含量从原矿的 0.96%降低到精矿的 0.15%，但精矿中 Al_2O_3 的损失量为 6.30%。

也有报道在碱性铝酸盐溶液中浮选铝土矿，即将分离铝土矿中的硫化物的浮选作业，放在生产氧化铝的洗涤液中进行。对北乌拉尔高硫铝土矿在乌拉尔铝厂的洗涤水中进行工业浮选实验，在用硫酸铜（180g/t）和 T-66（50g/t）的条件下，以丁基黄药为捕收剂浮选分离出亚硫酸盐，使硫含量从 2%降低到 0.4%～0.5%。

电位调控浮选脱硫，它是根据不同矿物的活性具有一个适宜的电位范围，通过外控电场或加入药剂调节和控制表面疏水和亲水的电化学反应，从而实现脱硫的方法。贵州高硫铝土矿所含的硫主要以黄铁矿的形态存在，有文献建议采用电位调控浮选法对高硫铝土矿进行浮选脱硫[65,74]。比较于复杂的硫化矿体系电位调控浮选分离而言，该矿种的浮选过程应更容易实现，但由于矿浆体系本身的复杂性，使得在电场调控电位条件下浮选过程的电化学反应相当复杂，生产上实现这一浮选过程存在难度[75]。

浮选法工艺虽然简单，但操作起来仍带来很多麻烦。目前浮选研究依然存在以下几个问题：①在破碎与磨矿过程中，铝硅酸盐矿物比一水硬铝石易碎易磨，为了达到有用矿物浮选粒度的要求，势必造成脉石矿物的泥化，这不可避免地增强了浮选的机械夹带作用，导致浮选指标恶化；②精矿过滤和脱水困难，而精矿中所含水分必须在蒸发段去除，增加了不必要的能量消耗；③精矿表面吸附有大量的药剂，成本高，造成精矿脱药困难；④产生大量废水，增加了废水处理费用；⑤增加了选矿工艺，使氧化铝生产流程复杂化。

因此，铝土矿浮选脱硫是一种具有发展前途的方法，将是铝土矿脱硫当前与今后研究的主要内容之一。但对贵州高品位且平均含硫量在 1%左右的铝土矿，用浮选法除硫增加了工艺流程，成本较高。

2. 预焙烧脱硫

对高硫铝土矿进行预焙烧可以达到活化脱硅和脱硫两个目的[13,76]。吕国志等[77]提出高硫一水硬铝石型铝土矿焙烧脱硫预处理及综合利用新工艺，分别研究了高硫铝土矿在马弗炉、旋转管式炉、流态化焙烧过程中的脱硫效果。用这种方法处理高硫高品位铝土矿时，焙烧脱硫也只能脱除一部分硫，使铝土矿中的含硫量低于拜耳法要求的 0.7%控制线，这将意味着用焙烧方法来脱除硫，其矿石处理量将很大(因为它不能一次性把硫脱除得很彻底，还需通过配矿的方式使配矿后的铝土矿含硫量在 0.7%以下)，其能耗很大，释放的 SO_2 气体将排放进入大气(增加二次处理费用)。焙烧可除去矿石中的腐殖酸等有机物，减少其对种分工序的影响[78]。因此，焙烧脱硫方法有其优点，也存在不足，该方法的利用前景要从生产工艺、脱硫脱碳效果、经济效益和生产环境的角度综合考虑。

3. 微波脱硫[79]

在微波照射物体时，微波会被物体吸收，物体吸收的微波会转化为热能，物质被加热。与常规加热不同，微波加热具有速度快、加热均匀、选择加热等优点。微波加热正逐渐发展成为一种有应用前景的焙烧方法[80,81]。铝土矿的矿物组成复杂，微波加热铝土矿时，由于不同矿物的介电常数不同，对微波的吸收性能不同，从而实现矿物的选择性加热。黄铁矿(FeS_2)是高硫铝土矿中的主要含硫矿物，其介电常数远高于一水硬铝石[$AlO(OH)$]和高岭石($Al_2O_3 \cdot 2SiO_2 \cdot 2H_2O$)。因此，微波加热时，黄铁矿具备更优的吸波性能，从而达到黄铁矿快速加热脱硫的目的。除黄铁矿等成分外，微波处理铝土矿中其他矿物成分基本与原矿一样。这可能是由于铝土矿是一种非同质的混合物，铝土矿中的不同矿物成分吸收微波的能力存在差异。用微波照射铝土矿时，铝土矿中的一些组分选择性地吸收，其中黄铁矿等成分相对于其他组分来说，能够优先吸收微波，这就使得高硫铝土矿中的黄铁矿加热速度较快。当加热到一定温度时，黄铁矿分子就与铝土矿颗粒表面吸附或夹杂的氧气分子、空气中的氧气分子发生反应，生成气态化合物逸出铝土矿。例如，张念炳等[82]对贵州某矿区的铝土矿进行微波焙烧预处理，焙烧温度为 400℃、焙烧时间为 2min 时，可使铝土矿的全硫含量从 1.39%降低到 0.7%以下。梁佰战等[79]对重庆某矿区的高硫铝土矿进行微波脱硫以及溶出试验，结果表明，微波加热温度为 650℃、时间为 5min 时，硫含量可以从 4.15%降低到 0.37%，溶出条件下可使氧化铝的溶出率从 80.4%提高到 98.7%。高硫铝土矿采用微波脱硫可获得较高的脱硫率，但该方法的工业化应用受开发大型化微波设备的制约。

4. 分解母液的冷冻脱硫

分解母液蒸发前，经两次低温冷却，一次苛化，即先将母液冷却到-10~-15℃，使碳酸钠与硫酸钠同时从母液中结晶析出，分离后的结晶物加石灰和水，使碳酸钠苛化并生成碳酸钙沉淀以除去碳酸盐，除去碳酸盐后的苛性碱溶液，再冷却到-10~-15℃，使硫酸盐沉淀析出而除之。可见该法在工业上技术难度较大，降温到-10~-15℃，脱硫后还要升温对矿石进行溶出，能耗大，难以实现工业化。

5. 湿法脱硫[83]

由于铝土矿预脱硫处理成本较高且存在一些不足，脱除硫的同时会产生一些负面的影响。因此，学者们逐渐关注拜耳过程脱硫方式，选择高硫铝土矿拜耳法溶出过程或某工序进行脱硫处理。湿法脱硫是指在溶出的铝酸钠溶液中加入添加剂进行脱硫的过程。当前国内外对铝酸钠溶液中脱硫的研究较多，主要包括氧化剂蒸发脱硫、重金属沉淀脱硫和石灰拜耳法脱硫。

工厂中常采用气体氧化剂、液体氧化剂或固体氧化剂等，使 Na_2S 和 $Na_2S_2O_3$ 氧化为 Na_2SO_4。在溶液蒸发浓缩时，SO_4^{2-} 以硫酸钠碳酸钠复盐（$Na_2CO_3 \cdot 2Na_2SO_4$）的形式析出，达到除硫的目的。但是，一方面，采用气体鼓泡氧化方法的缺点是硫的氧化程度不够，仅能氧化成硫代硫酸钠，而其在铝酸钠溶液中的积累同样是不希望的。加入其他固体氧化剂会引入杂质离子，对铝酸钠溶液造成污染，并且增加生产成本。另一方面，随着种分母液中 Na_2SO_4 的升高，将导致蒸发工序中复盐碳钠矾（$Na_2CO_3 \cdot Na_2SO_4$）大量析出，加速蒸发器结疤，恶化蒸发效果，因此对高硫铝土矿而言，仅靠蒸发脱硫是不现实的，必须在蒸发之前将铝酸钠溶液中的硫含量降到一定范围。

在铝酸钠溶液中可与 S^{2-} 反应生成沉淀并能稳定存在的金属元素主要为 ZnO、CuO 等。以铝酸钠溶液添加氧化锌脱硫为例，在高温铝酸钠溶液中加入 ZnO，利用溶出时生成的 S^{2-} 和加入铝酸钠溶液中的 ZnO 反应生成 ZnS 沉淀。此法能够有效脱除铝酸钠溶液中的 S^{2-}，并且由于溶液中 S^{2-} 含量的减少，溶液中的铁含量也能得到有效控制[84]。但是 ZnO 价格较贵，且当锌添加量较多时，ZnO 会与高温铝酸钠溶液中的碱反应生成锌酸钠进入铝酸钠溶液中，当进入铝酸钠溶液中的锌杂质的量过多时，在种分时锌就会因为氢氧化铝的吸附而带入氧化铝产品中，在电解时就会进入铝锭，导致铝锭纯度不高。会影响氧化铝产品质量。根据拜耳法生产氧化铝流程的特点，添加氧化锌脱硫反应条件为高温铝酸钠溶液，只适用于溶出过程脱硫，产生的 ZnS 沉淀进入赤泥中排出，难以实现沉淀硫酸锌的循环使用，经济性大大降低。

硫酸钡沉淀法脱硫是利用钡盐[BaO、$Ba(OH)_2$ 和 $BaO \cdot Al_2O_3$ 等]使铝酸钠溶液中的 SO_4^{2-} 与 Ba^{2+} 反应生成 $BaSO_4$ 沉淀，与溶液分离，达到脱硫的目的。钡盐不会污染溶液，也不改变溶液本身的性质，其净化后的沉淀物能回收循环利用。硫酸钡沉淀法净化工业铝酸钠溶液的脱硫效果非常理想，脱硫率达 99%，但当溶液中 CO_3^{2-} 和 SiO_3^{2-} 含量较高时，会造成钡盐耗量增加，而且钡盐价格较为昂贵，如何回收利用含钡脱硫渣是该方法的重点。铝酸钡脱硫效果较好，但目前的研究仍然停留在工艺与纯湿法脱硫阶段，且氧化铝的溶出率较低，脱硫效果以牺牲氧化铝为代价。为有效回收含钡脱硫渣，硫酸钡沉淀法更适用于种分母液中脱硫，而不适合溶出过程脱硫。

在溶出一水硬铝石型铝土矿时，石灰是必不可少的添加剂。当铝酸钠溶液浓度较低时，对其脱硅时会形成含硅的固相，SO_4^{2-} 进入硅酸盐骨架的孔穴，$Ca(OH)_2$ 再与铝硅酸盐生成一种新的含硫化合物。在浓度较低的反应器内加入石灰，可以使溶液中的硫进入固相随赤泥排除。石灰拜耳法脱硫可以生成 NaOH，提高溶液中碱浓度，促使溶出反应进行。但该工艺的缺点在于要求铝酸钠的浓度较低且会造成氧化铝的损失，导致氧化铝溶出率降低，赤泥量较大和附液损失较大等。

几十年来国内外学者对现有的高硫铝土矿脱硫工艺进行了大量的实验研究，在常规脱硫方法研究的基础上，已经开发出了许多种新的脱硫技术，包括微生物脱硫法[85]、电化学脱硫法[86,87]和电解阴极氧化脱硫法等。然而每种方法在设备及工艺方面都存在弊端，如磁化、微波设备难以应用；浮选工艺复杂，流程长；拜耳法溶出后脱硫，无法避免硫对浸出的影响等，因此没有得到广泛的应用。

1.3.4　高硫铝土矿开发利用亟待解决的问题

高硫铝土矿得不到广泛利用是因为硫含量过高满足不了拜耳法生产氧化铝的生产工艺要求。目前我国氧化铝厂仍采用除硫率很低(只有33%左右)的生料加煤除硫的方法处理含硫铝土矿，但该方法只对烧结法或混联法处理的低硫铝土矿有较好效果，对于高硫铝土矿效果甚微，这使得高硫铝土矿的有效利用受到了极大的限制。

在预处理方面，反浮选脱硫是重要的预处理方法之一。对于浮选法除硫，苏联研究比较多，有学者对高硫铝土矿进行浮选脱硫，可使硫的含量从 2%降低到0.4%~0.5%。浮选脱硫工艺既能脱去矿中大部分的硫，又能够获得硫含量较高的硫产品，有利于资源的综合利用。但是此法的缺点就是不同铝土矿中矿物的可磨性具有差异，矿石过磨或者泥化均会降低黄铁矿的浮选效果。另外，浮选法操作较繁琐，加入的药剂种类较多，有机物进入系统，水洗量也较大，影响后续生产。目前，国内关于高硫铝土矿的浮选脱硫还未应用到工业生产上，主要是受药剂和复杂的工艺流程所限制，所以高效浮选药剂的选择、简化工艺流程的确定并获得较高除硫效率和较好的氧化铝回收率是浮选法工业化需首要解决的问题。

焙烧预处理不仅可以有效脱硫，而且还可以脱除矿石中的有机物，提高其溶出性能、赤泥沉降性能和矿石的可磨性[88]。预焙烧有着良好的发展前景，但是实际生产中，当高硫铝土矿处于静态焙烧脱硫时，容易出现表面"过烧"和内部"欠烧"的现象，导致矿的脱硫不完全。硫化焙烧预处理，硫元素主要以 SO_2 的形式生成，直接排放会对空气造成污染。为了防止空气污染，必须增加尾气处理装置，造成设备成本偏高。焙烧过程容易导致铝土矿颗粒产生磨损现象，且焙烧矿过于细化不利于溶出，溶出赤泥严重细化导致赤泥沉降性能降低[89]。预焙烧脱硫的关键在于焙烧方式与设备的选择，回转窑焙烧能耗较高，悬浮焙烧应用前景良好。目前，有关微波加热应用于铝土矿预处理的研究较多，大多关注微波焙烧条件对铝土矿脱硫效果、溶出效果、物相变化等方面的研究，缺乏微波焙烧条件对焙烧产物的微观形貌、粒度分布、比表面积、介孔分析等方面影响及焙烧脱硫过程热力学和动力学的系统研究。

微生物菌种脱硫是利用微生物的独特性，对特定的金属矿物具有氧化或吸附的效果，从而使得有价金属元素与杂质进行分离。目前，国内外利用微生物技术处理矿石主要集中在铜、铅、锌等硫化矿，氧化亚铁钩端螺旋菌、氧化亚铁硫杆菌等微生物菌种可以将黄铁矿、砷黄铁矿等硫化矿进行氧化，从而达到微生物氧化脱硫的目的。硫化矿的生物浸出是生物氧化、化学氧化和电化学反应等多种反应结合的结果。目前学术界普遍认为直接作用和间接作用两种机制是促使硫化矿生物浸出的作用机理。在处理量不大的情况下，可在常温、常压条件下高效地完成复杂的反应过程，过程稳定、操作简单、效果好。然而，寻找到特定的菌种需要大量的研究工作，且菌种培育周期长，成活率低，这些问题都极大地限制了微生物浸出技术的大规模应用。

高硫铝土矿拜耳法溶出过程或某工序脱硫可有效避免铝土矿预脱硫处理的一些不足，更符合氧化铝生产工艺的要求，但也存在硫在溶出过程中对钢铁设备的腐蚀问题，且药剂的费用较贵，生产过程复杂。其中，硫酸钡沉淀法净化工业铝酸钠溶液的脱硫效果非常理想，脱硫率达 99%。关于这方面的研究国内外均有大量报道。氧化钡、氢氧化钡及铝酸钡均可作为拜耳溶液的脱硫剂。此外，对碳酸根、硅酸根以及有机物的脱除也有一定的效果。但氧化钡、氢氧化钡脱硫的价格较高，原材料耗量大，因此在工业上未能实现。铝酸钡价格便宜，需化学合成才可获得。因此，掌握铝酸钡合成原理，探索合成工艺流程，调控工艺参数，获得满足脱硫工艺要求的铝酸钡显得尤为重要。目前，从工艺要求的角度出发，系统考察脱硫工序脱硫剂的脱硫脱有机物效果研究较为缺乏，如预脱硅过程脱硫、高压溶出过程脱硫、稀释工序脱硫、粗液脱硫、种分母液脱硫、强化排盐与苛化后液脱硫及脱硫渣的循环利用等。

高硫铝土矿用于拜耳溶出生产氧化铝，应主要关注氧化铝和硫的溶出行为，希望获得较好氧化铝溶出率的同时降低硫的溶出率。一方面，国内外学者对高硫铝土矿中硫的溶出开展了一系列的研究，取得了一定的成果，如硫的赋存形态、硫的溶出率、硫在铝酸钠溶液中的赋存形态以及不同形态硫的相互转化等。对高硫铝土矿的拜耳溶出过程进行优化，需要进一步关注铝的高效溶出以及避免硫的溶出，因此硫在拜耳溶液中的溶出规律和机理、迁移规律等的研究显得尤为重要。另一方面，国内外对高硫铝土矿溶出行为机理的研究，主要考察各个溶出条件对硫溶出的影响。由于高硫铝土矿中硫转入溶液的程度与硫的矿物形态、硫中杂质（包括硫）含量及其溶出条件有关，各地高硫铝土矿的形态差异很大，其研究结果也不相同。课题组长期从事高硫铝土矿脱硫理论、工艺与技术研究，在硫对铝酸钠溶液性质及分解的影响，硫对氧化铝生产设备材质腐蚀的影响，拜耳法高压溶出及强化脱硫，拜耳法工序钡盐脱硫，焙烧脱硫及脱硫焙烧矿溶出性能等方面取得了一定进展，揭示了硫溶出过程行为及其对工序和设备的影响规律。研究成果丰富和完善了高硫铝土矿脱硫理论和技术，为高硫铝土矿的高效利用提供了理论依据和学术参考。

参 考 文 献

[1] 余文超. 华南黔桂地区铝土矿沉积—成矿作用[D]. 武汉: 中国地质大学, 2017.

[2] 罗建川. 基于铝土矿资源全球化的我国铝工业发展战略研究[D]. 长沙: 中南大学, 2006.

[3] 驻几内亚使馆经商处. 全球铝土矿资源分布格局及开采现状分析[EB/OL]. [2018-12-24]. https://www.investgo. cn/article/gb/fxbg/201812/434535.html.

[4] 刘中凡. 世界铝土矿资源综述[J]. 轻金属, 2001(5): 7-12.

[5] United States Geological Survey. Bauxite and Alumina Statistics and Information[EB/OL]. https://www.usgs.gov/ centers/nmic/bauxite-and-alumina-statistics-and-information?qt-science_support_page_related_con=0#qt-science_support _page_ related_con.

[6] 顾松青. 我国的铝土矿资源和高效低耗的氧化铝生产技术[J]. 中国有色金属学报, 2004(S1): 91-97.

[7] Sun L, Zhang S, Zhang S H, et al. Geologic characteristics and potential of bauxite in China[J]. Ore Geology Reviews., 2020, 120: 103278.

[8] 王贤伟. 中国铝土矿资源产品需求预测及对策研究[D]. 北京: 中国地质大学, 2018.

[9] 刘中凡, 杜雅君. 我国铝土矿资源综合分析[J]. 轻金属, 2000(12): 8-12.

[10] 王安建, 王高尚, 陈其慎, 等. 矿产资源需求理论与模型预测[J]. 地球学报, 2010, 31(2): 137-147.

[11] 洪瑾. 高硫铝土矿的综合利用[D]. 沈阳: 东北大学, 2012.

[12] 江兵. 在拜耳法工艺中用硫化物除锌的研究[D]. 长沙: 中南大学, 2006.

[13] Hu X L, Chen W M, Xie Q L. Sulfur phase and sulfur removal in high sulfur-containing bauxite[J]. Transactions of Nonferrous Metals Society of China, 2011, 21(7): 1641-1647.

[14] 金会心, 吴复忠, 李军旗, 等. 高硫铝土矿微波焙烧脱除黄铁矿硫[J]. 中南大学学报(自然科学版), 2020, 51(10): 2707-2718.

[15] 付世伟. 贵州高硫铝土矿开发利用前景分析[J]. 矿产勘查, 2011, 2(2): 159-164.

[16] 崔萍萍, 黄肇敏, 周素莲. 我国铝土矿资源综述[J]. 轻金属, 2008 (2): 9-11.

[17] Bogatyrev B A, Zhukov V V. Bauxite provinces of the world[J]. Geology of Ore Deposits, 2009, 51 (5): 339-355.

[18] Zhang L, Park C P, Wang G H, et al. Phase transformation processes in karst–type bauxite deposit from Yunnan area, China[J]. Ore Geology Reviews, 2017, 89: 407-420.

[19] 朱永红, 朱成林. 遵义铝土矿(带)找矿模式及远景预测[J]. 地质与勘探, 2007, 43 (5): 23-28.

[20] 高道德. 贵州中部铝土矿地质研究[M]. 贵阳: 贵州科技出版社, 1992.

[21] 刘平. 八论贵州之铝土矿——黔中–渝南铝土矿成矿背景及成因探讨[J]. 贵州地质, 2001 18 (4): 238-243.

[22] 曾文杰. 贵州猫场矿高硫型铝土矿地质特征[J]. 资源信息与工程, 2019, 34 (2): 33-34.

[23] 周文龙, 刘幼平. 贵州铝土矿基底地层特征及与成矿的关系[J]. 地质与勘探, 2016 (3): 471.

[24] 王庆飞, 邓军, 刘学飞, 等. 铝土矿地质与成因研究进展[J]. 地质与勘探, 2012, 48 (3): 430-448.

[25] 覃清. 铝土矿地质与成因分析[J]. 资源信息与工程, 2018, 33 (2): 15-16.

[26] 白朝益. 遵义铝土矿地球化学特征及成因浅析[D]. 北京: 中国地质大学, 2013.

[27] Sun L, Xiao K Y, Lou D B. Mineral prospectivity of bauxite resources in China[J]. Earth Science Frontiers, 2018, 25 (3): 82-94.

[28] Gao L, Wang D H, Xiong X Y, et al. Minerogenetic characteristics and resource potential analysis of bauxite in China[J]. Geology in China, 2015, 42 (4): 853-863.

[29] 高兰, 王登红, 熊晓云, 等. 中国铝土矿资源特征及潜力分析[J]. 中国地质, 2015, 42 (4): 853-863.

[30] 刘幼平, 程国繁, 崔滔, 等. 贵州铝土矿成矿规律[M]. 北京: 冶金工业出版社, 2015.

[31] 杨涛, 黄波, 张银峰, 等. 贵州省铝土矿矿床特征分析[J]. 有色金属 (矿山部分), 2020, 72 (1): 54-59.

[32] 向贤礼. 黔北北部铝土矿矿床成矿规律研究及成矿预测[D]. 昆明: 昆明理工大学, 2014.

[33] Ling K Y, Zhu X Q, Tang H S, et al. Mineralogical characteristics of the karstic bauxite deposits in the Xiuwen ore belt, Central Guizhou Province, Southwest China[J]. Ore Geology Reviews, 2015, 65: 84-96.

[34] 李双伍. 广西岩溶堆积型铝土矿矿床特征研究[J]. 世界有色金属, 2019, 3: 262-264.

[35] Ling K Y, Zhu S X, Ling X Q, et al. Importance of hydrogeological conditions during formation of the karstic bauxite deposits, Central Guizhou Province, Southwest China: A case study at Lindai deposit[J]. Ore Geology Reviews, 2017, 82: 198-216.

[36] 葛文杰. 复杂条件下铝土矿开采与岩层采动规律研究[D]. 长沙: 中南大学, 2011.

[37] 张海坤, 胡鹏, 姜军胜, 等. 铝土矿分布特点、主要类型与勘查开发现状[J]. 中国地质, 2021, 48 (1): 68-81.

[38] 李昊, 王庆飞. 我国铝土矿资源开发利用现状及其产业研究[J]. 陕西科技大学学报, 2009 (5): 157-160.

[39] 陈喜峰. 中国铝土矿资源勘查开发现状及可持续发展建议[J]. 资源与产业, 2016, 18 (3): 16-22.

[40] 赵宏宝. 山西铝土矿资源分布、开发利用现状分析[D]. 太原: 太原理工大学, 2004.

[41] 何海洲, 杨志强, 郑力. 广西铝土矿资源特征及利用现状[J]. 中国矿业, 2014 (5): 14-17.

[42] 詹海燕. 贵州局 105 队探获一中型铝土矿 [EB/OL]. [2015-08-27]. https://www.cgs.gov.cn/gzdt/dzhy/ 201603/t20160309_302427.html.

[43] 王琼杰, 徐磊磊, 赵荣军, 等. 河南省推进铝土矿整装勘查纪实 [EB/OL]. [2019-12-27]. http://www.mnr. gov.cn/dt/dfdt/201912/t20191227_2492150.html.

[44] 罗文启, 孙新华. 河南省铝土矿的勘查现状及找矿前景[J]. 中国资源综合利用, 2017, 35(4): 44-46.

[45] 魏欣欣. 非传统铝资源——高硫铝土矿和粉煤灰的利用研究[D]. 长沙: 中南大学, 2011.

[46] Wang S, Zhang Z, Wang Z. Bryophyte communities as biomonitors of environmental factors in the Goujiang karst bauxite, southwestern China[J]. Science of the Total Environment, 2015, 538: 270-278.

[47] 卿仔轩. 我国铝土矿生产、消费现状及产业发展趋势分析[J]. 中国金属通报, 2012(7): 38-39.

[48] 张伦和. 铝土矿资源合理开发与利用[J]. 轻金属, 2012(2): 6-14.

[49] 韩跃新, 柳晓, 何发钰, 等. 我国铝土矿资源及其选矿技术进展[J]. 矿产保护与利用, 2019, 39(04): 151-158.

[50] 梁汉轩, 鹿爱莉, 李翠平, 等. 我国铝土贫矿资源的开发利用条件及方向[J]. 中国矿业, 2011, 20(07): 10-13.

[51] Zhou X J, Yin J G, Chen Y L, et al. Simultaneous removal of sulfur and iron by the seed precipitation of digestion solution for high-sulfur bauxite[J]. Hydrometallurgy, 2018, 181: 7-15.

[52] 马俊伟, 陈湘清, 吴国亮, 等. 遵义高硫铝土矿工艺矿物学特征及浮选脱硫试验研究[J]. 轻金属, 2014, 3: 5-9.

[53] 何伯泉, 罗琳. 试论我国高硫铝土矿脱硫新方案[J]. 轻金属, 1996(12): 3-5.

[54] 谢巧玲. 高硫铝土矿的溶出行为和反浮选脱硫的研究[D]. 长沙: 中南大学, 2009.

[55] 黎志英. 贵州高硫铝土矿溶出性能研究[D]. 贵阳: 贵州大学, 2006.

[56] 毕诗文, 于海燕, 杨毅宏. 氧化铝生产工艺[M]. 北京: 冶金工业出版社, 2006.

[57] Liu Z W, Yan H W, Ma W H, et al. Digestion behavior and removal of sulfur in high-sulfur bauxite during bayer process[J]. Minerals Engineering, 2020, 149: 106237.

[58] 张念炳, 蒋宏石, 吴贤熙. 高硫铝土矿溶出过程中硫的行为研究[J]. 轻金属, 2007(7): 7-10.

[59] 张念炳, 白晨光, 黎志英, 等. 高硫铝土矿中含硫矿物赋存状态及脱硫效率研究[J]. 电子显微学报, 2009, 28(3): 229-234.

[60] 胡小莲, 陈文汩, 谢巧玲, 等. 高硫铝土矿中硫的赋存状态及除硫[J]. 中国有色金属学报(英文版), 2011(7): 1641-1647.

[61] Malito J T, 阎鼎欧. 拜耳法溶液中硫酸钠的平衡溶解度[J]. 轻金属, 1985(5): 22-26.

[62] 刘桂华, 高君丽, 李小斌, 等. 拜耳法高压溶出液中铁浓度变化规律的研究[J]. 矿冶工程, 2007(5): 38-40.

[63] 陈文汩, 陈学刚, 郭金权, 等. 拜耳液中铁的行为研究[J]. 轻金属, 2008(4): 17-21.

[64] 张祥远, 李军旗, 陈朝轶, 等. 贵州某高硫铝土矿中硫和铝的溶出行为[J]. 湿法冶金, 2011(4): 312-315.

[65] 胡小莲. 高硫铝土矿中硫在溶出过程中的行为及除硫工艺研究[D]. 长沙: 中南大学, 2011.

[66] 谭希发. 中低品位高硫铝土矿纯碱烧结法试验研究[D]. 贵阳: 贵州大学, 2007.

[67] Zheng L, Xie K, Liu Z, et al. Review on desulfurization of high-sulfur bauxite[J]. Materials Review, 2017, 31(5): 84-93.

[68] Zhou J Q, Mei G J, Yu M M, et al. Effect and mechanism of surface pretreatment on desulfurization and desilication from low-grade high-sulfur bauxite using flotation[J]. Physicochemical Problems of Mineral Processing, 2019, 55(4): 940-950.

[69] Loginova I V, Koryukov V N, Kuznetsov S I. The effect of some flotation reagents on bauxite leaching[J]. Tsvetnaya Metallurgiya, 1979, 6: 55.

[70] Shemyakin V S, Saltanov V V, Nepokrytykh T A, et al. Processing of bauxites by flotation in basic-aluminate

solutions[J].Tsvetnaya Metallurgiya, 1985, 3: 24.

[71] Kalkan E. Utilization of red mud as a stabilization material for the preparation of clay liners[J]. Engineering Geollogy, 2006, 87 (3-4): 220-229.

[72] Hulston J, Kretser R G D, Scales P J. Effect of temperature on the dewaterability of hematite suspensions[J]. International Journal of Mineral Processing, 2004, 73 (2): 269-279.

[73] 牛芳银, 张覃, 张杰. 某高硫铝土矿浮选脱硫的正交试验[J]. 矿物学报, 2007, 27 (3): 393-395.

[74] 兰军, 吴贤熙, 解元承, 等. 铝土矿生产氧化铝过程脱硫方法的研究进展[J]. 应用化工, 2008 (4): 104-106.

[75] 路坊海. 浅论猫场高硫型铝土矿脱硫方案的选择[J]. 轻金属, 2008 (9): 17-20.

[76] Lu D, Lv G, Zhang T A, et al. Roasting pre-treatment of high-sulfur bauxite for sulfide removal and digestion performance of roasted ore[J]. Russian Journal of Non-ferrous Metals, 2018, 59 (5): 493-501.

[77] 吕国志, 张廷安, 鲍丽, 等. 高硫铝土矿的焙烧预处理及焙烧矿的溶出性能[J]. 中国有色金属学报, 2009, 19 (9): 1684-1689.

[78] Lou Z N, Xiong Y, Feng X D, et al. Study on the roasting and leaching behavior of high-sulfur bauxite using ammonium bisulfate[J]. Hydrometallurgy, 2016, 165: 306-311.

[79] 梁佰战, 陈肖虎, 冯鹤, 等. 高硫铝土矿微波脱硫溶出试验[J]. 有色金属 (冶炼部分), 2011 (3): 25-28.

[80] Ma S J, Luo W J, Mo W, et al. Removal of arsenic and sulfur from a refractory gold concentrate by microwave heating[J]. Minerals Engineering. 2009, 23 (1): 61-63.

[81] Kingman S W. Recent developments in microwave processing of minerals[J]. International Materials Reviews, 2006, 51 (1): 1-12.

[82] 张念炳, 白晨光, 邓青宇. 高硫铝土矿微波焙烧预处理[J]. 重庆大学学报, 2012, 35 (1): 81-85.

[83] 熊道陵, 马智敏, 彭建城, 等. 高硫铝土矿中硫的脱除研究现状[J]. 矿产保护与利用, 2012 (5): 53-58.

[84] Liu Z, Yan H W, Ma W H, et al. Sulfur removal of high-sulfur bauxite[J]. Mining Metallurg & Exploration, 2020, 37 (9): 1617-1626.

[85] Li S P, Wang R, Guo Y T, et al. Bio-desulfurization of high-sulfur bauxite by designed moderately thermophilic consortia[J]. The Chinese Journal of Nonferrous Metals, 2016, 26 (11): 2393-2402.

[86] Gong X Z, Wang Z, Zhao L X, et al. Competition of oxygen evolution and desulfurization for bauxite electrolysis[J]. Industrial & Enginerering Chemistry Research, 2017, 56 (21): 6136-6144.

[87] Gong X Z, Zhuang S Y, Ge L, et al. Desulfurization kinetics and mineral phase evolution of bauxite water slurry (BWS) electrolysis[J]. International Journal of Mineral Processing, 2015, 139: 17-24.

[88] Lu D, Lv G, Zhang T A, et al. Roasting pre-treatment of high-sulfur bauxite for sulfide removal and digestion performance of roasted ore[J]. Russian Journal of Non-ferrous Metals, 2018, 59 (5): 493-501.

[89] 吕国志, 张廷安, 鲍丽, 等. 高硫铝土矿焙烧预处理的赤泥沉降性能[J]. 东北大学学报 (自然科学版), 2009, 30 (2): 242-245.

第 2 章　高硫铝土矿工艺矿物学

　　矿物学是研究矿物的化学成分、晶体结构、形态、性质、成因、产状、共生组合、变化条件、时间与空间上的分布规律、形成与演化的历史和用途以及它们之间关系的一门学科，与地质学、采矿学、选矿学、冶金学、材料科学等领域关系密切[1]。矿物学的分支学科包括工艺矿物、矿物形貌学、成因矿物学、地幔矿物学、宇宙矿物学、实验矿物学、结构矿物学、矿物物理学、光性矿物学、矿物材料学等，工艺矿物学作为矿物学的分支之一，是以研究矿物处理和矿物原料加工过程为主要内容的学科。20 世纪 70 年代以后，随着现代科学技术的迅猛发展，近代物理、化学的晶体场理论、配位场理论、分子轨道理论、能带理论以及各种谱学手段、微束测试技术、电子计算机计算技术等引入了矿石物质组成研究领域，使对矿石的化学成分、矿物组成、矿物嵌布粒度、矿物理化性质及矿物解离等的测试得到新的发展，并发展成为一门独立的工艺矿物学学科[2]。工艺矿物学的基本研究内容如下：①矿石化学成分、矿物组成、矿石的元素赋存状态及其分配规律的研究；②矿石结构和构造、矿物粒度组成及矿物解离分析；③矿石和矿物的化学、物理性质与选冶工艺的关系；④矿物表面性质和工艺特性；⑤矿物在选冶过程中的行为和产品的矿物学分析；⑥工艺矿物学的研究方法。

　　铝土矿中硫含量大于 0.7%的被称为高硫铝土矿，我国高硫铝土矿以一水硬铝石为主，是一种复杂难处理类型的铝土矿资源。高硫铝土矿的主要特点如下[3]：①矿藏深度越深则硫含量越高，硫含量为 0.8%～7%；②铝品位高，全球 2/3 储量的高硫铝土矿 A/S（铝硅比）在 7 以上；③属于水滑石铝土矿，高硫铝土矿中最常见的含硫矿物为黄铁矿及其异构体（白铁矿和胶白铁矿）以及硫酸盐；④分布不均匀、大小不一的含硫矿物与矿物流质嵌入关系复杂。我国铝土矿中硫元素主要以黄铁矿（FeS_2）的形式存在。另外，还存在微量的 $CaSO_4 \cdot H_2O$（石膏）、$BaSO_4$（重晶石）以及铜和锌的硫化物 $CuFeS_2$（黄铜矿）、ZnS（闪锌矿）等。通过对高硫铝土矿的工艺矿物学研究，能够为高硫铝土矿资源的综合利用和选冶工艺提供参考依据。

2.1　高硫铝土矿化学成分

2.1.1　主要元素

　　铝土矿的化学组成是评价铝土矿性质，并指导其工业利用的一项非常重要的指标。高硫铝土矿的主要元素化学组分包括 Al_2O_3、SiO_2、Fe_2O_3、TiO_2 和 S_T（全硫），其次含有少量的 CaO、MgO、K_2O、Na_2O 等。表 2-1 是我国不同地区高硫铝土矿的主要化学成分组成，贵州的高硫铝土矿主要取自遵义、清镇和黔北务正道地区，由于取样层位或样品来源方式不同，贵州各地区高硫铝土矿样品的化学组成不同，但大部分样品全硫含量均高于 0.7%，有的样品全硫含量高达 10%以上；所取样品中，Al_2O_3 平均含量为 62%～66%，A/S 平均为 7～13，全硫平均含量为2%～4%。表 2-1 中也列出了我国其他地区的高硫铝土矿化学成分组成，如广西、河南、湖北、云南、重庆等地的高硫铝土矿，地区或来源不同，高硫铝土矿的化学组成不尽相同。

表 2-1 我国不同地区高硫铝土矿主要化学成分组成（质量分数，%）

产地	Al_2O_3	SiO_2	Fe_2O_3	TiO_2	CaO	MgO	K_2O	Na_2O	S_T	其他	A/S
贵州遵义 1	56.25	5.78	10.32	2.62	1.24	0.91	0.75	0.07	6.31	12.25	9.73
贵州遵义 2	57.18	10.98	6.7	3.06	0.82	0.59	0.10	0.04	2.17	9.28	5.21
贵州遵义 3	70.63	6.59	5.37	1.54	0.05	0.059	0.08	0.13	3.82	14.36	10.72
贵州遵义 4	67.77	7.63	6.78	3.25	0.5	0.16	0.27	0.08	2.34	13.11	8.88
贵州遵义 5	61.79	10.17	6.59	3.04	0.82	0.57	0.49	0.11	3.53	10.35	6.08
贵州遵义 6	62.76	11.92	2.77	2.94	1.41	0.05	0.07	0.04	0.85	14.34	5.27
贵州遵义 7	64.62	8.47	4.74	2.49	0.3	0.41	0.20	0.09	3.73	14.93	7.63
贵州遵义 8	66.50	9.67	3.95	2.77	1.33	0.17	0.15	0.18	2.01	13.82	6.88
贵州遵义 9	71.70	6.46	3.09	3.07	0.39	0.21	0.05	0.13	0.82	13.54	11.10
贵州清镇 1	66.50	9.67	3.95	2.77	0.37	0.22	0.13	0.07	2.00	14.34	6.88
贵州清镇 2	69.28	8.65	3.14	2.8	1.15	0.08	0.58	0.03	2.06	11.36	8.01
贵州清镇 3	64.62	8.47	4.74	2.49	0.10	0.21	0.09	0.12	3.73	15.06	7.63
贵州清镇 4	65.97	6.92	6.45	3.47	—	0.13	0.72	—	1.31	14.51	9.53
贵州黔北 1	50.02	6.98	9.15	3.79	1.14	3.28	1.15	0.45	10.42	12.6	7.17
贵州黔北 2	54.1	5.75	8.90	3.73	1.34	3.30	0.31	0.55	11.01	13.61	9.41
贵州黔北 3	57.44	6.45	3.68	4.16	0.48	0.08	0.06	0.200	9.22	18.55	8.91
贵州黔北 4	49.1	5.22	8.90	3.49	1.27	0.94	2.89	1.20	12.07	14.56	9.41
贵州黔北 5	67.47	5.53	5.98	4.58	1.01	0.45	0.25	0.19	1.39	13.47	12.20
贵州黔北 6	67.18	3.34	8.78	4.73	0.91	0.05	0.12	0.05	4.93	11.83	20.11
贵州黔北 7	73.23	3.83	2.30	3.49	0.56	0.24	0.046	0.19	0.72	14.79	19.12
贵州黔北 8	71.61	2.67	5.30	3.28	0.16	0.08	0.17	0.35	1.74	15.97	26.82
贵州黔北 9	63.18	6.79	3.85	2.88	2.43	3.55	0.21	0.48	1.02	14.36	9.30
贵州黔北 10	61.15	16.78	4.03	2.24	0.21	1.13	0.51	0.15	1.05	13.72	3.64
贵州黔北 11	57.22	13.15	10.15	4.21	0.07	2.60	0.18	—	2.03	11.72	4.35
贵州黔北 12	53.96	13.12	11.01	3.23	0.13	3.15	0.13	0.07	1.29	13.31	4.11
贵州黔北 13	55.43	12.92	9.66	3.27	0.14	3.37	0.09	0.10	2.33	11.85	4.29
贵州黔北 14	75.50	2.37	2.35	3.30	1.34	0.23	0.14	0.27	0.07	14.68	31.86
贵州黔北 15	76.50	2.26	1.40	3.49	0.50	1.44	0.12	0.26	0.06	14.71	33.85

续表

产地	Al₂O₃	SiO₂	Fe₂O₃	TiO₂	CaO	MgO	K₂O	Na₂O	S_T	其他	A/S
贵州黔北 16	73.23	3.83	2.30	3.49	1.52	0.37	0.06	0.29	0.72	14.79	19.12
贵州黔北 17	62.43	12.98	2.45	3.24	1.70	1.73	0.08	0.24	0.04	14.58	4.81
贵州黔北 18	62.76	11.53	5.85	2.99	0.26	0.4	0.12	0.21	0.60	14.33	5.44
贵州黔北 19	74.79	2.38	2.52	4.12	0.61	1.73	0.08	0.24	0.16	14.59	31.42
贵州黔北 20	51.36	11.78	19.75	2.58	0.26	0.4	0.12	0.21	0.21	13.68	4.36
广西 1	53.07	14.83	5.68	2.37	0.67	0.43	—	—	1.62	—	3.58
广西 2	65.16	4.33	9.2	5.88	—	—	—	—	2.28	—	15.05
河南 1	61.62	12.65	6.58	4.12					0.97		4.87
河南 2	70.27	6.32	6.29	2.83					0.85		11.12
河南 3	80.18	7.21	7.59	4.35					0.78		11.12
河南 4	55.2	11.89	7.47	2.88	0.42	—	—	—	1.61	14.55	4.64
河南 5	54.65	16.26	2.81	3.15	0.55	—	4.65	—	2.87		3.36
湖北	53.95	6.57	13.81	3.27	2.95	0.41	0.2	0.05	3.56		8.21
重庆	59.79	13.06	9.38	2.51	0.87	0.46	0.51	0.05	1.82	11.61	4.58
云南	49.36	7.87	14.7	3.9	1.43	0.75	—	—	6.8		6.27

注：广西、河南、湖北、重庆、云南高硫铝土矿数据参考文献[4]～文献[10]。

2.1.2　微量元素

铝土矿中含有一定量的微量元素，由于铝土矿主要是在温热气候下由母岩经红土化、钙红土化和铝土矿化的产物，从而使一些地壳中的常量元素在风化作用中易溶，含量减少，在铝土矿中变为微量元素。微量元素是指含量甚少，一般为千分之一以下的元素。但其含量是变化的，在少数情况下某些元素的含量可达百分之一甚至百分之几。我国铝土矿与世界铝土矿中的微量元素含量对比见表 2-2。可以看出，我国铝土矿中的微量元素与世界铝土矿中的相比，Ga、Zr、Ba、B、Sr、Cu、Ni、Rb、Nb 等明显较高，而 V、Cr、Sc 等明显较低。

表 2-2　铝土矿中微量元素含量(质量分数，10⁻⁶)[11]

微量元素	地壳中平均值	铝土矿中平均值	
		世界	我国
Zr	165	388	587
Ga	15	71.4	74
Be	2.8	18.9	20
Sr	375	380	410
Ba	425	40	96
Cr	100	419	268
V	135	291	184
B	10	25	270

续表

微量元素	地壳中平均值	铝土矿中平均值	
		世界	我国
Sc	22	25.4	19
Ni	75	29.3	113
Co	25	17.9	75
Cu	55	28.2	47
Rb	90	7	23
Nb	19	26	83
Ta	1.6	4.5	5.3

　　高硫铝土矿中含有一定量的微量元素，根据文献统计结果，贵州高硫铝土矿中微量元素化学成分分析结果见表 2-3。黔中、黔东南和黔北地区铝土矿中的微量元素含量变化相近，矿石中伴生镓、钒、铬、钪和稀土等多种有价元素，其中镓（Ga）含量为 0.022%～0.066%，平均为 0.0509%，达到了伴生组分的工业要求(工业可回收利用指标为 0.01%～0.002%[22])，可综合回收利用。钪（Sc）化学性质与稀土相似，国内外对钪均无综合利用工业指标要求，国内主要从含钪的黑钨矿、锡石、铁锂云母的精矿中回收利用，回收品位为 0.02%～0.10%；国外主要从铝土矿中回收钪，回收品位为 0.002%～0.005%[23]。贵州铝土矿中钪的含量平均为 0.00238%，黔北地区铝土矿中钪的含量平均为 0.00249%，参考国外从铝土矿中回收钪的品位要求，贵州铝土矿中的钪达到了综合回收利用要求。

表 2-3　贵州铝土矿中微量元素含量(质量分数，10^{-6})

元素	黔中(福泉高洞)[12]	黔中(清镇荣祥)[13-14]	黔东南(凯里苦李井)[15]	黔东南(凯里苦李井)[16]	黔北(道真新民)[17]	黔北(道真岩坪)[17]	黔北(道真桃园)[17]	黔北(务川瓦厂坪)[17]	黔北(务川大竹园)[18]	黔北(务川大竹园)[19]	黔北(务川岩凤阡)[19]	黔北(正安旦坪)[19]	黔北(务正道地区)[20]	黔北(务正道地区)[21]
Li	208.68	—	174.34	—	388.50	1004.00	539.00	730.50	623.72	753.51	359.22	417.86	429.47	383.51
Be	3.68	4.12	2.97	—	6.19	3.85	6.72	5.94	6.09	5.78	4.24	4.71	—	2.80
Sc	17.42	33.3	11.26	—	18.56	20.11	25.03	30.67	18.51	21.72	34.81	28.7	—	25.53
V	225.34	175	300.17	478.85	306.45	351.00	237.30	268.75	259.25	292.94	199.81	158.73	274.50	235.22
Cr	151.98	160	185.80	498.46	206.65	238.10	350.70	338.40	283.29	287.62	226.01	224.98	317.85	265.30
Co	13.22	5.5	2.44	3.02	9.91	7.40	9.35	12.31	31.39	35.25	27.8	42.12	—	9.03
Ni	57.56	21.7	15.44	22.31	14.85	31.34	27.71	50.04	45.54	54.16	66.28	108.33	78.00	29.35
Ga	33.82	46.9	36.39	114.65	37.89	51.23	66.97	65.97	—	50.5	22.27	23.42	62.74	48.31
Rb	12.09	18.6	2.60	3.65	8.93	58.16	5.66	16.65	10.43	13.49	17.58	44.53	—	43.76
Sr	136.36	1058.5	22.63	143.52	102.50	112.70	87.50	241.40	91.41	111.44	158.05	151.56	149.23	265.37
Hf	23.57	25.8	38.82	48.12	19.97	17.35	18.60	—	15.98	15.97	47.88	37.07	15.59	
Ta	3.50	—	4.17	5.72	5.07	4.34	3.95		3.61	3.81	5.17	4.08	3.36	
Bi	1.05	—	—	—	1.20	1.21	0.80		0.75	0.83	0.9	0.68	—	0.69
Cu	55.09	—	—	—	10.18	29.66	28.18	11.26	28.05	37.58	54.79	23.74	—	19.98

续表

元素	黔中(福泉高洞)[12]	黔中(清镇荣祥)[13-14]	黔东南(凯里苦李井)[15]	黔东南(凯里苦李井)[16]	黔北(道真新民)[17]	黔北(道真岩坪)[17]	黔北(道真桃园)[17]	黔北(务川瓦厂坪)[17]	黔北(务川大竹园)[18]	黔北(务川大竹园)[19]	黔北(务川岩凤阡)[19]	黔北(正安旦坪)[19]	黔北(务正道地区)[20]	黔北(务正道地区)[21]
Pb	28.56	110.3	10.09	—	27.60	44.58	50.46	—	61.70	85.67	64.31	41.69	—	41.85
Zn	48.45	—	—	—	23.48	37.80	70.93	33.53	36.38	40.66	64.86	83.16	—	38.91
Th	35.70	68.2	35.30	95.17	62.86	46.40	54.17	—	38.05	38.73	54.4	29.37	—	40.83
U	8.40	18.03	8.70	13.64	18.78	13.93	9.20	—	8.88	8.36	11.23	9.72	—	9.06
Zr	821.62	873.67	1356.70	1833.77	491.50	624.00	653.00	582.00	689.48	689.47	433.55	308.11	453.60	—
Nb	50.69	46.1	49.56	68.88	55.32	56.63	52.07	—	46.79	49.01	65.7	48.81	50.17	—
W	20.66	—	—	12.00	158.05	16.30	13.30	—	163.13	184.25	5.7	3.93	—	3.55
Mo	3.23	2.07	—	—	2.12	2.18	1.51	—	5.61	6.33	3.94	3.27	—	3.21
Ba	48.58	670.2	11.60	21.66	78.30	188.90	31.80	120.35	29.77	38.78	94.92	187.51	—	143.85
Cd	—	0.06	—	—	0.42	0.96	1.48	0.20	0.65	0.97	0.85	1.07	—	0.80
In	—	0.24	—	—	0.22	0.20	0.26	0.25	0.18	0.19	0.2	0.15	—	0.16
Sb	1.45	2.95	—	—	1.32	1.56	0.65	2.78	1.66	2.06	1.05	1.3	—	1.58
Cs	—	—	—	—	0.92	1.15	1.80	2.04	1.05	1.27	2.51	2.86	—	3.15
As	6.29	219.6	—	—	13.81	9.88	8.75	23.50	22.61	29.77	38.88	25.23	—	—
La	25.69	161.2	8.57	30.81	37.455	88.21	45.7	24.08	—	30.66	50.66	147.8	50.14	30.33
Ce	121.94	372.9	14.26	87.38	59.74	86.29	74.55	27.315	—	72.48	312.91	256.6	103.88	76.00
Pr	6.18	36.03	1.48	7.15	31.32	59.17	23.52	15.475	—	6.41	12.74	30.62	10.10	6.11
Nd	22.94	132.5	4.83	24.19	25.745	41.94	14.29	12.33	—	23.07	47.56	98.57	34.98	22.24
Sm	5.04	24.41	1.07	5.94	21.255	25.55	9.93	13.03	—	4.91	9.55	16.47	6.27	4.17
Eu	1.10	4.37	0.26	1.39	16.64	15.61	8.26	12.37	—	1.08	2.37	3.97	1.41	0.86
Gd	5.26	17.87	1.61	7.09	16.91	18.81	13.01	15.14	—	5.41	10.29	17.03	6.24	3.96
Tb	1.04	3.06	0.37	1.71	19.3	19.43	14.32	19.04	—	0.88	1.75	2.89	1.03	0.78
Dy	6.55	18.09	2.63	9.83	19.63	17.31	14.11	20.09	—	5.7	11.08	17.85	6.24	4.67
Ho	1.45	3.62	0.66	2.40	21.05	17.52	15.4	22.055	—	1.21	2.27	3.59	1.43	0.99
Er	4.46	10.85	2.02	7.97	20.765	17.65	15.4	22.58	—	3.65	7.29	11.11	4.23	3.02
Tm	0.70	1.65	0.34	1.29	20.845	17.28	15.69	23.17	—	0.55	1.18	1.68	0.73	0.55
Yb	4.22	10.88	2.58	9.50	22.96	19.04	17.5	27.05	—	3.72	8.09	10.92	4.80	3.87
Lu	0.70	0.53	0.38	1.39	21.43	17.93	17.53	26.515	—	0.56	1.28	1.68	0.74	0.52
Y	37.58	—	15.07	65.10	19.31	29.05	29.03	37.42	29.40	32.94	46.37	87.5	—	29.27

注：统计数据为文献中对应元素的算术平均。

2.2　高硫铝土矿矿物成分

2.2.1　XRD 物相分析

X 射线衍射法(X-ray diffraction，XRD)是测定矿石中物相组成和晶体结构的最基本方法。将高硫铝土矿制成粉末样品或磨至表面平整的适合检测的块矿样品，采用 X 射线衍射仪进行分析，获得样品的 X 射线衍射图谱，该图谱是铝土矿中多种单一物相衍射图谱的简单叠加；然后通过 HighScore 或 Jade 等软件将图谱与单一物相的标准 PDF 卡片比对，进行样品中物相的定性分析，并根据已分析出物相的结晶度值(RIR)，计算各物相的半定量含量。

图 2-1 是贵州遵义一高硫铝土矿样品的 XRD 图谱与物相标准卡片的比对情况，表 2-4 是采用 HighScore 对图谱的分析结果，可以看出各物相的标准卡片的三强峰均有峰对应，该铝土矿样品含有一水硬铝石、云母、黄铁矿、锐钛矿、金红石、石英等矿物，半定量含量分别为56%、31%、5%、3%、1%和3%。

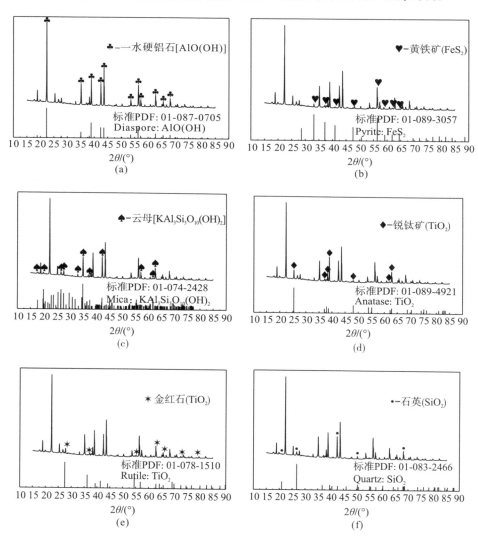

图 2-1   高硫铝土矿样品的 XRD 图谱与物相标准卡片的比对

表 2-4　高硫铝土矿样品 XRD 图谱 HighScore 分析结果

PDF 卡片编号	矿物名称	化学式	RIR 值	匹配度	半定量含量/%
01-087-0705	一水硬铝石（Diaspore）	$AlO(OH)$	1.22	68	56
01-089-3057	黄铁矿（Pyrite）	FeS_2	2.47	27	5
01-074-2428	云母（Mica）	$KAl_3Si_3O_{10}(OH)_2$	0.39	28	31
01-089-4921	锐钛矿（Anatase）	TiO_2	5.04	42	3
01-078-1510	金红石（Rutile）	TiO_2	3.65	27	1
01-083-2466	石英（Quartz）	SiO_2	3.17	22	3

采用同样的方法，对贵州遵义地区其他高硫铝土矿样品进行了物相分析，XRD 分析图谱如图 2-2 所示，样品物相组成半定量含量分析结果见表 2-5。分析结果显示，贵州遵义地区高硫铝土矿主要由一水硬铝石、云母、黄铁矿、锐钛矿、金红石、石英等物相组成，一水硬铝石的半定量含量在 44%～68%，黄铁矿的半定量含量最高可达 20%，说明贵州遵义地区铝土矿属于高硫一水硬铝石型铝土矿。

铝土矿是一种以氧化铝水合物为主要成分的复杂铝硅酸盐矿石，由于矿床地质年代、成因、环境、结构构造等不同，不同矿床或矿区的高硫铝土矿矿物组成存在一定的差别，表 2-6 是我国贵州省及其他省份部分高硫铝土矿的物相组成分析。我国高硫铝土矿以一水硬铝石型铝土矿为主，含铝矿物主要为一水硬铝石，少量地含有一水软铝石或三水铝石。除主要矿物外，还含有其他杂质矿物，如含硅矿物有高岭石（$2SiO_2 \cdot Al_2O_3 \cdot 2H_2O$）、伊利石[$KAl_2(Si \cdot Al)_4(OH)_2 \cdot nH_2O$]、鲕绿泥石[$Fe_4Al_2Si_3O_{10}(OH)_8 \cdot nH_2O$]、石英（$SiO_2$）以及云母类矿物等；含铁矿物有褐铁矿（$Fe_2O_3 \cdot nH_2O$）、赤铁矿（$Fe_2O_3$）、针铁矿[$FeO(OH)$]、黄铁矿（$FeS_2$）、菱铁矿（$FeCO_3$）等；含钛矿物有板钛矿（$TiO_2$）、锐钛矿（$TiO_2$）、金红石（$TiO_2$）等；其次还含有钙、镁的碳酸盐或硫酸盐，如白云石（$CaCO_3 \cdot MgCO_3$）、方解石（$CaCO_3$）、石膏（$CaSO_4$）等。

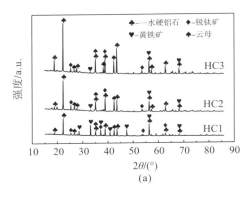

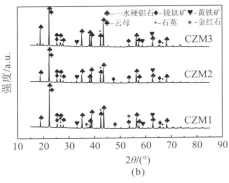

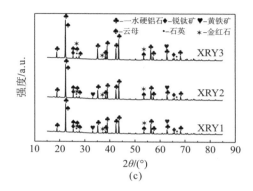

图 2-2　贵州遵义地区高硫铝土矿 XRD 分析

(a)遵义后槽；(b)遵义川主庙；(c)遵义仙人岩

表 2-5　贵州遵义地区高硫铝土矿物相半定量含量(%)

样品	一水硬铝石	云母	黄铁矿	锐钛矿	金红石	石英
后槽 1	50	28	20	2	—	—
后槽 2	53	38	7	2	—	—
后槽 3	59	33	6	2	—	—
川主庙 1	56	31	5	3	1	3
川主庙 2	65	17	12	2	—	4
川主庙 3	44	46	2	3	—	4
仙人岩 1	66	24	8	2	1	—
仙人岩 2	57	30	6	3	1	2
仙人岩 3	68	27	<1	2	1	2

表 2-6　贵州省及我国其他部分省份高硫铝土矿的物相组成(XRD)

物相	贵州务川 A/S 6.0 S_T 0.84%	贵州务川 A/S 6.5 S_T 1.2%	贵州道真 A/S 3.6 S_T 1.05%	贵州正安 A/S 4.3 S_T 2.64%	贵州清镇 A/S 9.5 S_T 1.31%	贵州遵义 A/S 11.3 S_T 2.17%	广西[4] A/S 3.58 S_T 0.62%	河南[6] A/S 4.87 S_T 0.97%	湖北[8] A/S 8.2 S_T 3.52%
一水硬铝石	62	66	60	67	71	67	56.2	53.9	57
一水软铝石	9	5	15	—	—	—	—	—	—
高岭石	13	—	15	9	9	1	4.1	23.8	—
伊利石	—	—	—	—	7	13	6.5	—	2
绿泥石	4.5	8	—	—	1	—	11.5	—	24
叶腊石	—	—	—	—	—	—	2.8	—	—
云母类	—	—	—	8	—	—	—	—	—
锐钛矿	3	5	2	3	3.5	2	—	2.9	2.3
金红石	1	1	—	—	—	1	—	—	—

续表

物相	贵州务川 A/S 6.0 S_T 0.84%	贵州务川 A/S 6.5 S_T 1.2%	贵州道真 A/S 3.6 S_T 1.05%	贵州正安 A/S 4.3 S_T 2.64%	贵州清镇 A/S 9.5 S_T 1.31%	贵州遵义 A/S 11.3 S_T 2.17%	广西[4] A/S 3.58 S_T 0.62%	河南[6] A/S 4.87 S_T 0.97%	湖北[8] A/S 8.2 S_T 3.52%
黄铁矿	1.5	4	1	5	5	8	2.6	2.1	5
针铁矿	1	—	—	—	2	—	—	—	—
菱铁矿	—	—	—	—	—	—	—	8.5	—
石英	3.5	5	3	1	1.5	1	7.3	2.5	—
刚玉	—	—	—	6	—	—	—	—	—
方解石	—	—	—	—	—	—	—	—	5.3
其他	—	—	4	9	—	—	9	4.7	—

注：符号"—"表示未检测出。

2.2.2 硫的化学物相分析

高硫铝土矿中硫主要以黄铁矿的形态存在，其次还含有少量其他形态的硫，如硫酸盐硫和有机硫。铝土矿中各种形态硫的分析可采用化学物相分析方法。化学物相分析包括矿石中全硫含量的测定、硫化物型硫的测定和硫酸盐型硫的测定，全硫含量的测定采用《铝土矿石化学分析方法 第 17 部分 硫含量的测定 燃烧—碘量法》(YS/T 575.17—2007)，试样在助熔剂存在的条件下，在 1300±20℃的氧气流中加热分解，生成 SO_2 被水吸收生成亚硫酸，以淀粉为指示剂，用碘标准溶液滴定，以测定硫含量，样品中化合水影响测定精度，用冲洗方法消除。硫化物型硫的测定及硫酸盐型硫的测定可采用以下方法：用 10% Na_2SO_4 溶液洗涤矿石，滤液与滤饼分离后，加 10% $BaCl_2$ 于滤液中，用重量法测出硫酸钡的含量，并算出硫的含量，即为硫酸盐性质的硫的含量；滤饼干燥后用燃烧—碘量法测定含硫量为硫化物型的硫的含量。矿石中的有机硫含量采用差减法，即用全硫含量减去硫化物硫和硫酸盐硫含量得到有机硫含量[24]。实验数据分析过程取多个平行样进行测试，以其平均值作为最终实验数据分析结果。

表 2-7 显示了贵州高硫铝土矿样品中硫的化学物相分析结果，铝土矿中的硫主要以硫化物的形式存在，占到了全硫的 70%~90%，硫酸盐性质的硫和有机物质中的硫含量相对较低，两者之和不足 30%。结合前面的 XRD 分析结果，可以确定贵州地区高硫铝土矿中的硫主要以黄铁矿的形态存在。

表 2-7 贵州铝土矿硫的化学物相分析

样品	含量/wt.%				占比/%		
	S_T	S_P	S_S	S_O	S_P/S_T	S_S/S_T	S_O/S_T
贵州铝土矿 1	10.31	8.44	0.95	0.92	81.87	9.21	8.92
贵州铝土矿 2	6.31	5.44	0.81	0.06	86.21	12.84	0.95

续表

样品	含量/wt.%				占比/%		
	S_T	S_P	S_S	S_O	S_P/S_T	S_S/S_T	S_O/S_T
贵州铝土矿 4	3.82	3.35	0.39	0.08	87.70	10.21	2.09
贵州铝土矿 8	3.73	3.15	0.33	0.25	84.45	8.85	6.70
贵州铝土矿 6	3.53	3.22	0.30	0.01	91.22	8.50	0.28
贵州铝土矿 5	2.34	2.01	0.24	0.09	85.90	10.26	3.85
贵州铝土矿 3	2.17	1.83	0.18	0.16	84.33	8.29	7.37
贵州铝土矿 9	2.01	1.59	0.17	0.25	79.10	8.46	12.44
贵州铝土矿 7	0.85	0.63	0.09	0.13	74.12	10.59	15.29
贵州铝土矿 10	0.82	0.60	0.15	0.07	73.17	18.29	8.54
河南铝土矿 1	0.98	0.80	0.18	—	81.64	18.36	—
河南铝土矿 2	0.85	0.18	0.67	—	21.18	78.82	—
河南铝土矿 3	0.78	0.15	0.63	—	19.24	80.76	—
河南铝土矿 4	0.96	0.80	0.16	—	82.47	17.53	—
广西铝土矿 1	2.28	1.83	0.45	—	80.05	19.95	—
广西铝土矿 2	0.10	0.02	0.08	—	20.00	80.00	—

注：S_T、S_P、S_S、S_O 分别为全硫、硫化物硫、硫酸盐硫和有机硫。河南、广西铝土矿数据参考文献[5]。

表 2-7 中河南和广西铝土矿中硫的化学物相没有考虑有机硫，计算全硫时，以硫化物硫含量和硫酸盐硫含量之和作为全硫含量。可以看出，河南和广西铝土矿中硫的化学物相既有以硫化物型硫为主，也有以硫酸盐型硫为主，分别以这两种类型硫为主的硫的化学物相占比均可达到 80%。

2.3　高硫铝土矿矿石特征

2.3.1　矿石自然类型

铝土矿的矿石自然类型主要有土状、半土状、碎屑状、致密块状、鲕状或豆鲕状等，如图 2-3 所示；高硫铝土矿矿石也多以这些自然类型为主，如图 2-4 所示。土状–半土状高硫铝土矿为灰、灰白及黄灰色等，矿石表面粗糙，质地疏松，吸水性强，具泥状结构。碎屑状高硫铝土矿有黑灰、深灰、浅灰、紫灰、黄灰色等，矿石质地疏松致密，碎屑颗粒明显，主要呈砂屑、砾屑状，少量呈团块、豆粒和鲕粒状。豆鲕状高硫铝土矿多以灰、深灰色为主，具豆状、鲕状结构。块状构造，通常由豆状、鲕状一水硬铝石组成。致密状高硫铝土矿为灰、深灰色，具致密结构，表面细腻，硬度大，具脆性，吸水性弱。针对贵州高硫铝土矿的自然类型部分统计见表 2-8。可见铝土矿中硫含量高的矿石自然类型多以碎屑状和致密状为主，其次为半土状和土状，豆鲕状铝土矿较少。

图 2-3 铝土矿的主要自然类型[25]

(a)碎屑状铝土矿；(b)半土状铝土矿；(c)豆鲕状铝土矿；(d)致密状铝土矿

图 2-4 高硫铝土矿的自然类型

(a)土状铝土矿(务川瓦厂坪 A/S 9.30，S_T 1.02%)；(b)半土状铝土矿(务川瓦厂坪 A/S 26.67，S_T 1.39%)；(c)碎屑状铝土矿(遵义后槽 A/S 8.1，S_T 17.31%)；(d)豆鲕状铝土矿(遵义川主庙 A/S 3.46，S_T 4.94%)；(e)致密状铝土矿(遵义仙人岩 A/S 8.88，S_T 2.34%)

表 2-8 贵州高硫铝土矿矿石类型(%)

铝土矿来源	铝土矿类型	Al_2O_3	SiO_2	Fe_2O_3	S_T	A/S
清镇猫场	深灰色致密块状铝土矿	63.44	6.74	9.90	6.40	9.41
清镇猫场	深灰色致密块状铝土矿	56.13	9.84	12.46	3.00	5.70
修文长冲	黑灰色含黄铁矿铝土矿	61.76	4.30	11.98	7.05	14.36
织金	浅灰色致密块状铝土矿	72.98	4.47	2.23	0.93	16.33
织金	浅灰色致密块状铝土矿	56.16	6.13	14.80	9.05	9.16
织金	深灰色致密块状铝土矿	60.53	4.29	12.30	10.65	14.11
织金	浅灰色碎屑状铝土矿	70.78	5.78	3.22	1.04	12.25

续表

铝土矿来源	铝土矿类型	Al_2O_3	SiO_2	Fe_2O_3	S_T	A/S
遵义团溪	黑灰色致密块状铝土矿	71.47	6.26	2.72	1.05	11.42
遵义后槽	深灰色碎屑状铝土矿	51.2	5.81	23.34	17.31	8.81
遵义后槽	黑灰色碎屑状铝土矿	71.49	3.27	6.13	2.93	21.86
遵义后槽	黑灰色致密块状铝土矿	67.42	8.48	4.04	2.59	7.95
遵义后槽	黑灰色致密块状铝土矿	75.50	2.34	2.35	1.04	32.26
遵义后槽	深灰色致密状铝土矿	56.25	5.78	10.32	6.31	9.73
遵义川主庙	黑灰色土状铝土矿	53.93	4.51	16.41	10.79	11.96
遵义川主庙	黑灰色土状铝土矿	64.95	2.42	11.67	5.58	26.84
遵义川主庙	黑灰色碎屑状铝土矿	65.18	6.37	7.56	4.47	10.23
遵义川主庙	深灰色豆鲕状铝土矿	67.77	7.63	6.78	2.34	8.88
遵义川主庙	深灰色豆鲕状铝土矿	58.71	11.89	6.69	3.46	4.94
遵义仙人岩	深灰色致密状铝土矿	64.62	8.47	4.74	3.73	7.63
遵义尚稽	黑灰色碎屑状铝土矿	68.99	6.58	3.78	2.08	10.48
遵义尚稽	黑灰色混合铝土矿	55.52	2.60	17.99	10.88	21.35
务川大竹园	碎屑状铝土矿	72.61	4.99	3.10	1.77	14.55
务川大竹园	致密状铝土矿	56.70	19.99	4.10	1.86	2.84
务川大竹园	半土状铝土矿	73.03	3.93	3.31	2.16	18.58
务川大竹园	豆鲕状铝土矿	63.96	11.15	4.45	2.6	5.74
务川大竹园	红褐色碎屑状铝土矿	62.41	10.5	5.38	0.84	5.94
务川瓦厂坪	深灰色碎屑状铝土矿	50.02	6.98	17.15	10.41	7.17
务川瓦厂坪	黑灰色碎屑状铝土矿	54.10	2.75	18.90	11.01	19.67
务川瓦厂坪	灰色致密状铝土矿	57.44	3.45	13.68	9.22	16.65
务川瓦厂坪	浅灰色致密状铝土矿	49.10	5.22	18.90	12.07	9.41
务川瓦厂坪	灰黄色半土状铝土矿	67.47	2.53	5.98	1.39	26.67
务川瓦厂坪	灰色豆鲕状铝土矿	67.18	1.34	8.78	4.93	50.13
务川瓦厂坪	黄褐色半土状铝土矿	71.61	1.67	5.3	1.74	42.88
务川瓦厂坪	浅灰色土状铝土矿	63.18	6.79	2.85	1.02	9.30
正安旦坪	碎屑状铝土矿	55.89	12.38	10.78	0.67	4.51
正安旦坪	豆鲕状铝土矿	53.84	14.17	10.54	1.01	3.80
正安旦坪	致密状铝土矿	45.83	16.82	17.00	0.80	2.72
正安旦坪	深灰色碎屑状铝土矿	56.80	15.12	9.89	2.18	3.76
正安旦坪	深灰色致密状铝土矿	56.37	11.52	7.96	2.13	4.89
务正道	致密状铝土矿	56.61	15.89	4.07	0.79	3.56
务正道	深灰色碎屑状铝土矿	55.36	6.03	15.46	10.85	9.18
务正道	碎屑状铝土矿	63.33	1.41	8.98	6.77	44.91

注：表中部分数据来源于文献[25]～文献[30]。

2.3.2　矿石结构和构造

矿石的结构和构造是选冶工艺矿物学的重要内容，是矿石破碎、磨矿、选矿和冶金工艺必须考虑的因素之一。矿石结构是指组成矿石的矿物结晶程度、颗粒的形状、大小及其空间上的相互关系，即一种或多种矿物晶粒之间或单个晶粒与矿物集合体之间的形态特征；常见的矿石结构有碎屑结构、交代结构、固溶体分离结构、动力压力结构等。矿石构造是指组成矿石的矿物集合体的特点，包括矿物集合体的形状、大小及空间相互结合关系；矿石构造的基本组成单位是矿物集合体，矿物集合体可以由一种或多种矿物组成；常见的矿石构造有浸染状构造、块状构造、条带状构造、脉状构造、角砾状构造、胶状构造等。

1. 矿石结构

高硫铝土矿具有代表性的矿石结构有碎屑结构、交代结构、它形变晶结构、鲕状结构、胶状结构、浸染状结构等，如图 2-5 所示。

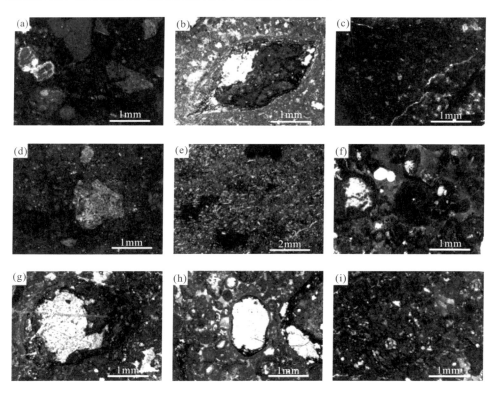

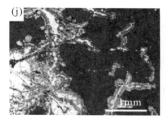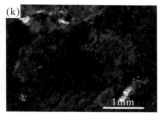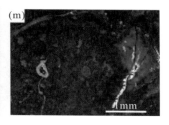

图 2-5 高硫铝土矿的矿石结构（偏光显微镜）

(a)碎屑结构，碎屑为砾屑、砂屑、鲕粒、豆粒、复碎屑等；(b)复碎屑，纺锤状；(c)砂屑，微晶一水硬铝石组成的砂屑分布于泥晶一水硬铝石和高岭石混杂组成的胶结物中；(d)砾屑，以泥晶-微晶一水硬铝石为主；(e)粉屑，成分为泥晶-微晶高岭石、白云母、金红石，白云母定向排列，黏土矿物胶结；(f)鲕粒，0.9mm 泥晶一水硬铝石胶结；(g)团块，泥-微晶一水硬铝石胶结鲕粒、一水硬铝石砂屑及自形粒状黄铁矿；(h)豆粒，椭圆形豆粒；(i)鲕状结构，泥-微晶一水硬铝石孔隙-接触式胶结；(j)交代结构，黄铁矿沿铝土矿边缘交代呈网状；(k)胶状结构，表现为铁染的凝胶状一水硬铝石具有胶体扩散沉淀环纹；(m)浸染结构，褐铁矿沿碎屑边缘浸染状分布

碎屑主要由砂屑、砾屑、团块、鲕粒、豆粒等构成；砂、砾屑主要由微晶一水硬铝石、隐晶一水硬铝石、泥晶一水硬铝石、粒状黄铁矿、自形金红石以及微晶高岭石、伊利石、白云母等黏土矿物组成。砾屑组成成分复杂，形态多样，有长条状、近圆状及不规则状；砂屑多呈圆形、椭圆形，椭圆形砂屑长轴常按平行定向排列。团块常由泥晶一水硬铝石胶结砂屑、鲕粒等构成，主要成分为泥晶或微细晶一水硬铝石；鲕粒、豆粒由泥晶一水硬铝石与黏土矿物相间组成。胶结物主要为泥晶一水硬铝石、泥晶-微晶高岭石或黏土矿物，胶结类型为接触-孔隙式胶结、基底式胶结、孔隙-基底式胶结等。黄铁矿沿铝土矿边缘或裂隙交代呈交代网状结构，自形细粒状或细小的分散状，常见自形粒状黄铁矿被鲕状铝土矿交代溶蚀呈骸晶状；矿石发生再结晶作用形成两个或三个世代的黄铁矿，第一、第二世代的黄铁矿常被压碎。有机质及褐铁矿常呈浸染状分布。

2. 矿石显微构造

在偏光显微镜下，高硫铝土矿矿石显微构造可见层纹状构造、脉状构造、网脉状构造、定向构造和浸染状构造，如图 2-6 所示。

层纹状构造表现为胶结物组分有机质常顺层偏集呈层纹状产出，白云母也常定向顺层展布。脉状构造表现为铝土矿裂隙中大量黄铁矿呈脉状分布，脉宽为 0.015~0.16mm；少量有机质呈细脉浸染状断续分布，细脉宽为 0.005~0.02mm。网脉状构造表现为部分黄铁矿细脉相互交错呈网状。定向构造表现为椭圆形鲕粒、椭圆形砂屑及长条状砾屑的长轴常按一定方向平行排列，显示良好的定向性。浸染状构造表现为有机质浸染和铁质浸染。

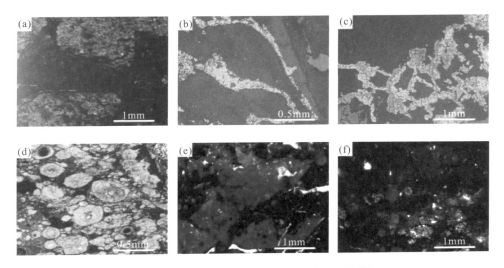

图 2-6　高硫铝土矿显微构造(透返偏光显微镜)

(a)层纹状构造,有机质顺层偏集呈层纹状产出;(b)脉状构造,黄铁矿呈脉状分布;(c)网脉状构造,黄铁矿细脉相互交错呈网状;(d)定向构造,椭圆形砂、砾屑的长轴常按一定方向平行排列;(e)浸染状构造,铁质浸染的复碎屑;(f)浸染状构造,较多有机质呈浸染状分布

2.3.3　黄铁矿矿物特征

黄铁矿是高硫铝土矿中最重要的含硫矿物。利用透射反射偏光显微镜对黄铁矿的形态类型进行鉴定,在偏光显微镜下,黄铁矿呈现出不同的结构和形态,具有黄铜般的金属光泽,不均匀地嵌布在一水硬铝石或含水铝硅酸盐矿物中。高硫铝土矿中的黄铁矿形态多样,包括完全自形粒状黄铁矿、不规则半自形粒状黄铁矿、多个世代黄铁矿、凝胶状黄铁矿、碎屑团聚体黄铁矿、星散状分布的黄铁矿等。

1. 自形粒状黄铁矿

自形粒状黄铁矿是高硫铝土矿中具有较完好结晶外形的黄铁矿,如图 2-7 所示。

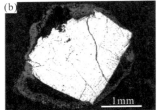

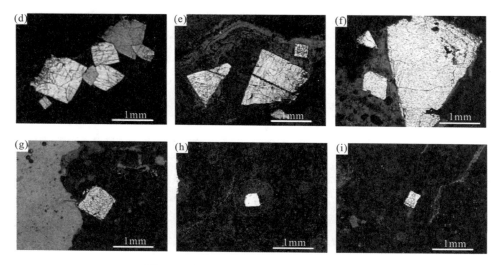

图 2-7　高硫铝土矿中的自形粒状黄铁矿

(a)自形粒状黄铁矿，粒度为 2mm；(b)团块中的自形粒状黄铁矿，粒度为 2mm；(c)、(d)毗邻相接的自形粒状黄铁矿，粒度为 0.2～1mm；(e)、(f)团块中不规则的自形粒状黄铁矿，粒度为 0.3～3mm；(g)自形粒状黄铁矿，粒度为 0.6mm；(h)鲕粒中的自形粒状黄铁矿，粒度为 0.3mm；(i)自形粒状黄铁矿，粒度为 0.3mm

　　自形粒状黄铁矿一般是铝土矿中结晶较早的或具有较强结晶生长能力的矿物，在偏光显微镜下多呈四面体结构，结构致密，颗粒粒径一般为 0.1～3mm，最大可达 7mm。除零散分布的单个自形粒状黄铁矿外，在铝土矿基质中也可见多个结晶外形完好的自形粒状黄铁矿毗邻相接，且具有定向分布规律；同时，自形粒状黄铁矿在团块和鲕粒中也多有分布，成为团块和鲕粒的主要组成成分。

　　2. 多世代类型黄铁矿

　　在一个地质体中，同种矿物有时也出现先后多次形成的现象，这种先后形成的关系称为矿物的世代。一般说来，矿物的世代是与一定的成矿阶段相对应的，一个矿床的形成往往不是一次完成的，而是经历了很长时间，在这个长时间内，成矿溶液可以多次作用，从而相应地出现多个成矿阶段。在偏光显微镜下，高硫铝土矿中可见多世代类型的黄铁矿，如图 2-8 所示。

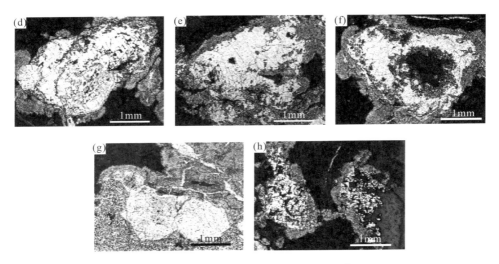

图 2-8　铝土矿中多个世代黄铁矿的形态

(a)、(b)三个世代的黄铁矿，第一世代自形粒状黄铁矿与第二、第三世代黄铁矿毗连嵌镶接触，第三世代为胶状黄铁矿；(c)两个世代的黄铁矿，自形粒状黄铁矿局部见两个世代；(d)、(e)、(f)两个世代黄铁矿，第一世代黄铁矿为多孔半自形粒状，第二世代胶状黄铁矿沿第一世代黄铁矿环状分布；(g)三个世代黄铁矿，自形晶为第一世代，较宽的胶状黄铁矿为第二世代，最外圈环绕的胶状黄铁矿为第三世代；(h)两个世代黄铁矿，第一世代黄铁矿被压碎

　　第一世代为自形晶黄铁矿，是随铝土矿成矿过程生成的最早的黄铁矿类型；第二、第三世代多为胶状黄铁矿，系成矿溶液再结晶作用的结果，与第一世代自形晶黄铁矿毗连嵌镶接触，或沿第一世代自形晶黄铁矿环状分布，形成界限较为明显的多个世代类型的黄铁矿。在多个世代的黄铁矿中，第一世代自形晶黄铁矿也通常被压碎或被其他矿物交代溶蚀呈不规则形状。多世代黄铁矿由于胶状黄铁矿的环绕作用，形成的颗粒粒度相比自形粒状黄铁矿粒度要大，在检测的铝土矿样品中，多世代黄铁矿的颗粒粒度可达 10～15mm。

3. 交代溶蚀呈骸晶状的黄铁矿

　　地壳中各种矿床在形成过程中及形成以后，由于地质物理、化学环境的改变，岩浆期、沉积期、变质期形成的矿物就要产生变化，其中交代溶蚀作用是一种十分普遍的现象。在偏光显微镜下观察，高硫铝土矿中的黄铁矿被其他矿物成分交代溶蚀的现象也较普遍，自形粒状黄铁矿常被鲕状铝土矿、隐晶一水硬铝石、黏土矿物等交代溶蚀，呈现多种多样不规则形态的骸晶，如图 2-9 所示。

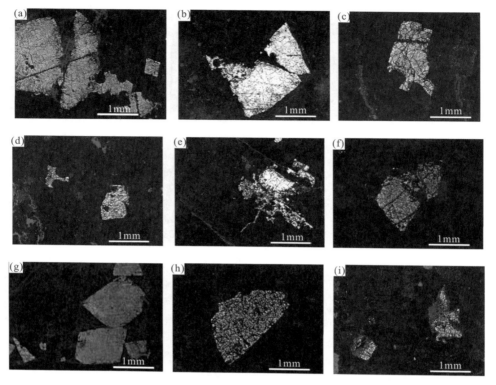

图 2-9　铝土矿中交代溶蚀呈骸晶状的黄铁矿

(a)结晶完好的自形粒状黄铁矿和被交代溶蚀呈骸晶状的自形粒状黄铁矿；(b)自形粒状黄铁矿被交代溶蚀呈骸晶状；(c)、(d)、(e)被鲕粒交代溶蚀呈骸晶状的黄铁矿；(f)、(g)、(h)交代溶蚀呈骸晶状的黄铁矿；(i)被隐晶一水硬铝石交代呈骸晶状的黄铁矿

4. 团簇或星散状分布的黄铁矿

高硫铝土矿中可见团簇状或星散状分布的黄铁矿,黄铁矿粒径细小,图 2-10(a)~图 2-10(c)是铝土矿砾屑中呈团簇和星散状分布的黄铁矿，晶粒粒径为 0.001~0.1mm，多为 0.01~0.02mm；图 2-10(d)~图 2-10(f)是粒径较小的自形粒状黄铁矿零星地呈星散状分布在铝土矿基质中，自形粒状黄铁矿粒度为 0.02~0.5mm。

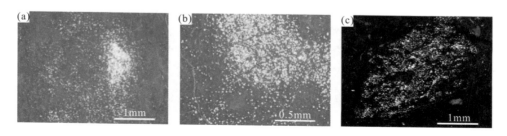

图 2-10　铝土矿中团簇或星散状分布的黄铁矿

(a)、(b)团簇和星散状分布的黄铁矿,粒度为 0.001~0.03mm;(c)团簇状分布的黄铁矿,粒度为 0.003~0.1mm;
(d)、(e)、(f)星散状分布的自形粒状黄铁矿,粒度为 0.02~0.5mm

5. 网脉和细脉状分布的黄铁矿

呈网脉或细脉状分布的黄铁矿也是铝土矿在偏光显微镜下可观察到的黄铁矿
分布形态,如图 2-11 所示。通常黄铁矿沿铝土矿边缘或裂隙交代呈网脉状或细脉
状,在检测的样品中发现了具有两个世代的黄铁矿以及胶状黄铁矿沿铝土矿裂隙
交代呈细脉状,部分沿铝土矿裂隙交代的黄铁矿细脉脉壁不光滑,与铝土矿界限
不清,中间有膨大的脉状。

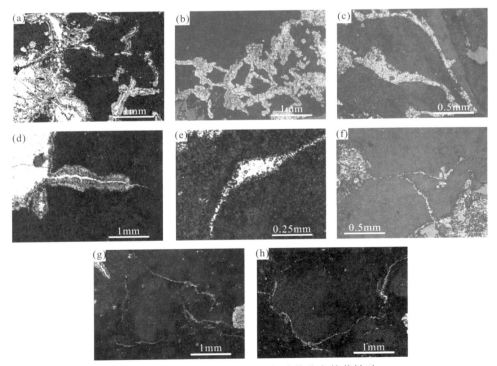

图 2-11　高硫铝土矿网脉和细脉状分布的黄铁矿

(a)、(b)黄铁矿沿铝土矿边缘交代呈网脉状;(c)黄铁矿沿铝土矿裂隙交代呈细脉状;(d)黄铁矿沿铝土矿裂
隙交代呈细脉状,黄铁矿具有两个世代;(e)黄铁矿沿铝土矿裂隙交代呈细脉状,脉壁不光滑,与铝土矿界限不清,
脉宽为 0.02mm,中间膨大部分宽 0.1mm;(f)黄铁矿沿铝土矿裂隙交代呈细脉状;(g)、(h)胶状黄铁矿沿铝土矿
裂隙交代呈细脉状

6. 黄铁矿的 SEM-EDS 分析

在扫描电子显微镜和能谱仪下(SEM-EDS)观察和分析了自形粒状黄铁矿颗粒内部结构形貌及元素组成,如图 2-12 所示。

图 2-12(a)是铝土矿中自形粒状黄铁矿矿物颗粒的表面形貌,图 2-12(b)为图 2-12(a)中数字 1 方框区域进行局部放大后的内部结构。可以看出,黄铁矿颗粒内部形态清晰可见,黄铁矿结构致密,裂隙中散布着少量的黄铁矿碎屑,碎屑结晶形态完好,结构致密,这些反映了黄铁矿形成过程存在足够浓度的介质和有利的物理化学条件以使黄铁矿结晶完善。

图 2-12   铝土矿中黄铁矿的 SEM-EDS 分析

(a)铝土矿样品 SEM 图;(b)图 2-12(a)中方框放大 SEM 图

表 2-9 是对应图中数字区域的 EDS 分析的元素组成数据。结果表明,所分析部位元素组成均以硫和铁为主,可以确定为黄铁矿。

表 2-9   EDS 分析的元素组成(质量分数,%)

元素	(a)-1	(b)-1	(b)-2	(b)-3	(b)-4
C	26.04	23.21	33.34	25.50	50.21
O	3.17	1.39	9.16	11.65	8.92
Na	0.03	0.35	0.00	0.17	0.02
Mg	0.00	0.15	0.08	0.20	0.00
Al	0.34	0.02	1.07	4.62	0.62
Si	0.00	0.00	1.00	0.94	0.21
S	38.22	39.56	26.69	27.18	20.96
K	0.29	0.41	0.60	0.09	0.24
Ca	0.31	0.00	0.04	0.02	0.20
Cr	0.00	0.00	5.45	5.95	3.38
Ti	0.00	0.00	0.00	0.00	0.00
Fe	31.60	34.91	22.57	23.66	15.24
In	0.00	0.00	0.00	0.00	0.00
合计	100	100	100	100	100

注:(a)-1 为图 2-12(a)所选区域 1;(b)-1 为图 2-12(b)所选区域 1;(b)-2 为图 2-12(b)所选区域 2;(b)-3 为图 2-12(b)所选区域 3;(b)-4 为图 2-12(b)所选区域 4。

2.3.4　其他矿物特征

1. 一水硬铝石

一水硬铝石是高硫铝土矿中的主要矿物成分，在砂屑、鲕粒、砾屑、粉屑及胶结物中均有产出，如图 2-13 所示。一水硬铝石多呈针柱状、板状、片状、粒状等不规则形态，以泥晶、粉晶、微晶、微细晶、隐晶等结晶形态或其集合体产出，泥晶大都表面浑浊，镜下颗粒边界不清，粉晶则透明度较好，界限清楚，其他晶形镜下观察则处于两者之间。一水硬铝石粒度细小，一般小于 0.008mm，重结晶的一水硬铝石的粒度要大些，最大可达 0.6mm。

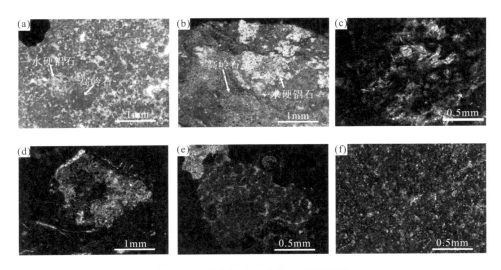

图 2-13　高硫铝土矿中的一水硬铝石

（a）、（b）铝土矿中的一水硬铝石和高岭石集合体；（c）砾屑中的细晶一水硬铝石和隐晶一水硬铝石，细晶粒径为 0.05～0.2mm；（d）团块中的泥晶-细晶一水硬铝石，粒径小于 0.008mm；（e）鲕状铝土矿中的泥晶一水硬铝石，粒径为 0.004～0.05mm；（f）微晶一水硬铝石粉屑，粒径小于 0.005mm

2. 黏土矿物

黏土矿物是高硫铝土矿中的主要脉石矿物，常见的有高岭石、伊利石、鲕绿泥石、云母类矿物等，以鲕粒、砂屑、粉屑、胶结物等形式产出，如图 2-14 所示。

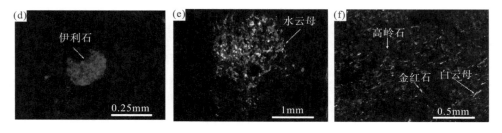

图 2-14　高硫铝土矿中的黏土矿物

(a)砾屑中的微晶高岭石集合体；(b)鲕粒中的微晶高岭石集合体；(c)鳞片状高岭石；(d)鳞片状伊利石；(e)以水云母为主的黏土矿物；(f)泥晶-微晶高岭石、白云母、金红石粉屑，高岭石粒径为 0.02～0.05mm，白云母粒径为 0.02～0.08mm，金红石粒径为 0.02～0.03mm

呈细小粒状、片状、鳞片状、隐晶质、微晶集合体等分布于矿石中，或以不规则脉状、蠕虫状充填于孔隙中，粒径一般小于 0.2mm。

3. 含钛矿物

含钛矿物是铝土矿中的微量矿物成分，主要有锐钛矿、金红石和板钛矿等，有时会与铁矿结合形成钛铁矿。高硫铝土矿中常见金红石矿物呈柱状、长柱状、粒状等形态与胶状黄铁矿紧密共生，如图 2-15 所示。

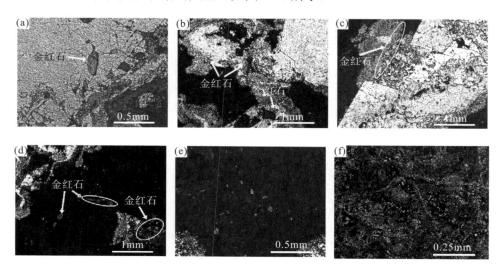

图 2-15　高硫铝土矿中的含钛矿物

(a)嵌布在黄铁矿中的金红石，长径最大达 0.22mm；(b)、(c)金红石多分布于黄铁矿第二世代与第三世代之间，与胶状黄铁矿紧密共生；(d)分布在裂隙中的金红石；(e)分散状分布的粒状金红石，粒径为 0.01～0.05mm；(f)分布在鲕粒中的金红石粉屑，粒径小于 0.02mm

长柱状金红石长径可达 0.22mm；存在多个世代的黄铁矿时，金红石多分布于黄铁矿第二世代与第三世代之间，胶状黄铁矿紧密共生。金红石在铝土矿中也呈细粒状或粉屑分散状分布或分布在裂隙中，粒径一般为 0.02～0.024mm。

4. 其他矿物

镜下观察，高硫铝土矿中还可见少量的有机质以及微量的褐铁矿、赤铁矿、锆石、磷灰石、硬石膏等矿物，如图 2-16 所示。有机质或构成鲕粒的核心、包壳，或成为砾屑的主要组分，或分布于粒屑之间的孔隙、接触处，以胶结物的形式存在。褐铁矿一般呈浸染状分布于砂砾屑或鲕粒中；锆石零星分布于砂砾屑或胶结物中，呈粒状、长柱状、四方双锥状等产出，粒径为 0.006～0.08mm；磷灰石偶见分布于砂屑中，粒径为 0.035mm；硬石膏集中分布于有机质砾屑中心部分，粒状，粒径为 0.04～0.07mm。

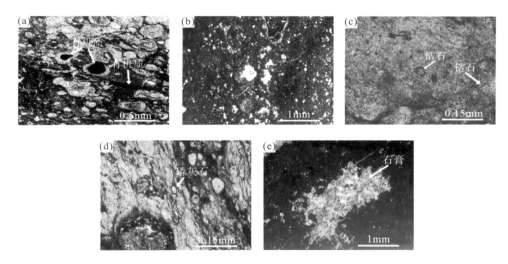

图 2-16　铝土矿中的其他矿物

(a)鲕粒核心及胶结物中的有机质；(b)鲕粒、砂砾屑中浸染状分布的褐铁矿；(c)零星分布的锆石，长径为 0.01～0.08mm，以 0.01～0.03mm 为主；(d)零星分布的磷灰石，粒径为 0.035mm；(e)集中分布于有机质砾屑中心部分的硬石膏，粒状，粒径为 0.04～0.07mm

5. 一水硬铝石和黏土矿物的 SEM-EDS 分析

在扫描电子显微镜和能谱仪下（SEM-EDS）观察和分析了一水硬铝石和黏土矿物的微观形貌，如图 2-17 所示。

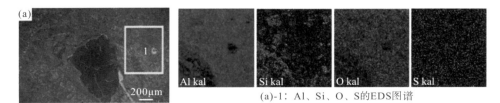

(a)-1: Al、Si、O、S的EDS图谱

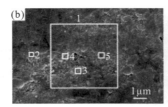
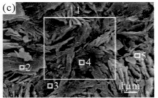

图 2-17 一水硬铝石和黏土矿物的 SEM-EDS 分析

(a)铝土矿 SEM 图；(a)-1 为图 2-17(a)所选区域 1 的元素分布图；(b)一水硬铝石的 SEM 图；(c)黏土矿物的 SEM 图

图 2-17(a)是铝土矿的 SEM 图，在图中选取区域 1 进行 EDS 分析，(a)-1 是图 2-17(a)区域 1 的元素 Al、Si、O、S 的彩色图，可以看出该区域主要以 Al 和 O 元素为主，Si 和 S 元素较少，初步判断图 2-17(a)所选取的区域 1 为一水硬铝石。图 2-17(b)和图 2-17(c)是在图 2-17(a)区域 1 内再选取区域进行放大后的 SEM 图，针对 SEM 图 2-17(b)和 2-17(c)从大的区域到小的区域再选取多个区域进行 EDS 分析，将 EDS 分析的元素组成数据汇总在表 2-10 中。结果显示，一水硬铝石的结构也较致密，而黏土矿物结构疏松，呈片层状。

表 2-10　EDS 分析元素组成汇总表(%)

元素	(a)-1	(b)-1	(b)-2	(b)-3	(b)-4	(b)-5	(c)-1	(c)-2	(c)-3	(c)-4	(c)-5
C	16.08	23.66	19.70	17.97	37.13	23.68	18.19	18.97	15.12	15.57	22.33
O	38.80	40.83	34.74	31.43	19.97	29.75	39.36	40.77	29.98	34.50	40.85
Na	0.00	0.29	0.38	0.00	0.04	0.00	0.15	0.02	0.04	0.00	0.22
Mg	0.44	0.38	0.00	0.39	0.67	0.24	0.27	0.19	0.60	0.31	0.47
Al	24.63	32.25	36.72	33.11	17.50	20.47	17.16	5.22	17.87	4.83	15.88
Si	7.14	0.99	1.47	7.99	2.74	9.76	15.79	5.16	21.34	4.49	11.53
S	1.71	0.61	1.56	0.60	1.60	1.09	1.19	13.61	0.60	1.17	1.37
K	3.27	0.34	0.00	2.84	0.96	3.54	5.67	1.48	6.51	1.82	3.86
Ca	1.06	0.64	0.00	0.39	0.23	0.14	0.00	13.97	0.00	0.26	0.09
Cr	0.00	0.00	3.49	5.18	18.45	11.34	0.00	0.00	0.00	0.00	2.73
Ti	3.37	0.00	0.00	0.00	0.00	0.00	0.00	0.00	0.00	37.06	0.00
Fe	3.50	0.00	1.94	0.11	0.71	0.00	2.22	0.60	4.03	0.00	0.67
In	0.00	0.00	0.00	0.00	0.00	0.00	0.00	0.00	3.88	0.00	0.00
合计	100	100	100	100	100	100	100	100	100	100	100

注：(a)-1 为图 2-17(a)所选区域 1；(b)-1 为图 2-17(b)所选区域 1；(b)-2 为图 2-17(b)所选区域 2；(b)-3 为图 2-17(b)所选区域 3；(b)-4 为图 2-17(b)所选区域 4；(b)-5 为图 2-17(b)所选区域 5；(c)-1 为图 2-17(c)所选区域 1；(c)-2 为图 2-17(c)所选区域 2；(c)-3 为图 2-17(c)所选区域 3；(c)-4 为图 2-17(c)所选区域 4；(c)-5 为图 2-17(c)所选区域 5。

2.4　高硫铝土矿矿石可磨性

2.4.1　邦德磨矿功指数测定

　　矿石可磨度是按比例放大原则计算工业磨机所必需的基准数据，是可以通过实验测定的矿石特征常数，在不同磨矿条件下其值不变或按一定比例变化。邦德（F.C.Bond）磨矿功指数就是应用最广泛的评价矿石被磨碎难易程度的一种指标，是物料的球磨可磨度、可磨性的判据之一，可以用来进行球磨机的选型计算。邦德磨矿功指数球磨机闭路可磨度实验用来确定物料在球磨机中磨至指定细度的功指数，是重要的磨矿工艺参数，它表示物料在磨机中抵抗磨碎的阻力。

　　邦德磨矿功指数测定矿石可磨度的理论根据是邦德的矿石破碎裂缝学说，认为"磨碎过程中矿块所产生的新的裂缝的长度与输入的能量成比例"，即邦德于20 世纪 50 年代提出的关于矿石粉碎能耗的"第三定律"[31]：

$$W = 10\,WI\left(\frac{1}{\sqrt{P_{80}}} - \frac{1}{\sqrt{F_{80}}}\right) \tag{2-1}$$

式中，　W——单位输入能量，kW·h/t；

　　　　WI——邦德磨矿功指数，kW·h/t；

　　　　F_{80}——矿石物料粉碎前的粒度指标，μm；

　　　　P_{80}——矿石物料粉碎后的粒度指标，μm。

　　F_{80}、P_{80} 两者均以筛下产率为 80%所对应的筛分粒度表示。邦德磨矿功指数 WI 被定义为反映矿石本身对粒度减小的抵抗能力的碎磨参数，是指固体粒度尺寸由 F 经过破碎，到达粒度尺寸 P=100μm 时所消耗的能量。

　　根据标准邦德实验，邦德磨矿功指数是使用邦德磨矿功指数球磨机进行干式闭路磨矿，磨到循环负荷达到 250%时获得的，给料粒度为 3.327mm，体积为 700cm³，第一次矿磨试验可任意选择磨机转数。每次磨矿后，把所有产品从球磨机中排出来，用试验筛进行筛分。第二次磨矿的磨机转数要通过计算，以便逐渐产生 250%的循环负荷。第二次循环后，继续上面的筛分和磨矿步骤，直到最后三次磨矿循环。单位球磨机转速生产的筛下物料恒定，这样就能得到 250%的循环负荷，邦德试验需要 7~10 次循环。

　　对铝土矿进行邦德磨矿功指数测定，主要设备如下：邦德磨矿功指数球磨机，有效尺寸为 Φ305mm×305mm；标准筛振筛机，规格为 Φ200mm；标准筛，采用 23~3350μm 的方孔标准筛。邦德磨矿功指数测定的磨矿产品粒度根据氧化铝生产对铝土矿磨矿产品粒度的具体要求而选定。邦德磨矿功指数测定的步骤如下：

　　(1)将铝土矿用颚式破碎机破至粒度为 0~3.35mm 的矿样后充分混匀。

(2)对矿样进行筛分,求出80%通过的粒度值F_{80}和已达到产品粒度要求的物料含量。

(3)测定矿样的振实密度。

(4)在邦德磨矿功指数球磨机中加入700cm³振实矿样,运转一定转数后将物料卸出,筛出产品,计算每转新生成的产品量G_{bp}(g/r)。

(5)上一循环的筛上物料放回球磨机,并用矿样补足700cm³,根据上一循环的G_{bp}值和按250%循环负荷计算的预期产品量确定转数并运转。

(6)重复进行上面的步骤,直到最后3个循环达到平衡。

(7)筛分平衡后的产品,求出80%通过的粒度值P_{80}。

邦德磨矿功指数W_{ib}由式(2-2)计算得出:

$$W_{ib} = \frac{44.5 \times 1.10}{P_1^{0.23} G_{bp}^{0.82} \left(\frac{10}{\sqrt{P_{80}}} - \frac{10}{\sqrt{F_{80}}} \right)} \tag{2-2}$$

式中,W_{ib}——邦德磨矿功指数,kW·h/t;

　　　P_1——试验设定的产品粒度,μm;

　　　F_{80}——试验矿样中80%通过的粒度值,μm;

　　　P_{80}——磨矿平衡后的产品中80%通过的粒度值,μm;

　　　G_{bp}——磨矿平衡时每转新生成的产品量,g/r。

以取自贵州遵义地区的高硫铝土矿为样品进行邦德磨矿功指数测定,将样品进行配矿,配矿后样品组成为Al_2O_3 60.27%、SiO_2 8.91%、Fe_2O_3 7.6%、TiO_2 2.88%、S_T 1.17%,A/S为6.76。将-3350μm矿样混合均匀,取一定量的矿样装入振实装置量筒,测定其振实密度为2.06g/cm³,计算700cm³体积振实矿样质量为Q_0=1442g,作为邦德磨矿功指数球磨机的给料质量,试验筛孔尺寸选择P_1=150μm。铝土矿原料样品及邦德磨矿功最终磨矿产品的筛析结果见表2-11。根据表中数据绘制粒度特性曲线,如图2-18所示。根据粒度特性曲线,确定F_{80}=1798.05μm,P_{80}=410.15μm。

表 2-11　铝土矿样粒度筛析结果

序号	粒度/μm	原料样品		邦德磨矿功磨矿产品	
		产率/%	负累积产率/%	产率/%	负累积产率/%
1	-3350~+2000	16.22	100	0.5	100
2	-2000~+1400	10.5	83.78	2.1	99.5
3	-1400~+1000	8.48	73.28	2.35	97.4
4	-1000~+800	4.76	64.8	3.19	95.05
5	-800~+600	9.52	60.04	4.72	91.86
6	-600~+500	2.29	50.52	4.68	87.14
7	-500~+280	8.83	48.23	5.4	82.46

续表

序号	粒度/μm	原料样品		邦德磨矿功磨矿产品	
		产率/%	负累积产率/%	产率/%	负累积产率/%
8	−280~+180	9.62	39.4	9.13	77.06
9	−180~+150	10.12	29.78	17.12	67.93
10	−150~+100	3.06	19.66	22.25	50.81
11	−100~+75	4.34	16.6	11.09	28.56
12	−75	12.26	12.26	17.47	17.47
总计		100		100	

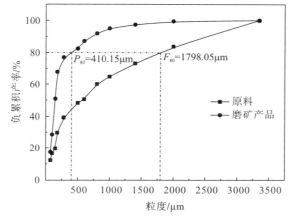

图 2-18　铝土矿原料及邦德磨矿功磨矿产品粒度特性曲线（P_1=150μm）

邦德磨矿功指数球磨机磨矿过程，第一次球磨机转数取 100r[32]，下一次循环磨矿时将上一循环的筛上物料放回球磨机，并补足矿样使球磨机内样品质量保持初始给料量 Q_0。下一次循环的球磨机转数需根据上一循环的 G_{bp} 值和按 250%循环负荷计算的预期产品量计算转数，球磨机转数的计算公式为

$$N_{n+1} = N_n \frac{\ln\left(\dfrac{R_{n+1}}{R_{F(n+1)}}\right)}{\ln\dfrac{R_n}{R_{Fn}}} \qquad (2\text{-}3)$$

式中，N_n——第 n 次循环球磨机转数，r；

　　　N_{n+1}——第 $n+1$ 次循环球磨机转数，r；

　　　R_n——第 n 次循环磨矿后物料的筛余累积，%；

　　　R_{Fn}——第 n 次循环磨矿前物料的筛余累积，%；

　　　R_{n+1}——第 $n+1$ 次循环磨矿后物料的筛余累积，%；

　　　$R_{F(n+1)}$——第 $n+1$ 次循环磨矿前物料的筛余累积，%。

在连续 3 个 G_{bp} 值中，最大值与最小值之差不超过这 3 个 G_{bp} 平均值的 3% 时，则可以认为 G_{bp} 已达到稳定值，试验达到平衡，结束磨矿，计算最后三次的 G_{bp} 值的平均值。P_1=150μm 时邦德磨矿功指数磨矿试验的结果见表 2-12，根据结果计算 G_{bp}=4.85g/r。

表 2-12　P_1=150μm 时邦德磨矿功指数磨矿试验的结果

磨矿次序	磨机转数 N/r	P_1 筛下生成量 Q_p/g	P_1 筛上生成量 Q_{cl}/g	进料添加量 Q_f/g	磨矿前 P_1 筛下量 Q_r/g	磨矿后 P_1 筛下增加量 Q_i/g	每转新生成产品量 G_{bp}/(g/r)
1	100	600.16	841.84	1442.00	283.50	316.66	3.17
2	82	495.70	946.30	600.16	80.64	415.06	5.07
3	63	410.16	1031.84	495.70	80.39	329.77	5.22
4	63	408.89	1033.11	410.16	79.52	329.37	5.19
5	64	404.50	1037.50	408.89	79.29	325.21	5.09
6	65	403.32	1038.68	404.50	80.22	323.10	4.95
7	67	408.03	1033.97	403.32	80.73	327.30	4.88
8	68	410.61	1031.39	408.03	80.61	330.00	4.85
9	68	410.00	1032.00	410.61	80.65	329.35	4.83
				G_{bp}=(4.88+4.85+4.83)÷3=4.85(g/r)			

注：初始给料量 Q_0=1442g，原料 150μm 筛余累积 R_F=80.34%，Q_r=Q_f(1-R_F)，Q_i=Q_p-Q_r，G_{bp}=Q_i/N。

由式(2-1)计算贵州遵义地区高硫铝土矿样邦德磨矿功指数 W_{ib}=16.42kW·h/t。遵义铝土矿与其他地区铝土矿的邦德磨矿功指数测定参数比较见表 2-13。相比较而言，贵州遵义矿比云南文山矿和山西矿难磨。

表 2-13　高硫铝土矿邦德磨矿功指数测定结果

铝土矿样品	化学组分 /%					邦德磨矿功指数测定参数				
	Al_2O_3	SiO_2	Fe_2O_3	TiO_2	S_T	P_1/μm	G_{bp}/(g/r)	F_{80}/μm	P_{80}/μm	W_{ib}/[(kW·h)/t]
贵州遵义矿	60.27	8.91	7.6	2.88	1.17	150	4.83	1798.05	410.15	16.42
云南文山矿[33]	58.56	8.18	16.78	2.50	0.06	68	1.16	1794.39	63.59	16.13
山西矿[34]	60.46	14.35	2.10	3.57	0.08	150	1.39	2030	101.5	15.31

2.4.2　比可磨性系数测定

除邦德磨矿功指数外，铝土矿的比可磨性系数也是了解矿石磨矿难易程度的主要参数。铝土矿的可磨性用比可磨性系数表示，即参考矿样与待测矿样磨至相同粒度所需时间的比值，计算公式如下：

$$K_\alpha = \frac{T_{标}}{T_{测}} \tag{2-4}$$

式中，K_α——比可磨性系数；

　　$T_{标}$——参考矿样磨至要求的粒度所需的磨矿时间，min；

　　$T_{测}$——待测矿样磨至与参考矿样相同粒度所需的磨矿时间，min。

　　通过 K_α 的值判断待测矿样的可磨性，当 $K_\alpha > 1$ 时，表示待测矿比参考矿容易磨；当 $K_\alpha < 1$ 时，表示待测矿比参考矿难磨。

　　取贵州遵义不同硫含量的高硫铝土矿进行比可磨性系数测定，参考矿样为当时贵州铝厂生产用铝土矿和云南文山铝土矿。球磨机为 XMB–Φ240mm×300mm，容积为 13.57L，转数为 96r/min；球磨机钢球配比为 15mm 球 104 个，19mm 球 71 个，25mm 球 30 个，27mm 球 37 个，30mm 球 30 个，钢球总重 11.85kg。分别将待测矿样和参考矿样破碎筛分，取−3mm 和+0.15mm 筛之间的样品进行球磨机磨矿。每次磨矿取样品 500g（相当于钢球量的 1/23），湿磨固含 300g/L 左右，设定不同磨矿时间。磨矿结束，以−63μm 筛（250 目）进行筛析，筛上物烘干、称重，计算−63μm 筛下物产率。磨矿结果见表 2-14。根据表中数据绘制磨矿时间与筛下物产率的关系曲线，如图 2-19 所示。

表 2-14　待测矿样和参考矿样磨矿结果

样品	原料组分/%					磨矿时间/min	筛下物产率/%
	Al_2O_3	SiO_2	Fe_2O_3	TiO_2	S_T		
待测样品 1	56.25	5.78	10.32	2.62	6.31	5	45.29
						10	55.3
						15	68.05
						20	78.16
						25	87.47
						30	91.13
						35	93.88
						40	96.64
待测样品 2	67.77	7.63	6.78	3.25	2.34	5	50.03
						10	58.51
						15	70.92
						20	81.56
						25	89.11
						30	93.4
						35	96.81
						40	98.39
待测样品 3	62.76	11.92	2.77	2.94	0.85	5	53.03
						10	63.51
						15	72.92

样品	原料组分/%					磨矿时间/min	筛下物产率/%
	Al$_2$O$_3$	SiO$_2$	Fe$_2$O$_3$	TiO$_2$	S$_T$		
						20	84.56
						25	92.11
						30	95.4
						35	98.06
						40	99.55
参考样品(贵铝)	62.45	9.87	7.44	2.40	0.48	10	62.70
						15	77.88
						20	87.88
						25	93.24
						30	95.91
						35	97.50
						40	98.46
参考样品(文山)	58.56	8.18	16.78	2.50	—	4	53.75
						6	62.72
						8	72.19
						10	79.71
						12	83.89
						15	90.30
						20	95.89

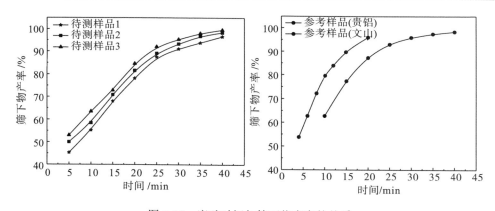

图 2-19   磨矿时间与筛下物产率的关系

对图 2-19 中每条曲线进行回归方程拟合，拟合方程为 $y=a-bc^x$，拟合结果汇总在表 2-15 中，各条拟合曲线的相关系数均达到了 0.99 以上，因此分别根据待测矿样和参考矿样的拟合方程计算达到相同磨矿粒度时的磨矿时间来计算比可磨性系数是可行的。以磨至$-63\mu m$ 筛下物产率达到 70%~75% 为例计算比可磨性系数（表 2-16），当以贵铝矿为参考矿样时，贵州遵义 3 个不同硫含量的待测矿样的

比可磨性系数 K_{a1} 的平均值分别为 0.76、0.84、0.95；当以文山矿为参考矿样时，3 个待测矿样的比可磨性系数 K_{a2} 的平均值分别为 0.51、0.56、0.63，比可磨性系数均小于 1，说明贵州遵义高硫铝土矿比贵铝矿和文山矿均要难磨。

表 2-15 磨矿时间与筛下物产率相关曲线回归方程拟合结果

样品	拟合方程	拟合参数			
		a	b	c	R^2
待测样品 1	$y=a-bc^x$	110.04	84.59	0.95	0.9920
待测样品 2	$y=a-bc^x$	112.78	81.49	0.95	0.9905
待测样品 3	$y=a-bc^x$	110.98	76.65	0.95	0.9901
参考样品(贵铝)	$y=a-bc^x$	99.96	113.51	0.90	0.9994
参考样品(文山)	$y=a-bc^x$	103.79	81.21	0.89	0.9982

表 2-16 比可磨性系数计算

产率/%	磨矿时间/min					比可磨性系数 K_{a1}			比可磨性系数 K_{a2}		
	$T_{测1}$	$T_{测2}$	$T_{测3}$	$T_{贵铝}$	$T_{文山}$	$T_{贵铝}/T_{测1}$	$T_{贵铝}/T_{测2}$	$T_{贵铝}/T_{测3}$	$T_{文山}/T_{测1}$	$T_{文山}/T_{测2}$	$T_{文山}/T_{测3}$
70	15.45	13.90	12.22	12.01	7.42	0.78	0.86	0.98	0.48	0.53	0.61
71	15.98	14.41	12.7	12.32	8.18	0.77	0.85	0.97	0.51	0.57	0.64
72	16.51	14.93	13.2	12.63	8.45	0.76	0.85	0.96	0.51	0.57	0.64
73	17.06	15.47	13.71	12.96	8.74	0.76	0.84	0.95	0.51	0.56	0.64
74	17.63	16.02	14.23	13.3	9.04	0.75	0.83	0.93	0.51	0.56	0.64
75	18.21	16.58	14.76	13.66	9.35	0.75	0.82	0.93	0.51	0.56	0.63
平均	16.81	15.22	13.47	12.81	8.53	0.76	0.84	0.95	0.51	0.56	0.63

通常，黄铁矿具有与一水硬铝石相似的莫氏硬度，即黄铁矿的莫氏硬度为 6～6.5，一水硬铝石的莫氏硬度为 6.5～7。贵州遵义地区的高硫铝土矿以一水硬铝石为主，硫含量增加，导致黄铁矿含量增加，矿石的可磨性降低。文山铝土矿除含有一水硬铝石外，还含有一定量的三水铝石，因此相比较而言，以文山矿为参考矿样时，贵州遵义地区的高硫铝土矿的比可磨性系数更低。

2.4.3 元素粒级分布

对于高硫铝土矿，Al_2O_3 和硫组分在不同粒级中的分布比例描述了铝土矿中氧化铝水合物与含硫矿物之间嵌布的粒度情况，对于选矿法分离 Al_2O_3 和硫组分确定矿石磨细程度有着重要的指导作用。本节将采集的不同硫含量的贵州遵义地区铝土矿样品经破碎机初步破碎后，采用 XMB-Φ200mm×240mm 型球磨机磨细到 $-74\mu m$ 占 60%～70%，然后进行筛析，分析各粒级 Al_2O_3 和全硫 S_T 含量，并计算

Al_2O_3 和 S_T 在各粒级中的分布比例，结果见表 2-17。筛析结果表明，由于其各矿物组成含量不尽相同，导致矿石的可磨性质有一定的差别，从而使得不同样品各粒级中 Al_2O_3 和 S_T 的分布比例也不尽相同，但总的变化趋势是 Al_2O_3 和 S_T 主要趋向分布在细粒级中，随着颗粒粒级减小，Al_2O_3 和 S_T 的分布比例增加，$-74\mu m$ 以下粒级中，Al_2O_3 的分布比例在 $63.48\%\sim73.01\%$ 范围内，S_T 的分布比例范围较宽，在 $48.06\%\sim75.93\%$，说明贵州遵义地区的高硫铝土矿含硫矿物嵌布粒度偏细，矿石只通过磨矿分级难以实现含硫矿物与有用矿物的有效分离。

表 2-17 贵州遵义地区高硫铝土矿元素粒级分布结果

样品	原料组分/%					尺寸/μm	产率/%	含量/%		分布比例/%	
	Al_2O_3	SiO_2	Fe_2O_3	TiO_2	S_T			Al_2O_3	S_T	Al_2O_3	S_T
1	56.25	5.78	10.32	2.62	6.31	150	10.47	49.00	10.20	9.12	16.92
						$-150\sim+104$	13.61	58.48	8.71	14.15	18.78
						$-104\sim+74$	8.95	58.64	8.18	9.33	11.6
						$-74\sim+43$	36.54	53.48	4.14	34.74	23.99
						-43	30.43	60.37	5.95	32.66	28.71
						合计	100			100	100
2	57.18	10.98	6.70	3.06	2.17	150	3.95	56.75	2.80	3.92	5.09
						$-150\sim+104$	10.04	58.55	3.54	10.28	16.40
						$-104\sim+74$	20.65	56.90	3.20	20.55	30.45
						$-74\sim+43$	16.17	82.29	3.37	23.27	25.10
						-43	49.19	48.80	1.01	41.98	22.96
						合计	100			100	100
3	70.63	6.59	5.37	1.54	3.82	150	5.29	69.16	2.39	5.18	3.31
						$-150\sim+104$	8.68	80.56	5.01	9.90	11.39
						$-104\sim+74$	22.90	66.13	3.45	21.44	20.67
						$-74\sim+43$	35.10	75.58	2.75	37.56	25.23
						-43	28.03	65.31	5.37	25.92	39.40
						合计	100			100	100
4	67.77	7.63	6.78	3.25	2.34	150	7.65	57.14	3.65	6.45	11.92
						$-150\sim+104$	11.61	59.41	2.98	10.03	14.78
						$-104\sim+74$	12.94	72.95	2.28	13.53	12.60
						$-74\sim+43$	31.09	72.39	1.86	31.8	24.70
						-43	36.71	74.66	2.29	38.19	36.00
						合计	100			100	100
5	61.79	10.17	6.59	3.04	3.53	150	5.18	54.28	5.13	4.55	5.87
						$-150\sim+104$	9.43	60.74	4.42	9.27	9.21

样品	原料组分/%					尺寸/μm	产率/%	含量/%		分布比例/%	
	Al_2O_3	SiO_2	Fe_2O_3	TiO_2	S_T			Al_2O_3	S_T	Al_2O_3	S_T
						−104～+74	19.16	56.28	4.55	17.45	19.26
						−74～+43	27.22	64.40	3.44	28.37	20.70
						−43	39.01	63.93	5.22	40.36	44.96
						合计	100			100	100
6	62.76	11.92	2.77	2.94	0.85	150	4.66	74.34	0.62	5.52	3.42
						−150～+104	8.71	58.44	1.14	8.11	11.72
						−104～+74	17.55	65.98	0.74	18.45	15.30
						−74～+43	33.18	53.15	0.51	28.10	19.95
						−43	35.90	69.61	1.17	39.82	49.61
						合计	100			100	100
7	64.62	8.47	4.74	2.49	*3.73*	150	3.71	60.96	2.89	3.50	2.87
						−150～+104	8.00	75.61	3.10	9.36	6.64
						−104～+74	15.89	59.09	3.53	14.53	15.02
						−74～+43	31.75	62.83	3.58	30.87	30.51
						−43	40.65	66.35	4.13	41.74	44.96
						合计	100			100	100
8	66.50	9.67	3.95	2.77	2.01	150	5.58	65.55	1.13	5.50	3.14
						−150～+104	6.76	72.40	2.61	7.36	8.77
						−104～+74	16.65	66.02	1.47	16.53	12.16
						−74～+43	32.21	62.47	1.60	30.26	25.62
						−43	38.80	69.16	2.61	40.35	50.31
						合计	100			100	100
9	71.70	6.46	3.09	3.07	0.82	150	5.34	62.30	0.66	4.64	4.28
						−150～+104	8.28	59.75	0.90	6.90	9.05
						−104～+74	17.16	64.56	0.73	15.45	15.21
						−74～+43	34.77	72.19	0.68	35.01	28.83
						−43	34.45	79.09	1.01	38.00	42.63
						合计	100			100	100

参 考 文 献

[1] 秦善, 王长秋. 矿物学基础[M]. 北京: 北京大学出版社, 2006.

[2] 周乐光. 工艺矿物学[M]. 北京: 冶金工业出版社, 2002.

[3] 胡英楠. 羟基自由基氧化黄铁矿及外场强化高硫铝土矿电解脱硫机理[D]. 北京: 中国科学院大学(中国科学院过程工程研究所),2018.

[4] 蔡振波,徐会华,陈秋虎,等.广西某高硫铝土矿反浮选脱硫—聚团浮选脱硅试验[J]. 金属矿山, 2016(03):98-102.

[5] 胡小莲. 高硫铝土矿中硫在溶出过程中的行为及除硫工艺研究[D].长沙: 中南大学, 2011.

[6] 李骏. 高硫铝土矿悬浮态焙烧脱硫试验研究[D].西安: 西安建筑科技大学, 2016.

[7] 柴文翠. 铝土矿脱硫捕收剂的分子构筑及其作用机理研究[D].郑州: 郑州大学, 2018.

[8] 马智敏,陈兴华,熊道陵,等.湖北某地高硫铝土矿浮选脱硫试验研究[J].矿冶工程,2016,36(04):33-36.

[9] 周杰强,梅光军,于明明,等.低品位高硫铝土矿反浮选同步脱硫硅试验[J].金属矿山,2018(07):123-126.

[10] 杨林,梁溢强,简胜.新型活化剂在高硫铝土矿浮选脱硫中的应用研究[J].矿产保护与利用,2018(02):86-89+94.

[11] 刘长龄,覃志安.我国铝土矿中微量元素的地球化学特征[J].沉积学报,1991(02):25-33.

[12] 金中国,郑明泓,刘玲,等.贵州福泉高洞铝土矿床成矿地质地球化学特征[J].地质与勘探,2018,54(03):522-534.

[13] 张信伦,柴大博,王兵,等.贵州清镇老黑山铝土矿床成矿物质来源及矿床成因[J]. 桂林理工大学学报, 2018, 38(03):384-391.

[14] 柴大博. 贵州清镇荣祥铝土矿床地球化学特征研究[D]. 昆明: 昆明理工大学,2018.

[15] 李玉娇,张正伟,周灵洁,等.贵州省苦李井铝土矿地球化学特征及成因探讨[J].矿物岩石地球化学通报, 2013, 32(05):558-566.

[16] 张正伟,李玉娇,周灵洁,等.黔东南铝土矿含矿岩系"煤–铝–铁结构"及地球化学特征[J].地质学报, 2012, 86(07):1119-1131.

[17] 何文君,向贤礼,金中国.贵州北部铝土矿地球化学特征及沉积环境分析[J].矿产与地质,2014,28(03):346-350.

[18] 雷志远,王登红,李沛刚,等.务川大竹园铝土矿床微量元素地球化学特征分析[J].贵州地质,2012,29(04):249-258.

[19] 韩忠华,吴波,翁申富,等.黔北务正道地区含铝岩系地球化学特征及地质意义[J].地质与勘探,2016,52(04):678-687.

[20] 崔滔,焦养泉,杜远生,等.黔北地区铝土矿矿物学与地球化学特征[J].中国有色金属学报,2013,23(10):2905-2920

[21] 韩英,邹林,王京彬,等.贵州省务正道地区铝土矿地球化学特征及意义[J].矿物岩石地球化学通报,2016,35(04):653-662+691.

[22] 《矿产资源工业要求参考手册》编委会. 矿产资源工业要求参考手册[M]. 北京: 地质出版社, 2021

[23] 姬清海,姬果,霍光谱,等.新安县郁山铝土矿地质特征及伴生元素的研究[J].矿产保护与利用,2014(03):10-14.

[24] Hu X L, Chen W M, Xie Q L. Sulfur phase and sulfur removal in high sulfur–containing bauxite[J].Transactions of Nonferrous Metals Society of China. 2011(11):1641-1647.

[25] 徐彬,张华松,陈建平,等.贵州旦坪铝土矿床地质特征及成因探讨[J].桂林理工大学学报,2017,37(04):570-579.

[26] 付世伟.贵州高硫铝土矿开发利用前景分析[J].矿产勘查,2011,2(02):159-164.

[27] 冯学岚,尤俊忠.贵州猫场铝土矿地质特征及成矿模式[J].贵州地质,1997(04):285-298.

[28] 雷志远. 贵州省务正道地区铝土矿含矿岩系地质特征及找矿靶区预测[D]. 成都: 成都理工大学,2011.

[29] 刘平,廖友常,韩忠华,等.黔中–渝南铝土矿含矿岩系稀土元素地球化学特征[J].贵州地质,2019,36(01):1-9.

[30] 石治均,徐欢,何伟,等.黔北务川大竹园南段铝土矿地质特征及找矿标志[J].有色金属设计,2018,45(01):50-54.

[31] 李欣峰,印万忠,贺泽铭,等.邦德球磨功指数试验的影响因素[J].有色金属(选矿部分),2019(03):69-72.

[32] 全国有色金属标准化技术委员会. YS/T 804-2012,铝土矿石磨矿功指数测量方法: YS/T 804-2012[S]. 北京: 中国标准出版社,2013.

[33] 杨德荣.云南文山铝土矿磨矿性能研究[J].云南冶金,2014,43(05):10-14.

[34] 阎赞,周春生,张国春.某铝土矿高压辊磨产品特性研究[J].商洛学院学报,2015,29(02):36-41.

第 3 章　硫对铝酸钠溶液性质及分解的影响

铝酸钠溶液的结构是氧化铝生产化学和碱法生产氧化铝所需的理论基础。铝酸钠溶液的结构和性质与常见的电解质有很大的差别,如密度、黏度、电导率、表面张力等与组成的关系都具有明显的特殊性。尤其是在铝酸钠溶液晶种分解过程中,铝酸钠溶液的成分不断变化,铝酸钠溶液的物理化学性质也在不断地变化[1,2]。而这些物理化学性质是制约种分过程分解率及产能等的因素。因此,本节重点研究铝酸钠溶液的物理化学性质及硫对种分过程分解的影响。

3.1　硫对铝酸钠溶液物理化学性质的影响

由于铝酸钠溶液物理化学性质的测量对溶液体积的消耗量较大并且时间较长,不能直接对每次取样的滤液进行分析,所以根据每次取样分析的结果单独配制为成分相当的溶液,并在所取溶液的温度下进行分析。研究表明[3],铝酸钠溶液的物理化学性质(如黏度、密度、电导率及表面张力等)直接影响氢氧化铝晶体的析出和氢氧化铝的质量,同时,也受氧化铝生产过程各因素的显著影响。因此,铝酸钠溶液物理性质的测定显得很重要。

3.1.1　铝酸钠溶液的黏度

铝酸钠溶液的黏度用 NDJ-1 旋转式黏度计测定。配合超级恒温器保持实验中温度的恒定。旋转黏度计的精确度为±2%,水浴恒温精度为±5%,温度范围为30~80℃。根据所选转子及转速可计算出其黏度:

$$\eta = K\alpha \tag{3-1}$$

式中,η——黏度,mPa·s;

　　　K——系数;

　　　α——指针所指读数(偏转量)。

图 3-1 分别是 Na_2SO_4、Na_2SO_3、Na_2S、$Na_2S_2O_3$ 对种分过程中铝酸钠溶液黏度的影响曲线。种分初期由于溶液结构相同,铝酸钠溶液的黏度随着杂质含量的增加而增加,黏度的增加抑制了铝酸根阴离子在溶液中的扩散而降低了分解率;而随着种分时间的延长,种分温度的降低,4 种不同的硫形态对铝酸钠溶液黏度的影响基本一致,即溶液的黏度增加,且不同硫形态的浓度对其影响较小。

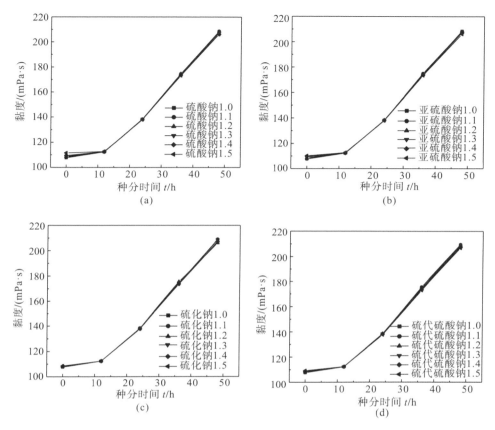

图 3-1 硫化物对铝酸钠溶液黏度的影响

(a)硫酸钠；(b)亚硫酸钠；(c)硫化钠；(d)硫代硫酸钠

3.1.2 铝酸钠溶液的密度

铝酸钠溶液的密度可由式(3-2)计算。

$$\rho = \frac{m_1 - m_0}{V} \tag{3-2}$$

式中，ρ——铝酸钠溶液的密度，g/m^3；

V——溶液的体积，m^3；

m_0——溶液的初始质量，g；

m_1——总质量，g。

图 3-2 分别是 Na_2SO_4、Na_2SO_3、Na_2S、$Na_2S_2O_3$ 对种分过程中铝酸钠溶液密度的影响曲线。可以看出，相同温度条件下铝酸钠溶液的密度均随着硫化物含量的增加而增加；种分初期(0~10h)，溶液的密度变化较大；种分后期(大于 10h)，溶液的密度变化较小。类似地，不同硫化物对溶液密度的影响基本一致。因此，

为了降低铝酸钠溶液的密度，应尽量减小溶液中硫化物的含量。

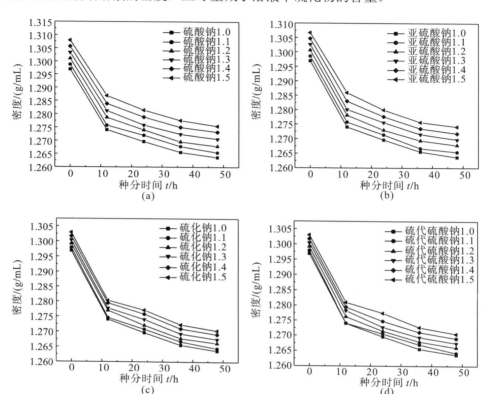

图 3-2   硫化物对铝酸钠溶液密度的影响

(a)硫酸钠；(b)亚硫酸钠；(c)硫化钠；(d)硫代硫酸钠

3.1.3   铝酸钠溶液的电导率

电导率是铝酸钠溶液重要的物理化学性质之一，与溶液中铝酸根离子的结构、组成及其相互作用密切相关。铝酸钠溶液的电导率用 DDS-11A 型电导率测定仪测定。

图 3-3 分别是 Na_2SO_4、Na_2SO_3、Na_2S、$Na_2S_2O_3$ 对种分过程中铝酸钠溶液电导率的影响曲线。由图可知，种分前期，电导率随硫化物的加入变化较大，种分 10h 时电导率可达 230mS/cm，之后，变化相对较小；不同硫化物对电导率的影响基本一致。结果表明，铝酸钠溶液电导率均会随着硫化物含量的增加而降低，为了提高溶液的电导率，应尽量控制溶液中硫化物的含量。

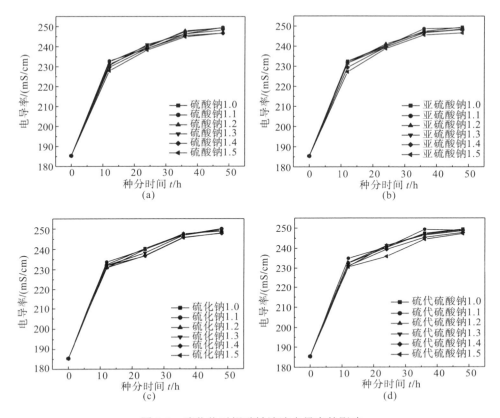

图 3-3　硫化物对铝酸钠溶液电导率的影响

(a)硫酸钠；(b)亚硫酸钠；(c)硫化钠；(d)硫代硫酸钠

3.1.4　铝酸钠溶液的表面张力

使用套管表面张力仪，配置 U 型压力计、增压瓶等组成一个表面张力测定系统，以超级恒温器保证实验中的温度恒定。本实验采用最大气泡法测定铝酸钠溶液的表面张力，参考液为蒸馏水。

图 3-4 分别是 Na_2SO_4、Na_2SO_3、Na_2S、$Na_2S_2O_3$ 对种分过程中铝酸钠溶液表面张力的影响曲线。可以看出，随着硫化物含量的增加，溶液在同一分解时间的表面张力均有所增大，但不同硫化物对溶液黏度的影响相对较小。随着种分时间的延长，表面张力在 0~10h 变化较大，之后，影响较小。由于溶液的表面张力增大，使临界成核半径变大，二次成核速度减慢，从而对分解产生不利的影响。

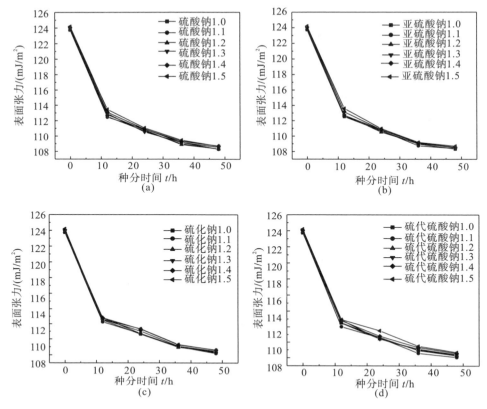

图 3-4　硫化物对铝酸钠溶液表面张力的影响

(a)硫酸钠；(b)亚硫酸钠；(c)硫化钠；(d)硫代硫酸钠

3.2　硫对铝酸钠溶液分解的影响

3.2.1　实验设计

铝酸钠溶液种分试验反应槽为自制装置，反应釜为容积约 2L 的不锈钢罐，盖子上设置进料口和取样口，便于添加晶种及取液分析，用 JJ-1 型搅拌器进行机械搅拌，依靠输出电压控制转速，以 HH-4 型恒温水浴锅实现温度控制。

1. 硫对纯铝酸钠溶液种分过程实验研究

1）实验条件

种分试验条件参考贵州某公司种分条件，即母液 Na_2O 浓度为 160g/L，Al_2O_3 浓度为 165g/L，α_k 为 1.6，搅拌速度为 200r/min，添加晶种量为 500g/L（种子比约为 2.0），试验采取一段分解、均匀降温的方式，降温制度为 65～50℃。考虑到工业生产过程铝酸钠溶液的实际硫含量，分别以单质硫 0.80g/L、1.80g/L、2.80g/L、3.80g/L、4.80g/L 换算成 Na_2SO_4、Na_2SO_3、Na_2S、$Na_2S_2O_3$ 的质量进行添加，表 3-1 是 Na_2SO_4、Na_2SO_3、Na_2S、$Na_2S_2O_3$ 的添加量。

表 3-1　硫化物的添加量

添加剂	添加量/(g/L)					
	1.0	1.1	1.2	1.3	1.4	1.5
单质硫	0	0.80	1.80	2.80	3.80	4.80
Na_2SO_4	0	3.55	7.99	12.43	16.86	21.30
Na_2SO_3	0	3.15	7.09	11.03	14.96	18.90
Na_2S	0	1.95	4.39	6.83	9.26	11.70
$Na_2S_2O_3$	0	1.98	4.44	6.91	9.38	11.85

本试验所用晶种取自贵州某公司的立盘过滤机上，晶种经热蒸馏水洗涤，低温下干燥，以除去晶种中的附碱，避免对实验造成影响。晶种的粒度分布见表 3-2。

表 3-2　晶种的粒度分布

粒径/μm	>150	75~150	45~75	45	30~45	20~30	12~20	6~12	0~6
体积分数/%	13.61	48.36	23.85	14.19	6.07	2.63	5.49	2.48	0.44

2) 溶液配制

纯铝酸钠溶液用分析纯氢氧化钠(NaOH>96.0%)及贵州某公司工业氢氧化铝配制。根据实验条件的要求，先配制高浓度的铝酸钠溶液。首先在不锈钢容器中加入一定量的蒸馏水，加入氢氧化钠溶解，在电炉加热并搅拌下缓慢加入称量好的氢氧化铝进行溶解，等待氢氧化铝溶解完全后，真空抽滤两次，并稀释调整至所需要的浓度。反应装置示意图如图 3-5 所示。

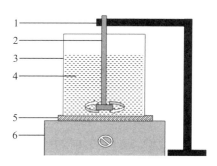

图 3-5　反应装置示意图

1—搅拌器；2—搅拌杆；3—反应釜；4—反应液；5—发热体；6—加热器

3）实验步骤

将预先配制好的已知浓度的浓铝酸钠溶液调配至实验所需成分的溶液，各取 1L 转移至体积为 2L 的种分槽中，恒温水浴加热，等溶液升温至设定温度时，开动叶片式搅拌浆以一定的转速搅拌。往溶液中加入添加硫 10min 后，再加入晶种，并开始计时，按实验要求种分至实验结束。

种分期间，每隔 12h 从取样口移取 20～30mL 浆液，迅速固液分离，并分析滤液中的苛性碱、氧化铝以分析分解率、产能及产率等参数。种分结束后，将氢氧化铝用热蒸馏水反复洗涤，在真空干燥箱中 80℃下烘干后进行粒度分析。种分具体实验流程图如图 3-6 所示。

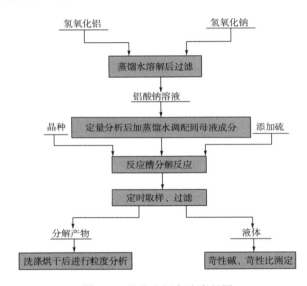

图 3-6　晶种分解实验流程图

2. 高硫铝土矿种分过程实验研究

1）实验条件

试验种分条件基本与纯铝酸钠溶液种分实验条件一致。试验所用晶种取自贵州铝厂立盘过滤机上，晶种经热蒸馏水洗涤，低温下干燥，以除去晶种中的附碱，避免对实验造成影响。晶种的粒度分布见表 3-3。

表 3-3　晶种的粒度分布

粒径/μm	>150	75～150	45～75	45	30～45	20～30	12～20	6～12	0～6
体积分数/%	13.61	48.36	23.85	14.19	6.07	2.63	5.49	2.48	0.44

2）实验步骤

对贵州某地区高硫铝土矿进行高压溶出，为保证硫的溶出率，采取高温低碱短时间的溶出条件，反应后抽滤得到高浓度铝酸钠溶液，分析其硫含量及溶液成分后，调节母液成分 Na_2O 浓度为 160g/L，Al_2O_3 浓度为 165g/L，硫含量分别为 0.80g/L、1.80g/L、2.80g/L、3.80g/L、4.80g/L 进行种分实验。图 3-7 为溶出高硫矿所用钢弹式高压釜的装置图及高硫矿种分实验流程图。

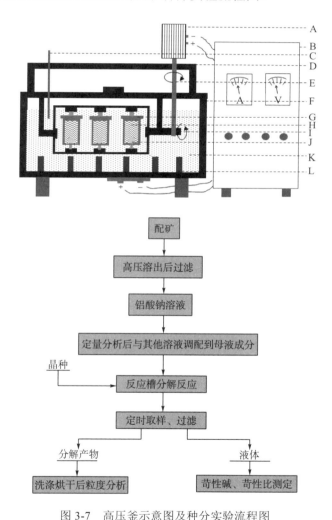

图 3-7　高压釜示意图及种分实验流程图

A—电机；B—控制柜；C—热电偶；D—支架；E、I—传动轴；

F—溶出器；G—钢弹；H—循环母液；J—钢球；K—熔盐；L—发热元件

3.2.2　分解率

氧化铝的分解率是分解工序的主要指标。分解率是指铝酸钠溶液中析出的氧化铝量占分解前溶液中所含氧化铝量的百分比。由于分解过程中铝酸钠溶液浓度和体积发生变化，因此不能直接按照溶液中的氧化铝浓度计算，而分解前后的苛性碱的绝对数值变化不大，可以作为内标，利用溶液分解前后的苛性比来计算分解率：

$$\eta_A = \left(1 - \frac{\alpha_a}{\alpha_m}\right) \times 100\% = \frac{\alpha_m - \alpha_a}{\alpha_m} \times 100\% \tag{3-3}$$

式中，η_A——分解率，%；

$\quad\quad$ α_a——分解原液的苛性比；

$\quad\quad$ α_m——分解母液的苛性比。

图 3-8 分别是 Na_2SO_4、Na_2SO_3、Na_2S、$Na_2S_2O_3$ 不同添加量条件下与分解率的关系曲线图。可以看出，分解率均随着 Na_2SO_4、Na_2SO_3、Na_2S、$Na_2S_2O_3$ 含量的升高而降低，且硫化物含量越高对分解率的影响越大，随着种分实验的延长，影响逐渐减小。溶液分解率降低的主要原因是硫酸钠的存在，因为溶液中 Al_2O_3 平衡浓度而受到一定程度的影响。

Misra-White 平衡浓度方程如式(3-4)所示。

$$C_\infty = N_k \exp\left(a + \frac{b}{T} + \frac{cN_k}{T} + \frac{dN_c}{T} + \cdots + \frac{gN_s}{T}\right) \tag{3-4}$$

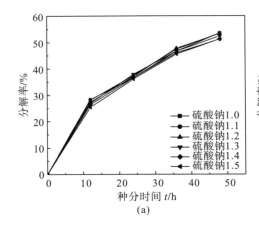

(a)

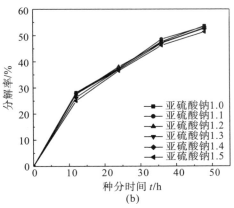

(b)

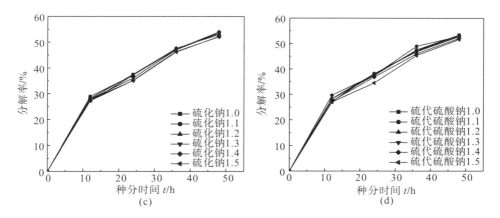

图 3-8　硫化物对铝酸钠溶液分解率的影响

(a)硫酸钠；(b)亚硫酸钠；(c)硫化钠；(d)硫代硫酸钠

由式(3-4)可知，相同温度下，当硫酸钠含量升高时，使得 N_S/T 增大，从而增加氧化铝在铝酸钠溶液中的平衡浓度，导致溶液的过饱和度降低而减小分解过程的推动力，降低了溶液的分解率。

其他 3 种硫化物也有跟硫酸钠类似的性质，除溶液饱和度降低以外，当 Na_2SO_4、Na_2SO_3、Na_2S、$Na_2S_2O_3$ 等硫化物加入后将以简单离子的形式存在于溶液中，晶种优先吸附简单离子，使晶种的活性降低，从而影响溶液的分解。当浓度较低时，离子在晶种表面的覆盖度较小，不足以对铝酸钠溶液分解产生明显的抑制作用，但当浓度较大时，离子在晶种表面的覆盖度增大，分解过程就会受到明显的抑制作用。

综上所述，4 种不同价态的硫化物对铝酸钠溶液晶种分解率的影响具有相同的规律。当浓度较低时，对分解的影响程度较小，随着浓度的升高，均对分解产生明显的抑制作用。分析其原因：一方面，这 3 种无机盐加入后均以简单离子的形式存在于溶液中，晶种将优先吸附简单离子，被吸附的离子覆盖在晶种表面，从而阻碍了晶种与铝酸根离子的作用，随着硫化物浓度的升高，这种阻碍作用将进一步加强；另一方面，无机盐的存在将会增加铝酸钠溶液中氧化铝的平衡溶解度，从而降低溶液的过饱和度，减少分解过程的推动力。

3.2.3　分解槽单位产能

分解槽单位产能是指单位时间内从分解槽单位体积中分解析出的氧化铝量，即

$$P = \frac{A\eta_A}{T} \tag{3-5}$$

式中，P——分解槽的单位产能，$kg/(m^3 \cdot h)$；

A——分解原液的氧化铝浓度，kg/m³；

η_A——分解率，%；

T——分解时间，h。

图 3-9 是 4 种硫化物对种分槽产能的影响。由图可知，硫化物对种分槽单体产能的影响主要集中在前期，种分 13h 时，单位产能达到最大值，之后随着种分时间的延长，单位产能开始降低，24h 之后，单位产能降低幅度显著减小。因此，种分时间对单位产能的影响显著，选择合适的种分时间至关重要。

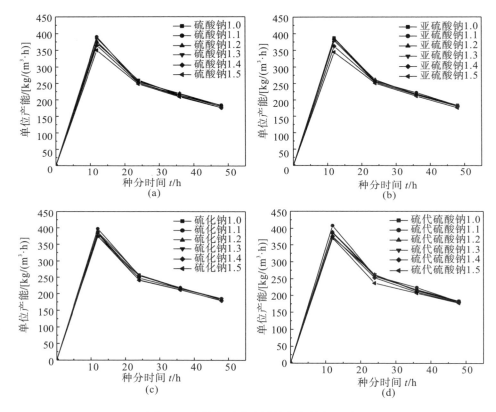

图 3-9　硫化物对种分槽单位产能的影响

(a)硫酸钠；(b)亚硫酸钠；(c)硫化钠；(d)硫代硫酸钠

3.2.4　溶液的产出率

溶液的产出率是指从单位体积溶液中分解析出氧化铝的量，它只与分解原液的氧化铝浓度和分解率有关。

$$Q = A\eta_A \tag{3-6}$$

式中，Q——溶液的产出率，kg/m³；

A——分解原液的氧化铝浓度，kg/m^3；

η_A——分解率，%。

表 3-4～表 3-7 是 4 种硫化物对种分槽产能的影响。结果表明，硫化物对产出率的影响基本一致，产出率均随着种分时间的延长而增大，随硫化物含量的升高而降低。因此，结合实验结果，发现溶液中硫的含量不能过高，在满足指标参数的同时，选择合适的种分时间，有利于提高溶液的产出率。

表 3-4　硫酸钠对种分槽产出率的影响　　　　　单位：kg/m^3

种分时间/h	硫酸钠含量/(g/L)					
	1.0	1.1	1.2	1.3	1.4	1.5
12	46.47	46.84	45.15	44.61	43.73	41.97
24	61.81	60.35	61.12	62.52	60.45	59.59
36	78.40	77.09	78.95	77.10	76.10	75.27
48	88.21	88.34	87.99	86.53	84.57	84.69

表 3-5　亚硫酸钠对种分槽产出率的影响　　　　　单位：kg/m^3

种分时间/h	亚硫酸钠含量/(g/L)					
	1.0	1.1	1.2	1.3	1.4	1.5
12	46.47	46.28	45.46	45.59	43.44	41.29
24	61.81	61.52	62.68	60.96	60.92	60.13
36	78.40	79.97	77.90	77.47	77.54	76.16
48	88.21	87.79	86.62	86.99	86.62	84.47

表 3-6　硫化钠对种分槽产出率的影响　　　　　单位：kg/m^3

种分时间/h	硫化钠含量(g/L)					
	1.0	1.1	1.2	1.3	1.4	1.5
12	46.47	47.71	44.89	46.05	44.98	45.88
24	61.81	61.36	61.33	59.47	58.00	57.84
36	78.40	77.98	78.57	77.66	76.44	76.22
48	88.21	89.06	87.38	88.38	85.99	86.17

表 3-7　硫代硫酸钠对种分槽产出率的影响　　　　　单位：kg/m^3

种分时间/h	硫代硫酸钠含量/(g/L)					
	1.0	1.1	1.2	1.3	1.4	1.5
12	46.47	48.92	46.61	44.79	45.08	44.47
24	61.81	62.04	62.88	62.94	60.79	56.93
36	78.40	80.77	77.83	77.26	75.86	74.75
48	88.21	87.39	87.81	87.11	86.03	85.23

3.2.5　氢氧化铝产品粒度

颗粒尺寸越小，散射角越大；颗粒尺寸越大，散射角越小。激光粒度仪就是依据光的散射现象测量颗粒大小的。其工作原理如下：光在行进过程中遇到颗粒（障碍物）时，将有一部分偏离原来的传播方向，这种现象即光的散射。该仪器可分析颗粒的体积粒径分布与个数分布。平均粒径 D_{50} 的含义为，随粒度的增大，其对应的粒度累计质量百分含量增加，当累计百分含量增至 50% 时，其对应的粒径即为平均粒径。本次采用英国 MARVERN 公司生产的 MASTERSIZER2000 激光粒度分析仪测定产品粒度。图 3-10 是不同硫化物对产品粒度的影响曲线。

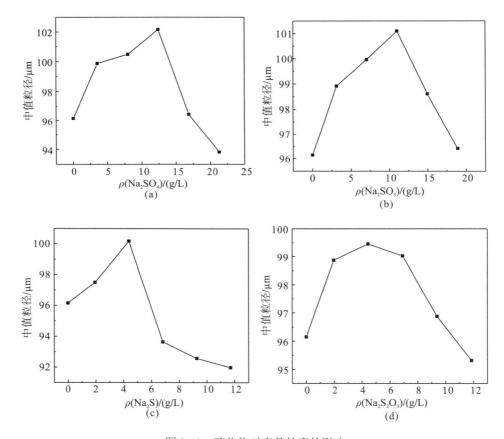

图 3-10　硫化物对产品粒度的影响

(a)硫酸钠；(b)亚硫酸钠；(c)硫化钠；(d)硫代硫酸钠

随着硫酸钠含量的增大，种分产品的粒度持续增大，达到一定程度后增大硫酸钠的含量对产品粒度增大的影响不大；当硫酸钠的含量超过 21.3g/L 时会造成产品的细化。随着亚硫酸钠含量的增大，产品的粒度持续增大，当亚硫酸钠的含量超过 11.03g/L 时对粒度增大的影响逐渐减小。当硫化钠含量小于 4.39g/L 时，随着硫化钠含量的增大最终产品的粒度一直增大，而当硫化钠含量大于 4.39g/L 时，产品粒度随着硫化钠含量的增大而一直减小。随着硫代硫酸钠含量的持续增大，产品粒度也一直增大，而当其含量超过 6.91g/L 时，粒度增大的趋势逐渐减小，当含量超过 9.38g/L 时会造成最终产品的细化。

表 3-8～表 3-11 分别是不同硫化物杂质作用下分解产物粒度的分布。可以看出，随着硫化物含量的增大，产品中小于 45μm 的细粒子含量先减小后增大，而随着硫化物含量的增大，细粒子含量增大使最终产品细化。

表 3-8　硫酸钠作用下分解过程氢氧化铝的粒度分布

添加量/(g/L)	粒度分布/%									
	+150μm	−150μm +75μm	−75μm +45μm	−45μm	−45μm +30μm	−30μm +20μm	−20μm	−12μm	−6μm	D_{50}
1.0	16.39	53.26	23.42	6.93	3.96	0.75	2.23	0.76	0.00	96.15
1.1	17.01	57.39	23.22	2.39	2.39	0.00	0.00	0.00	0.00	99.87
1.2	17.31	57.61	22.84	2.24	2.24	0.00	0.00	0.00	0.00	100.49
1.3	18.77	56.98	21.99	2.26	2.26	0.00	0.00	0.00	0.00	102.17
1.4	16.43	53.45	23.10	7.01	3.87	0.85	2.29	0.73	0.00	96.46
1.5	15.05	52.71	24.64	7.60	4.69	0.88	2.03	0.70	0.00	93.83

表 3-9　亚硫酸钠作用下分解过程氢氧化铝的粒度分布

添加量/(g/L)	粒度分布/%									
	+150μm	−150μm +75μm	−75μm +45μm	−45μm	−45μm +30μm	−30μm +20μm	−20μm	−12μm	−6μm	D_{50}
1.0	16.39	53.26	23.42	6.93	3.96	0.75	2.23	0.76	0.00	96.15
1.1	14.44	60.32	20.95	4.29	1.24	0.21	2.84	1.01	0.00	98.92
1.2	14.95	60.62	20.24	4.19	1.16	0.29	2.74	0.85	0.00	99.97
1.3	15.75	60.75	19.74	3.76	1.04	0.24	2.48	0.70	0.00	101.10
1.4	14.30	60.15	21.13	4.42	1.35	0.26	2.81	0.92	0.00	98.61
1.5	15.21	55.49	22.74	6.55	2.70	0.67	3.18	0.97	0.00	96.44

表 3-10 硫化钠作用下分解过程氢氧化铝的粒度分布

添加量/(g/L)	粒度分布/%									
	+150μm	−150μm +75μm	−75μm +45μm	−45μm	−45μm +30μm	−30μm +20μm	−20μm	−12μm	−6μm	D_{50}
1.0	16.39	53.26	23.42	6.93	3.96	0.75	2.23	0.76	0.00	96.15
1.1	15.94	55.40	22.23	6.43	3.05	0.99	2.39	0.52	0.00	97.49
1.2	15.29	60.36	20.24	4.11	1.17	0.26	2.67	0.83	0.00	100.17
1.3	14.90	52.52	23.86	8.72	4.41	1.17	3.15	1.19	0.00	93.64
1.4	15.36	50.43	23.87	10.34	5.59	1.96	2.79	0.83	0.00	92.57
1.5	14.15	51.65	24.19	10.02	4.93	1.53	3.56	1.40	0.04	91.97

表 3-11 硫代硫酸钠作用下分解过程氢氧化铝的粒度分布

添加量/(g/L)	粒度分布/%									
	+150μm	−150μm +75μm	−75μm +45μm	−45μm	−45μm +30μm	−30μm +20μm	−20μm	−12μm	−6μm	D_{50}
1.0	16.39	53.26	23.42	6.93	3.96	0.75	2.23	0.76	0.00	96.15
1.1	15.72	58.54	23.75	2.00	2.00	0.00	0.00	0.00	0.00	98.87
1.2	14.49	61.10	20.91	3.50	1.09	0.07	2.35	0.74	0.00	99.46
1.3	14.38	60.53	20.86	4.24	1.22	0.23	2.79	0.93	0.00	99.03
1.4	16.59	53.59	22.69	7.14	3.68	0.89	2.56	0.84	0.00	96.88
1.5	16.35	51.79	22.23	9.63	4.27	1.60	3.76	1.44	0.05	95.32

Li 等[4]利用分光光度法和溶液电导率的测定,认为铝酸盐溶液的自发成核和二次成核都是一个化学反应控制步骤,且该过程以金属离子为媒介。Addai-Mensah 和 Ralston[5]研究铝酸钠和铝酸钾溶液中界面结构对颗粒间的相互作用时发现碱金属离子可能参与了过饱和铝酸钠溶液的分解过程。

通过对最终产品平均粒度及粒径小于 45μm 的细粒子含量的分析,推测可能是因为添加杂质时带进了 Na^+,当杂质浓度较低时,Na^+对铝酸钠溶液自发成核和二次成核的诱导期影响较小,而 SO_4^{2-}、S^{2-}、SO_3^{2-}、$S_2O_3^{2-}$阴离子的存在抑制了溶液的分解,抑制了二次成核,减少了细粒子的生成。

随着硫化物浓度的增大,Na^+含量增大,从而对铝酸钠溶液的分解影响增大,使铝酸钠溶液自发成核和二次成核的诱导期延长,同时产生大量的二次晶核,虽然阴离子的存在抑制了溶液的分解,抑制了二次成核,但钠离子的影响较大,并且在随后的长大过程中,因为 SO_4^{2-}、S^{2-}、SO_3^{2-}、$S_2O_3^{2-}$含量的增大对分解的作用加强,导致更多的杂质覆盖在晶体表面,降低了晶体的活性,从而阻碍了铝酸根离子在晶种表面的吸附而影响颗粒附聚,使得粒度减小。

3.2.6　氢氧化铝产品形貌

　　颗粒形貌和物性之间存在密切的关系，它对颗粒群的流动性、填充性、表面现象、化学活性、涂料的覆盖能力等许多性质产生影响。我国生产的氢氧化铝微粉平均粒度、粒度分布等指标可达到国外产品的水平，但在颗粒形貌上存在明显的差别，影响了超细粉体的使用，也就是说，不同的用途，对产品颗粒形貌的要求也不同。因此，本节讨论硫化钠浓度对氢氧化铝形貌的影响，为氢氧化铝的后期开发使用提供借鉴。

　　为了讨论硫化物对氢氧化铝形貌的影响，对氢氧化铝晶种、添加不同浓度硫化物所获得的氢氧化铝进行扫描电镜 SEM 检测，如图 3-11 所示。由图可知，氢氧化铝晶种呈现均匀而规则的类球体形貌[图 3-11(a)]，而当添加硫化物时，氢氧化铝的形貌由规则均匀的球状变为不规则且不均匀的块状和椭圆状[图 3-11(b)～图 3-11(e)]，硫化物浓度越高[图 3-11(d)～图 3-11(e)]，其形貌块状化程度越高，因此，硫化物对氢氧化铝的形貌有很大的影响。

图 3-11　硫化钠浓度不同时氢氧化铝产品形貌

(a)晶种；(b)0g/L；(c)1g/L；(d)3g/L；(e)4g/L

　　为了确定物质的组成，对氢氧化铝晶种和添加不同硫化物后制备的氢氧化铝粉末进行了 XRD 检测，其结果如图 3-12 所示。分析得知，粉末状物质主要由 Al_2O_3 和 SiO_2 组成，没有硫化物，其原因一方面可能是硫化物浓度较低，另一方面可能是所添加的硫化物已被氢氧化铝所包裹。

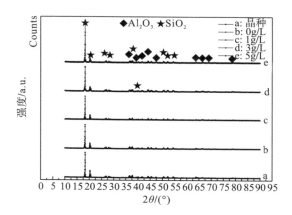

图 3-12   硫化钠浓度不同时氢氧化铝的物相组成

3.3   硫对氧化铝生产其他工序的影响

3.3.1   硫对矿浆沉降性能的影响

工业生产中拜耳法赤泥通常采用沉降分离和沉降洗涤，赤泥沉降分离效果直接影响氧化铝生产的技术经济指标及氧化铝产品的质量，并且赤泥中的硫是影响赤泥浆液沉降性能的主要因素之一。添加絮凝剂是目前氧化铝生产上普遍采用且行之有效的加速赤泥沉降的方法，在絮凝剂的作用下，赤泥浆液中处于分散状态的细小赤泥颗粒互相联合成团，粒度增大，因而使沉降速率有效地提高。本书采用遵义某氧化铝厂采集的絮凝剂对贵州播州地区原矿溶出后总硫含量不同的赤泥浆液进行沉降试验，综合比对最优溶出条件下赤泥矿浆的沉降性能，为赤泥沉降提供参考依据。

1. 沉降试验

采用优化的工艺条件制备的矿浆进行沉降试验。沉降试验在 250mL 的量筒内进行。絮凝剂浓度用量为干赤泥量的万分之五，取一定量的絮凝剂稀释 1000 倍后待用。将溶出后的浆液加入量筒并稀释溶液的 Na_2O_k 至 $155 \sim 160g/L$，然后将量筒放置到甘油浴中加热，待量筒中矿浆温度达到 $100 \sim 105℃$ 时，取出量筒放置在水平桌面上开始沉降。将矿浆充分搅拌后，加入一定体积的稀释后的絮凝剂，经过混合后，开始计时并观察絮团情况，分别记录不同时间时的泥层高度。以前 3min 泥层下降的速度来衡量赤泥的沉降速度，以第 20min 时的泥层高度与初始浆体高度的比值作为压缩比来衡量絮凝剂的压缩性能。

2. 相关计算

1) 赤泥沉降速度

赤泥沉降速度是衡量赤泥浆液沉降性能的标准，以一定时间出现的清液层高度来表示。

$$v = \frac{h_{清液}}{\tau} \tag{3-7}$$

式中，v——赤泥沉降速度，mm/min；

　　　$h_{清液}$——清液层高度，cm；

　　　τ——沉降时间，min。

2) 赤泥压缩比

以赤泥浆液沉降 20min 时的泥层高度与初始浆体高度的比值作为压缩比来衡量絮凝剂的压缩性能。

$$\lambda = \frac{h_{泥}}{h} \tag{3-8}$$

式中，λ——赤泥压缩比；

　　　$h_{泥}$——泥层高度，mm；

　　　h——初始浆体高度，mm。

3) 硫对赤泥沉降性能的影响

原矿中 Al_2O_3、SiO_2 含量分别为 52.74%、10.04%，A/S 较低，为 5.26。此外，矿物含全铁为 14.93%，全硫为 4.15%，TiO_2 为 2.16%。矿浆溶出条件：Na_2O_k 浓度为 230g/L，溶出温度为 265℃，溶出时间为 65min，石灰添加量为 1.0g/L，配料 $Rp=1.175$（$a_k=1.40$），配料赤泥钠硅比（N/S）为 0.40。溶出后赤泥浆的基本成分分析见表 3-12。将赤泥浆液稀释到设定固含量和苛性碱浓度，稀释后的赤泥浆液分析结果和絮凝剂添加情况见表 3-13。赤泥矿浆的沉降速度和泥层高度的变化情况见表 3-14。根据表 3-14 中的数据，分别绘制清液层高度和沉降速度随时间变化的关系曲线，如图 3-13 所示。

表 3-12　S_T 浓度不同时赤泥矿稀释前成分分析

S_T 浓度/ （g/L）	石灰添加量 （CaO/SiO₂）	Na_2O_T 浓度/ （g/L）	Na_2O_k 浓度/ （g/L）	Al_2O_3 浓度/ （g/L）
3.74	0.8	197.89	196.61	229.62
0.90	1.0	194.33	190.65	233.61
0.76	1.0	187.72	184.69	226.62
0.75	0.8	203.75	187.67	236.11

表 3-13　S_T 浓度不同时赤泥矿浆分析

S_T 浓度/(g/L)	赤泥浆液固含/(g/L)	Na₂Oₖ 浓度/(g/L)	溶液 Al₂O₃ 浓度/(g/L)	絮凝剂浓度/%	上清液澄清度	赤泥压缩状况
3.74	300	160	186.68	0.1	一般	差
0.90	300	160	196.31	0.1	好	一般
0.76	300	160	197.06	0.1	好	好
0.75	300	160	201.80	0.1	好	较好

表 3-14　S_T 浓度不同时赤泥沉降中沉降速度和泥层高度变化

时间/min	3.74g/L		0.90g/L		0.76g/L		0.75g/L	
	泥层高度/mm	沉降速度/(mm/min)	泥层高度/mm	沉降速度/(mm/min)	泥层高度/mm	沉降速度/(mm/min)	泥层高度/mm	沉降速度/(mm/min)
0	116	—	120	—	120	—	110	—
1	114	2.00	108	12.00	—	—	80	30.00
2	114	1.00	104	8.00	86	17.00	75	17.50
3	114	0.67	100	6.67	80	13.33	70	13.33
4	113.5	0.63	96	6.00	76	11.00	67.5	10.63
5	113	0.60	94	5.20	72	9.60	65	9.00
6	112	0.67	90	5.00	70	8.33	63	7.83
7	112	0.57	88	4.57	68	7.43	61	7.00
8	111.8	0.53	86	4.25	67	6.63	59.5	6.31
9	111.4	0.51	84	4.00	66	6.00	58	5.78
10	111	0.50	82	3.80	64	5.60	56.5	5.35
11	111	0.45	81	3.55	63	5.18	55.5	4.95
12	111	0.42	79.8	3.35	62	4.83	54.5	4.63
13	111	0.38	78	3.23	61	4.54	54	4.31
14	110.8	0.37	77	3.07	60	4.29	53	4.07
15	110	0.40	76	2.93	59	4.07	52	3.87
16	108	0.50	74.6	2.84	58.5	3.84	51	3.69
17	108	0.47	74	2.71	58	3.65	50	3.53
18	108	0.44	73.7	2.57	58	3.44	49.5	3.36
19	107	0.47	72	2.53	57	3.32	49	3.21
20	107	0.45	71.5	2.43	56.2	3.19	48.5	3.08
λ	0.9224		0.5958		0.4683		0.4409	

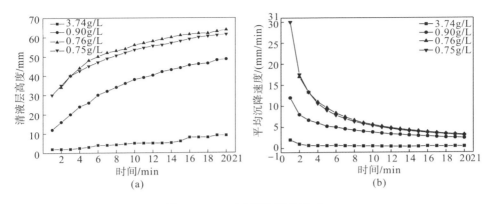

图 3-13　S_T 对赤泥沉降的影响

(a)清液层高度；(b)平均沉降速度

随着高硫铝土矿的不断加入，系统总硫(S_T)逐渐升高，到第四次高硫铝土矿下完后，原液系统 S_T 浓度累积到 3.0g/L 左右。系统 S_T 升高，使铝酸钠溶液的颜色变成深褐色，溶液的黏度升高，导致沉降效果变差，精滤机产能下降。下高硫铝土矿期间系统 S_T 浓度的变化情况如图 3-14 所示。

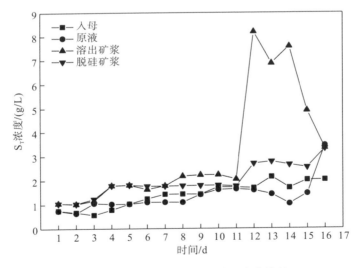

图 3-14　试验过程中系统总硫的变化趋势

设定固含为 35g/L，取样量为 1000mL 时，第四次高硫铝土矿下矿期间，由于溶出系统 S_T 含量急剧升高到 8～9g/L，导致赤泥的沉降性能变差，针对此情况，进行了沉降对比试验。由表 3-15 可见，下高硫铝土矿后的赤泥沉降速度急剧下降，3min 沉降速度下降 40 倍，5min 沉降速度下降 10 倍，30min 沉降速度下降 3～30 倍。

表 3-15   下高硫铝土矿前后沉降效果对比

因素	絮凝剂添加量(干泥量的百分数)/%	泥层高度/mm			沉降速度/(mL/s)			备注
		3min	5min	30min	3min	5min	30min	
下高硫铝土矿前	1.0	160	136	85	4.67	2.88	0.51	有絮团
	1.5		100	70		3	0.52	上清液浑浊
	2.0	150	132	90	4.72	2.89	0.51	上清液浑浊
下高硫铝土矿后	1.0		930	700		0.23	0.17	上清液浑浊,泥层高度不明显
	1.5	980	980	970	0.11	0.067	0.017	
	2.0	990	970	850	0.056	0.1	0.083	

3.3.2   硫对蒸发排盐的影响

1. 实验方法

蒸发生产工序的分解温度:首槽为 60~58℃,末槽为 50~52℃。取平坝某铝厂 II-13#槽浆液过滤后的原液 200mL,按不同比例添加双氧水,搅拌,然后蒸发,使溶液浓缩到 100mL。蒸发母液冷却到 80℃后过滤,滤饼烘干后称重比较。

原液中 S^{2-} 按 0.4g/L 计算,双氧水添加量按 100%、80%、50%计算。

2. 系统总硫含量对蒸发排盐的影响

蒸发排盐系统硫含量通过添加双氧水进行氧化处理,其氧化效果见表 3-16。根据表中数据绘制母液氧化效果随双氧水添加量变化趋势图,如图 3-15 所示。

从表 3-16、图 3-15 可见,随着双氧水添加量的增加,母液氧化效率逐步升高。当双氧水添加量达到 50%时,母液氧化效率可以达到 60%左右。

表 3-16   不同添加比例的双氧水的氧化效果

样品名称	双氧水添加量/%	氧化前 S^{2-}/(g/L)	氧化后 S^{2-}/(g/L)	氧化效率/%
1#氧化液	80	0.66	0.23	65.15
2#氧化液	50	0.66	0.27	59.09
3#氧化液	34	0.29	0.17	41.38
4#氧化液	28	0.29	0.25	13.79
5#氧化液	17	0.29	0.25	13.79

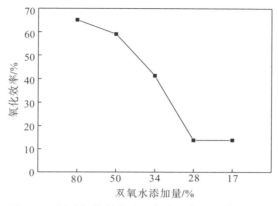

图 3-15　母液氧化效率随双氧水添加量的变化趋势

3. 蒸发原液氧化后对排盐效果的影响

不同双氧水添加量对蒸发原液氧化后的排盐效果见表 3-17。

表 3-17　蒸发原液氧化前后的排盐情况

样品编号	双氧水添加量/%	滤饼烘干前质量/g	滤饼烘干后质量/g
1#	100	33.89	15.27
2#	80	33.21	15.39
3#	50	34.14	15.93
4#	未添加	39.07	20.44
5#+6#	未添加	68.03	42.91

氧化与未氧化对母液蒸发结晶的影响如图 3-16 所示。

图 3-16　氧化与未氧化对母液蒸发结晶的影响

(a)、(b)、(c)氧化；(d)、(e)、(f)未氧化

　　由表 3-17、图 3-16 可见，添加双氧水氧化后，蒸发结晶析出的盐颜色比较白，滤饼过滤速度较快，滤饼较干，而未氧化原液蒸发后结晶较细，过滤效果较差，附液率较高，故其蒸发后滤饼颜色较黄、质量较大。

　　由图 3-17 可见，采取母液氧化及添加脱水剂等方式后，蒸发结晶排盐的粒度好转，盐的沉降、过滤性能大大改善，过滤机产能大幅度提高。

图 3-17　现场蒸发母液氧化前后的排盐效果

(a)氧化前；(b)氧化后

参 考 文 献

[1] 赵淋,车洪生.铝酸钠溶液的稳定性研究[J].轻金属,2019(04):9-12,25.

[2] 杨保平,刘晶晶.浅析工业生产过程中影响铝酸钠溶液稳定性的主要因素[J].中国金属通报,2018(05):163-164.

[3] 赵苏,毕诗文,杨毅宏,等.添加剂作用下铝酸钠溶液物化性质的变化对产品性能的影响[J].材料与冶金学报,2004(03):189-192.

[4] Li J, Tao T, Li X B, et al. A spectrophotometric method for determination of chemical oxygen demand using home-made reagents[J]. Desalination,2008,239(1):139-145.

[5] Addai-Mensah J, Ralston J. The influence of interfacial structuring on gibbsiteinteractions in synthetic Bayer liquors[J]. Journal of Colloid and Interface Science,1999,215(1):124-130.

第4章 高硫铝土矿拜耳法溶出及强化脱硫

前述研究发现硫对铝酸钠溶液物化性质有着严重影响,而以高硫铝土矿为原料通过拜耳法生产氧化铝时,矿石中的硫会进入铝酸钠溶液,因此需要尽量减少硫的溶出。本章重点研究拜耳法生产氧化铝过程中硫的溶出规律和机理,探寻溶出条件对硫与氧化铝溶出性能的影响规律,优化溶出工艺条件,考察溶出过程的强化脱硫效果,以在保障氧化铝溶出效率较高的同时抑制硫的溶出。

4.1 高硫铝土矿拜耳法溶出研究进展

高硫铝土矿中硫元素主要以黄铁矿(FeS_2)的形态存在,少部分以硫酸盐矿物、白铁矿、磁黄铁矿($Fe_{1-n}S$)、陨硫铁(FeS)、黄铜矿($CuFeS_2$)和闪锌矿(ZnS)等形式存在[1]。在拜耳溶出过程中,硫主要以 S^{2-} 的形式进入母液,约占全部溶出硫含量(S_T)的 90%以上,少部分硫为 $S_2O_3^{2-}$、SO_3^{2-}、SO_4^{2-} 及 S_2^{2-}[2-5],不同形态的硫离子均会对溶出工艺造成不利影响,如降低赤泥沉降性能,引起蒸发器管结疤、加速设备材质腐蚀等[6]。

硫在铝酸钠溶液中的溶出和转移与含硫矿物的种类及溶出条件有关,溶出过程容易生成不稳定的二硫化钠,二硫化钠将发生歧化反应生成硫化钠与硫代硫酸钠;随着反应温度升高,硫代硫酸钠稳定性降低、易分解,分解生成的 Na_2SO_3 容易被氧化为 Na_2SO_4,Abikenova 等[7]发现低价硫向硫酸盐转变主要发生在母液蒸发环节。SO_4^{2-} 与过剩的石灰反应产生 $CaSO_4$ 进入赤泥排除[8]。

国内外学者针对高硫铝土矿溶出特性开展了诸多重要的研究工作,包括硫在铝酸钠溶液中的赋存形态及转变规律、硫的溶出率影响规律、硫–铁溶出行为作用机制等。

张念炳等[9]研究了贵州地区高硫铝土矿中硫的赋存状态,发现矿石中硫主要以黄铁矿(FeS_2)的形式存在,硫元素在矿石中分布较集中,而一水硬铝石将黄铁矿物完全包裹。另外,发现细粒部分中赋存的黄铁矿较多,磨矿后单体解离度较低。胡小莲等[10]研究了不同地区高硫铝土矿中硫的赋存状态,发现高硫铝土矿中硫的主要存在形态为硫化物和硫酸盐,不同产地铝土矿中硫的存在形态存在差异;在其后续的研究过程中[11]发现硫的溶出率随铝土矿中硫含量的增大而增大,溶液中铁含量越大其负二价硫离子的浓度越高，并且溶液中的硫还会导致氢氧化铝带色。陈文汩等[12]亦发现使用高硫铝土矿时，溶出液中的铁含量会升高。

针对硫离子对铝酸钠溶液中铁含量的影响，刘桂华等[13]详细研究了 S^{2-}、Na_2O_k、Na_2CO_3、Na_2SO_4 浓度变化对 $Fe(OH)_3$、FeS、FeS_2 反应行为的影响规律，结果表明，当硫化钠浓度、苛性碱浓度升高时，加入 FeS 或黄铁矿和加入氧化铁对溶液硫含量的影响各不相同；Na_2SO_4 对溶出液中的铁浓度的影响不明显，而 Na_2CO_3 对溶出液中铁浓度升高有明显的促进作用。另外，也有研究发现，S^{2-} 可与溶液中铁作用生成溶解度较大的羟基硫代铁酸钠，工业生产实践表明，S^{2-} 含量越高，母液与产品中的铁含量也越高[14]。

谢巧玲[6] 研究了广西和河南的高硫铝土矿的溶出行为，结果表明，铝土矿中不同的硫含量对氧化铝的溶出率无明显影响，硫的溶出率随铝土矿中硫含量的升高而增大，溶液中铁含量越高，负二价硫离子的浓度越高。兰军等[15]对贵州某高硫铝土矿进行溶出过程中的脱硫研究，当氧化铝的溶出率不低于 81% 时，硫的溶出率为 31.3%。近年来，刘洪波等[16]通过正交实验研究了某高硫铝土矿氧化铝和硫溶出率的影响因素，发现对溶出率影响的大小关系为溶出温度>苛性碱质量浓度>石灰添加量>溶出时间。

4.2 高硫铝土矿硫溶出热力学和动力学分析

首先，针对高硫铝土矿中硫的溶出反应进行热力学分析，研究其可能的反应过程；然后，为在提升氧化铝溶出率的同时抑制硫的溶出，研究氧化铝与硫的溶出动力学及其限制性环节，进而从理论上分析适于高硫铝土矿拜耳法生产氧化铝的较佳条件。

4.2.1 溶出热力学

铝土矿中含硫矿物在高压溶出中可能存在的化学反应见表 4-1。

表 4-1 高硫铝土矿溶出时可能发生的化学反应

序号	化学反应方程式
(1)	$FeS_2 + 2OH^- = Fe(OH)_2 + S_2^{2-}$
(2)	$8FeS_2 + 30OH^- = 4Fe_2O_3 + 14S^{2-} + S_2O_3^{2-} + 15H_2O$
(3)	$6FeS_2 + 22OH^- = 2Fe_3O_4 + 10S^{2-} + S_2O_3^{2-} + 11H_2O$
(4)	$3FeS_2 + 8OH^- = Fe_3O_4 + 2S^{2-} + 2S_2^{2-} + 4H_2O$
(5)	$2FeS_2 + 6OH^- = Fe_2O_3 + 3S^{2-} + S + 3H_2O$
(6)	$4S_2^{2-} + 6OH^- = 6S^{2-} + S_2O_3^{2-} + 3H_2O$

续表

序号	化学反应方程式
(7)	$3S+6OH^-\!\!=\!\!=\!\!SO_3^{2-}+2S^{2-}+3H_2O$
(8)	$3S_2O_3^{2-}+6OH^-\!\!=\!\!=\!\!2S^{2-}+4SO_3^{2-}+3H_2O$
(9)	$S_2O_3^{2-}+2OH^-\!\!=\!\!=\!\!S^{2-}+SO_4^{2-}+H_2O$
(10)	$2Na_2S+Fe_2O_3+5H_2O\!\!=\!\!=\!\!Na_2[FeS_2(OH)_2]\cdot2H_2O+Fe(OH)_2+2NaOH$
(11)	$Na_2S_2+Fe(OH)_2+2H_2O\!\!=\!\!=\!\!Na_2[FeS_2(OH)_2]\cdot2H_2O$

　　采用 FactSage 6.5 软件对表 4-1 中的反应进行热力学模拟计算，得出 ΔG 与温度 T 的关系，如图 4-1 所示。

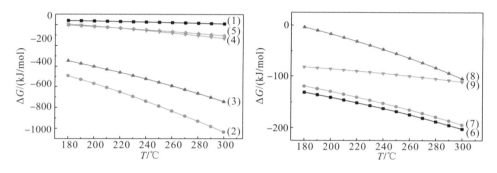

图 4-1　表 4-1 中反应(1)～(9)对应的 $\Delta G - T$ 关系

　　由图 4-1 可知，铝土矿中的含硫矿物在温度为 180～300℃时，反应(1)的吉布斯自由能大于零，表明该反应不能自发进行；反应(2)～(9)在该温度区间内吉布斯自由能均为负值，即上述反应可自发进行，且温度越高反应的趋势越大。其中，黄铁矿与铝酸钠溶液中 NaOH 的反应，即表 4-1 所示反应(2)和(3)的自发趋势最大，黄铁矿溶出反应后，铁元素可形成铁氧化物，硫元素主要以 S^{2-} 的形态进入溶液，少量以 $S_2O_3^{2-}$、S_2^{2-} 和 S 的形式存在。反应(6)和(7)的计算结果表明溶液中 S_2^{2-} 和 S 将继续反应生成 S^{2-}、$S_2O_3^{2-}$ 和 SO_3^{2-}；反应(8)、(9)的计算结果表明，$S_2O_3^{2-}$ 在碱性溶液中不稳定，易分解为 S^{2-} 和 SO_4^{2-}。反应(10)和(11)涉及的复杂化合物在商业热力学软件中无相关热力学数据，基于文献[17]提供的热力学数据估算可知，在高温拜耳法溶出条件下，反应(10)的 $\Delta G < 0$，通过反应(10)生成的可溶性羟基硫代铁酸钠进入铝酸钠溶液会导致产品污染；而反应(11)的 $\Delta G > 0$，表明该反应较难发生。

　　以上热力学计算结果表明，高硫铝土矿中黄铁矿主要与 NaOH 溶液发生反应，并随温度升高反应趋势增大，其中铁转化为 Fe_2O_3 进入赤泥，进入溶液中的硫大部分以 S^{2-} 的形式存在，硫在反应开始阶段生成 S^{2-} 及系列中间产物，随后

中间产物转化为 $S_2O_3^{2-}$，并最终生成 S^{2-} 和 SO_4^{2-}。因此，在铝酸钠溶液中硫元素大部分以 S^{2-} 的形式存在，还有少量的 $S_2O_3^{2-}$、SO_3^{2-}、S_2^{2-} 和 SO_4^{2-}，主要的反应方程式为

$$8FeS_2+30NaOH \xlongequal{} 4Fe_2O_3+14Na_2S+Na_2S_2O_3+15H_2O \tag{4-1}$$

$$3Na_2S_2O_3+6NaOH \xlongequal{} 2Na_2S+4Na_2SO_3+3H_2O \tag{4-2}$$

$$Na_2S_2O_3+2NaOH \xlongequal{} Na_2S+Na_2SO_4+H_2O \tag{4-3}$$

4.2.2 溶出动力学

1. 动力学模型

通过对比研究拜耳溶出过程中氧化铝与硫的溶出动力学，有助于进一步揭示反应机理，明确反应的控制步骤和探寻强化/减弱反应的途径及方法。

高硫铝土矿的溶出过程即为铝土矿与铝酸钠溶液进行反应的过程，属于液-固相反应[6]。固相结构的不同，导致液-固相化学反应的物理、数学模型有所差异[18]。根据研究[19-22]可知，用于描述液-固相反应的动力学模型主要有收缩未反应核模型、整体反应模型、微粒模型、有限厚度反应区模型、破裂芯模型、单孔模型等，其中常用的有收缩未反应核模型和整体反应模型。收缩未反应核模型适用于固相无孔、少孔或者流体扩散较慢、化学反应速率较快的反应过程；整体反应模型适用于固相反应物多孔，化学反应速率相对较慢，扩散较快，反应液体或气体扩散至固相反应物中心的反应。大部分液-固相反应符合收缩未反应核模型，在反应过程中固体颗粒从外到内逐渐反应形成产物层和未反应的内芯。

以贵州省某高硫铝土矿为研究对象，发现其结构较致密，可视为少孔固体，研究发现铝酸钠溶液与该高硫矿间反应较为剧烈，反应速率快，且溶出液黏稠度高，扩散速率慢。因此，该高硫铝土矿与铝酸钠的溶出反应满足收缩未反应核模型的适用条件。

收缩未反应核模型简称缩核模型[23]，特征是反应只在固体产物与未反应固相表面上进行，反应开始时颗粒外表面与液体反应生成固体产物层，随着反应的进行，液体通过固体产物层与未反应固相反应，反应表面由表及里不断向颗粒中心缩小，未反应核逐渐缩小，固体产物层逐渐增大。高硫铝土矿的溶出过程有固相产物生成，随着反应的进行，颗粒大小基本不变，其反应模型示意图如图 4-2 所示。高硫铝土矿溶出过程由固体表面产物层的扩散、反应物的扩散和界面上的化学反应组成。

液-固相反应的收缩未反应核模型可视为由 3 个串联步骤组成，首先是液体反应物经过液膜扩散到固体外表面，然后通过固体颗粒表面产物层扩散到未反应核表面上，最后在未反应核表面上与固体反应物反应。这些步骤的阻力相差较大，当其中某步骤的阻力远远超过其他步骤的阻力时，该步骤就成为整个过程的速率

控制步骤。针对上述 3 个步骤，可以将其分为 3 种控制类型，即液膜扩散（外扩散）控制、固体颗粒表面产物层扩散（内扩散）控制以及表面化学反应控制[24, 25]。不同控制类型的速率方程如式(4-4)～式(4-6)所示。

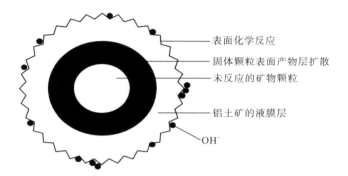

图 4-2　高硫铝土矿溶出收缩未反应核模型示意图

液膜扩散控制：

$$t = k_1 X \tag{4-4}$$

内扩散控制：

$$t = k_3 \left[1 - (1-X)^{2/3} - \frac{2}{3X} \right] \tag{4-5}$$

表面化学反应控制：

$$t = k_2 [1 - (1-X)^{1/3}] \tag{4-6}$$

式中，X——转化率，%；

　　　t——反应时间，min；

　　　k_1、k_2、k_3——速率常数。

使用收缩未反应核模型对液-固相反应过程进行分析时，需要判断反应速率的控制步骤。通过研究不同温度及反应时间条件下氧化铝和硫的溶出率，判断速率控制步骤，然后根据阿伦尼乌斯方程计算反应活化能和指前因子，最后推导出高硫铝土矿溶出动力学模型和速率方程。阿伦尼乌斯方程描述了速率常数与温度的关系，具体如下：

$$K = A e^{-Ea/(RT)} \tag{4-7}$$

式中，K——溶出速率常数；

　　　Ea——反应活化能，kJ/mol；

　　　R——气体常数，8.314kJ/(mol·K)；

　　　A——指前因子；

　　　T——温度，K。

阿伦尼乌斯方程的另一种表达式为

$$\ln K = \ln A - \frac{Ea}{RT} \qquad (4\text{-}8)$$

根据实验结果，将 $\ln K$ 对 $1/T$ 作图并进行线性拟合，所得拟合直线的斜率即为 $-Ea/R$，纵轴截距即为 $\ln A$，从而计算出反应活化能 Ea 和指前因子 A。

2. Al_2O_3 的溶出动力学研究

以成分如表 4-2 所示的贵州某高硫铝土矿为原料，开展不同溶出温度、时间条件下的溶出实验，测定和计算氧化铝的溶出率。

表 4-2　高硫铝土矿的化学成分(%)

Al_2O_3	Fe_2O_3	SiO_2	TiO_2	S_T	A/S
51.20	23.34	5.81	2.26	17.31	8.81

所研究的溶出反应的条件如下：石灰添加量为 3%，苛性碱浓度为 210g/L，溶出温度为 200℃、240℃、280℃，溶出时间为 10min、20min、30min、40min、50min、60min、90min。氧化铝的溶出率如图 4-3 所示。

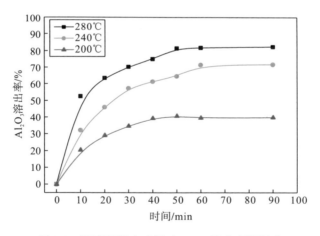

图 4-3　温度及溶出时间对 Al_2O_3 溶出率的影响

所研究的高硫铝土矿为一水硬铝石型，从溶出结果可以看出，反应温度和时间对氧化铝的溶出率均有显著影响，随反应温度和时间的增加，氧化铝溶出率逐渐增大。反应开始时，反应速率比较快，氧化铝溶出率短时间内达到较大值，反应时间增加至 60min 后，氧化铝溶出率增速趋于平缓。随着反应的进行，反应物逐渐减少，反应产物逐渐增加，产物层增厚，溶液碱浓度降低，阻碍了溶出反应的进行，导致反应速率逐渐变慢。假设所研究的一水硬铝石溶出反应限制性步骤为外扩散，则转化率 X 与反应时间 t 应成正比[见式(4-4)]，而从图 4-3 可以明显看出转化率与时间不符合正比例关系，表明在测试温度范围内 Al₂O₃ 溶出过程的限制性环节并非外扩散。

为确定 Al₂O₃ 溶出过程的限制环节是内扩散或化学反应，采用尝试法将氧化铝溶出率数据分别代入内扩散控制[式(4-5)]及化学反应控制[式(4-6)]的动力学方程中，通过比较拟合结果来判定速率控制环节，拟合结果如图 4-4、图 4-5 和表 4-3 所示。假设化学反应是限制性环节，数学模型获得的拟合结果较差，不同反应温度下拟合的相关系数均小于 0.9，表明化学反应为控制环节的数学模型不适宜上述研究条件下该高硫铝土矿的氧化铝溶出过程。而以内扩散为控制环节进行拟合的结果较佳，相关系数均大于 0.97，表明采用内扩散控制的数学模型进行描述较为适宜。分析其原因，可能在溶出过程中一水硬铝石与 NaOH 溶液反应速率快，较短时间内溶出量较大，导致固相产物层增加，产物覆盖在氧化铝水合物矿物表面，使内扩散阻力增加，阻碍了溶出反应的进行。

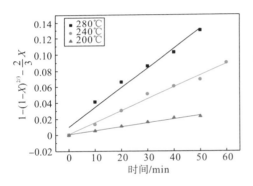 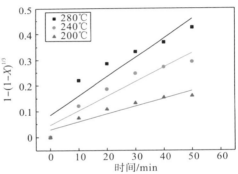

图 4-4　假设内扩散为铝溶出限制性环节　　图 4-5　假设界面反应为铝溶出限制性环节

表 4-3　Al₂O₃ 溶出动力学拟合数据

假设环节	温度/℃	拟合方程	相关系数 R^2	反应速率常数 K
假设界面反应为限制性环节	200	$Y=0.00304X-0.02849$	0.8653	0.00304
	240	$Y=0.00565X-0.04553$	0.8875	0.00565
	280	$Y=0.00751X-0.08449$	0.8333	0.00751
假设内扩散为限制性环节	200	$Y=0.00048X-0.00068$	0.9802	0.00048
	240	$Y=0.00147X-0.00086$	0.9857	0.00147
	280	$Y=0.00245X-0.00991$	0.9733	0.00245

对以上所求得反应速率常数 K，利用阿伦尼乌斯方程对 $\ln K$ 和 $1/T$ 进行线性回归，结果如图 4-6 所示。可见，在 200～280℃温度区间内，$\ln K$ 与 $1/T$ 的拟合度较好，相关系数为 0.9654。通过分析计算得知，拟合直线的斜率为−5.16，截距

为 3.36468，可求得溶出反应的表观活化能 *Ea* 为 42.90kJ/mol，指前因子 *A* 为 28.92。基于菲克扩散定律，一般认为扩散控制时活化能小于 20kJ/mol，化学反应控制时活化能需大于 40kJ/mol，混合控制过程中活化能的值为 20～40kJ/mol。而实际扩散过程中，扩散方式还包括克努森扩散及过渡区扩散，扩散过程会受到分子自由程与孔道直径等的影响[26]。另外，在实际应用中，许多动力学拟合结果显示为内扩散控制的矿物浸出过程的表观活化能也较高[27-29]，可能主要与扩散方式相关。

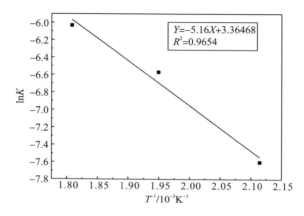

$$Y = -5.16X + 3.36468$$
$$R^2 = 0.9654$$

图 4-6 Al_2O_3 的 $\ln K$ 与 $1/T$ 的关系

基于实验结果及动力学分析，在实验温度范围内（200～280℃），所研究的高硫铝土矿中氧化铝的溶出过程符合未反应核收缩模型中的内扩散控制。

3. 硫的溶出动力学研究

在相同的溶出条件下，研究并分析了硫溶出率的变化规律，结果如图 4-7 所示。

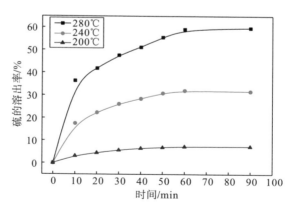

图 4-7 温度和时间对硫溶出率的影响

　　已知该高硫铝土矿中硫主要以黄铁矿的形式存在，由图 4-7 可以看出反应温度和时间对黄铁矿中硫元素的溶出率影响显著，温度越高、反应时间越长，硫的溶出率越大。开始阶段反应速率较快，其溶出率增长较快，随时间延长硫溶出率增速逐渐变缓。由公式(4-4)可知，当硫的溶出受外扩散(液膜扩散)控制时，转化率 X 与反应时间 t 成正比关系，与图 4-7 所示结果不符，表明此研究条件下硫的溶出过程不受外扩散控制。为确定硫的溶出过程是受扩散控制还是受化学反应控制，同样采用尝试法对硫的溶出率实验数据进行线性回归，通过比较拟合结果来判定速率控制过程，拟合结果如图 4-8、图 4-9 和表 4-4 所示。

　　由图 4-8 和表 4-4 可以看出，以内扩散控制的数学模型进行拟合时拟合度较高，相关系数均大于 0.96，表明内扩散控制模型更适用于所研究条件下铝土矿中硫的溶出过程描述。由图 4-9 和表 4-4 可以看出，采用化学反应控制的数学模型进行拟合时，相关系数均小于 0.9，表明此研究条件下化学反应不是硫溶出的主要控速步骤。

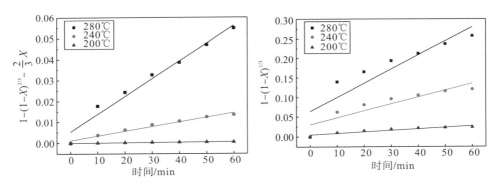

图 4-8　假设内扩散为硫溶出限制性环节　　图 4-9　假设界面反应为硫溶出限制性环节

表 4-4　硫溶出动力学拟合数据

假设环节	温度/℃	拟合方程	相关系数 R^2	反应速率常数 K
假设界面反应为限制性环节	200	$Y=0.00038X-0.00495$	0.8574	0.00038
	240	$Y=0.00176X-0.03005$	0.7959	0.00176
	280	$Y=0.00362X-0.06349$	0.7950	0.00362
假设内扩散为限制性环节	200	$Y=0.000104X-0.000018$	0.9779	0.000104
	240	$Y=0.000220X-0.00119$	0.9680	0.000220
	280	$Y=0.000850X-0.00524$	0.9693	0.000850

　　对以上反应速率常数 K，利用阿伦尼乌斯公式对 $\ln K$ 和 $1/T$ 进行线性回归，结果如图 4-10 所示。可见拟合结果较好，相关系数为 0.9559，直线斜率为-14.4964，可求得硫溶出过程的表观活化能 Ea 为 120.523kJ/mol。

4. Al₂O₃与硫溶出动力学讨论

在200～280℃溶出温度下，所研究的高硫铝土矿中氧化铝和硫的溶出过程均符合收缩未反应核模型中的内扩散控制。对比可知在实验温度范围内，硫的溶出表观活化能为120.523kJ/mol，远大于氧化铝溶出的表观活化能42.90kJ/mol。基于动力学理论，由于硫溶出活化能大，降低溶出反应温度对硫的溶出的抑制作用将大于对氧化铝的抑制作用。但降低温度后，氧化铝的溶出率也将受到影响，为保障氧化铝具有较高溶出率可适当提升苛性碱浓度。因此，针对具有此类特性的高硫铝土矿，"低温高碱"溶出工艺具有在保障氧化铝溶出率的同时抑制硫元素溶出的应用潜力和前景。

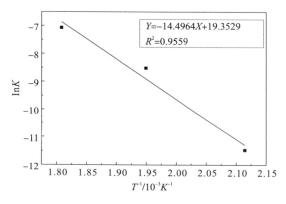

图 4-10   硫的 $\ln K$ 与 $1/T$ 的关系

4.3   高硫铝土矿溶出影响因素

采用高硫铝土矿拜耳法生产氧化铝的重要参数包括矿石硫含量、溶出温度、苛性碱浓度、溶出时间、石灰添加量等，本节研究其对氧化铝及硫的溶出率的影响规律。

4.3.1   矿石硫含量

铁的硫化物容易与碱液反应，其反应能力顺序为陨硫铁矿>胶黄铁矿>磁黄铁矿>白铁矿>黄铁矿。为研究高硫铝土矿中硫含量对硫溶出特性的影响，选取和配制了硫含量为1.128%～1.860%的铝土矿矿样进行溶出研究，不同硫含量铝土矿中铝和硫的溶出率如图4-11所示。

由图4-11可以看出，维持氧化铝的溶出率在95%左右时，随着矿石中硫含量增大，硫的溶出率增大，当矿石中硫含量从1.128%增大到1.86%时，硫的溶出率从 28.32%增大到 64.41%。因此，在工业生产中对高硫铝土矿进行配矿时，应控制硫含量不超过 1%，以减少拜耳流程的脱硫负担。

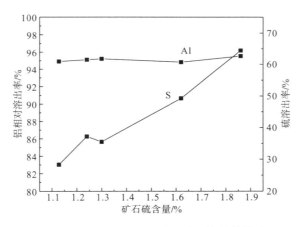

图 4-11 矿石硫含量对矿石溶出性能的影响

4.3.2 溶出温度

选取贵州地区某高硫铝土矿为研究对象，溶出条件：苛性碱浓度为 210g/L，石灰添加量为 6%，溶出时间为 60min，溶出温度为 240℃、250℃、260℃、270℃、280℃。氧化铝及硫的溶出数据如图 4-12 所示。

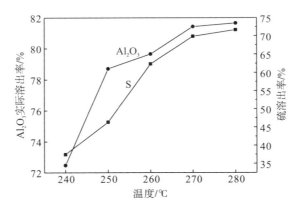

图 4-12 温度对 Al_2O_3 和硫溶出率的影响

由图 4-12 可以看出，溶出温度由 240℃上升到 280℃时，氧化铝的实际溶出率和硫的溶出率均随溶出温度的升高而增大，氧化铝的实际溶出率由 72.47%增大到 81.65%，硫的溶出率由 37.48%增大到 71.66%。对比 240℃时的溶出率，发现硫的溶出率的增速比氧化铝的溶出率大，即表明升高温度，硫的溶出率增大较快，印证了前文所述由于硫溶出表观活化能大于氧化铝的溶出表观活化能，升温对硫溶出率的提升更显著。综合考虑，为了避免硫过多地进入溶液，将硫的溶出率控制在 30%左右，溶出温度不宜超过 240℃。

对不同温度条件下溶出液中硫的赋存形态及各形态的含量进行研究，结果如图 4-13 所示。可以看出，溶出液中硫离子的形态有 S^{2-}、$S_2O_3^{2-}$、SO_3^{2-}、SO_4^{2-} 等，硫元素主要以 S^{2-} 的形式进入铝酸钠溶液，占全部硫含量（S_T）的 75%以上，其余硫的形态有 $S_2O_3^{2-}$、SO_3^{2-} 及 SO_4^{2-}。随着反应温度升高，铝酸钠溶液中 S^{2-} 和 $S_2O_3^{2-}$ 形态的百分含量增加，其他价态硫的含量相对减少，表明升高温度可以促进溶液中的硫离子向 S^{2-} 和 $S_2O_3^{2-}$ 转化。

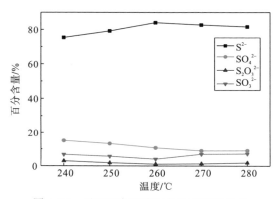

图 4-13　不同温度下硫的各价态溶出含量

4.3.3　苛性碱浓度

选用与 4.3.2 节相同的高硫铝土矿为研究对象，在溶出温度为 240℃，石灰添加量为 3%，溶出时间为 60min 的条件下，研究苛性碱浓度为 210~270g/L 时对氧化铝和硫溶出性能的影响，实验结果图 4-14 所示。

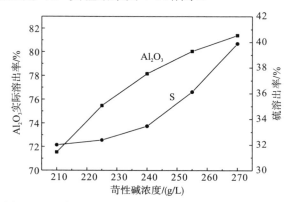

图 4-14　苛性碱浓度对矿样 Al_2O_3 及硫溶出性能的影响

　　由图 4-14 可知，苛性碱浓度由 210g/L 增大到 270g/L，氧化铝的实际溶出率从 71.53%增大到 81.22%，硫的溶出率从 31.37%增大到 39.89%；随着苛性碱浓度不断增大，氧化铝的实际溶出率不断升高，同时硫的溶出率也在不断增大。以苛性碱浓度为 210g/L 时的溶出率为对比对象，发现随着苛性碱浓度增大，氧化铝的溶出率有较为明显的提升，而硫的溶出率增长较为缓慢。进一步证明采用"低温高碱"的溶出工艺，可达到促进氧化铝的溶出和抑制硫的溶出的目的。为了保障较高氧化铝溶出率，控制硫溶出，苛性碱浓度取 255g/L 为宜，氧化铝的实际溶出率为 80.06%，硫溶出率为 36.12%。图 4-15 为不同苛性碱浓度时铝酸钠溶液体中各形态硫的含量。

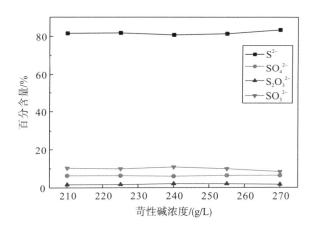

图 4-15　240℃下不同苛性碱浓度条件下硫的各价态溶出含量

　　由图 4-15 可以发现，高硫铝土矿在溶出过程中，铝酸钠溶液中硫离子的形态有 S^{2-}、$S_2O_3^{2-}$、SO_3^{2-}、SO_4^{2-} 等，S^{2-} 约占 80%以上，其余硫形态为 $S_2O_3^{2-}$、SO_3^{2-}、SO_4^{2-}，含量较少。

　　另外，以相同高硫铝土矿为研究对象，研究了在较高溶出温度条件下（280℃）苛性碱浓度对硫溶出性能的影响，石灰添加量为 6%，溶出时间为 60min，苛性碱浓度为 210～270g/L。氧化铝和硫的溶出率如图 4-16 所示。

　　由图 4-16 可知，苛性碱浓度由 210g/L 增大到 270g/L，氧化铝的实际溶出率从 83.96%增大到 86.77%，硫的溶出率从 65.66%增大到 81.66%。在高温溶出条件下，随着碱浓度的增大氧化铝溶出率增大较为缓慢，而硫的溶出率增大较快，与 240℃溶出时差异较大。由于硫溶出活化能远大于氧化铝溶出活化能，高温条件有利于硫的溶出反应，进一步证明采用高硫铝土矿的溶出工艺需要选取较低的溶出温度。

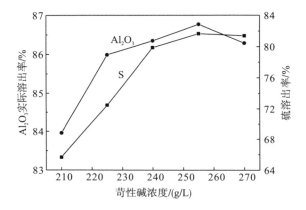

图 4-16   苟性碱浓度对 Al$_2$O$_3$ 和硫溶出率的影响

图 4-17 为在 280℃下不同苟性碱浓度条件下铝酸钠溶液中各形态硫的分布特征，铝酸钠溶液中的硫元素仍以 S^{2-} 为主，约占全硫的 80%以上，且发现随苟性碱浓度增大，各价态硫的含量变化较小。

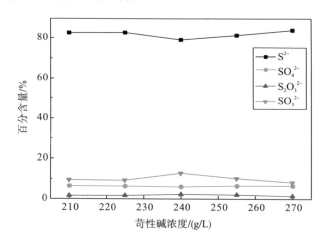

图 4-17   280℃下不同苟性碱浓度条件下硫的各价态溶出含量

4.3.4   石灰添加量

以相同高硫铝土矿为研究对象，溶出温度为 240℃，苟性碱浓度为 210g/L，溶出时间为 60min，分别研究石灰添加量为 0、1%、2%、3%、6%、9%时对氧化铝和硫的溶出性能的影响，结果如图 4-18 所示。随石灰添加量的增大，氧化铝的溶出率呈先增大后减小的趋势，而硫的溶出率则先减小后增大。在石灰添加量为 0~3%时，随着石灰添加量的增大，Al$_2$O$_3$ 的实际溶出率由 67.28%增大到 75.07%，后又降为 72.50%，硫的溶出率由 37.04%减小到 31.48%；当石灰添加量继续增大，由 3%增大到 9%时，氧化铝的实际溶出率由 72.50%减小到 69.33%，而硫的溶出率由 31.48%增大到 39.04%。在溶出过程中，加入的石灰与矿中的 TiO_2 反应生成结晶状的 $CaTiO_3$ 和羟基钛酸钙，最后进入赤泥，增加 Al_2O_3 的溶出率。当石灰添加量过大时，多余的石灰会与含硅矿物和铝酸钠发生反应，生成化合物水合铝酸钙（$3CaO \cdot Al_2O_3 \cdot$

$6H_2O$）和水化石榴石或含钛水化石榴石，降低了 Al_2O_3 的实际溶出率。

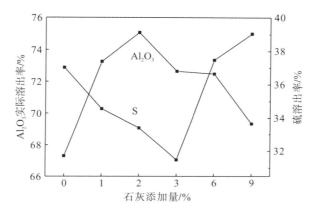

图 4-18　石灰添加量对 Al_2O_3 和硫溶出率的影响

　　另外，随着石灰量的逐渐增加，溶出液中的硫容易与 CaO 发生反应，生成硫酸钙霞石和中间产物水合硫铝酸钙或其他硫酸盐随赤泥排出，导致铝酸钠溶液中硫含量的降低；添加石灰过量后，更多的矿物溶出使得硫从矿石的溶出加快，且硫酸钙霞石又转化生成水化石榴石，硫再次进入溶液，导致溶液中硫的含量升高。综合考虑，石灰添加量取 3%为宜。

　　图 4-19 为不同石灰添加量下铝酸钠溶液中硫各形态的含量。可以看出，铝酸钠中 S^{2-} 约占全部硫含量的 70%以上。与不同苛性碱浓度和温度条件下溶液中硫的各价态含量相比较，可以发现铝酸钠溶液中 S^{2-} 形态的含量相对降低，SO_4^{2-} 形态的含量有所增加，可能是过量的石灰提升了矿石的溶出性能，同时也促进了硫的各价态向 SO_4^{2-} 形态转化。并且当石灰添加量为 3%时，图中出现明显折点，S^{2-} 的含量先降低再升高，SO_4^{2-} 的含量先升高再降低。随着石灰添加量不断增加，铝酸钠溶液中硫的各价态含量变化较小。

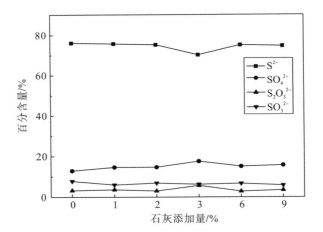

图 4-19   不同石灰添加量下硫的各价态溶出含量

4.3.5   溶出时间

以相同高硫铝土矿为研究对象，溶出温度为 240℃，石灰添加量为 3%，苛性碱浓度为 210g/L，研究不同溶出时间（20～60min）对溶出率的影响，结果如图 4-20 所示。随着溶出时间的延长，氧化铝和硫的溶出率快速升高，最后趋于平稳，氧化铝的实际溶出率由 46.18% 上升到 71.53%，硫的溶出率由 20.34% 上升到 31.98%，当反应 60min 后，氧化铝溶出率基本不变，说明高硫铝土矿中氧化铝的溶出反应较快。溶出 60min 后，氧化铝的溶出效果较佳，随溶出时间的进一步延长，其实际溶出率增加较小，而硫的溶出率仍有一定增加。综合考虑成本因素和控制硫溶出率，获得较高 Al_2O_3 溶出率为较佳工艺条件，选择溶出时间为 60min 较佳。

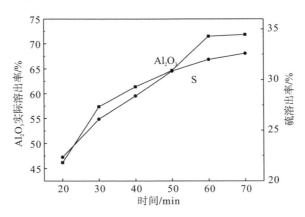

图 4-20   时间对 Al_2O_3 和硫溶出率的影响

不同溶出时间铝酸钠溶液中硫的各价态含量分布如图 4-21 所示。可以看出，不同时间条件下硫仍然主要以 S^{2-} 的形式进入溶液，约占全部硫含量的 85%以上，且随着反应时间的延长，铝酸钠溶液中硫的各价态含量变化较小。

综上，以贵州地区某高硫铝土矿为原料，分别考察溶出条件(苛性碱浓度、温度、石灰添加量、时间)对氧化铝和硫溶出性能的影响，研究获得最佳溶出条件如下：苛性碱浓度为 255g/L，溶出温度为 240℃，石灰添加量为 3%，溶出时间为 60min。在该条件下，硫的溶出率为 36.12%，Al_2O_3 的实际溶出率为 80.06%。

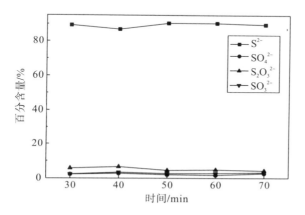

图 4-21　不同时间条件下硫的各价态溶出含量

4.3.6　赤泥物相分析

为了进一步研究溶出过程，对不同石灰添加量、苛性碱浓度(N_R)、温度条件下的赤泥进行 XRD 分析，结果如图 4-22 所示。

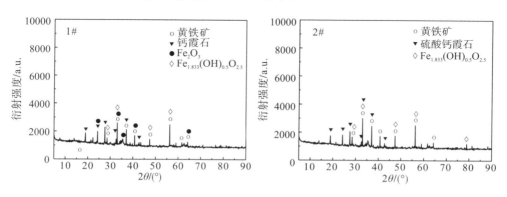

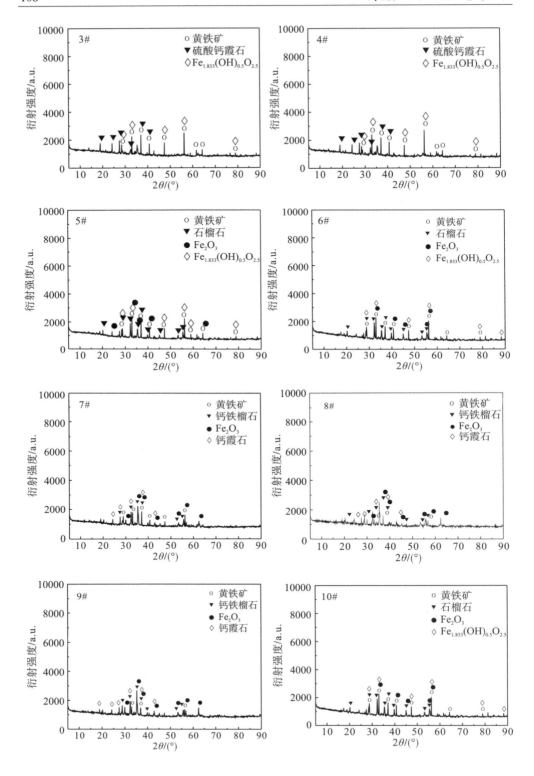

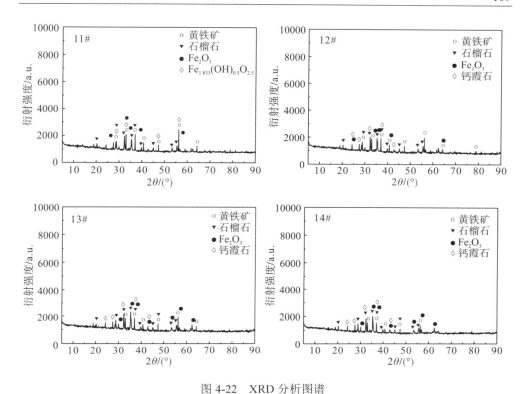

图 4-22　XRD 分析图谱

1#：石灰添加量为 0；2#：石灰添加量为 1%；3#：石灰添加量为 2%；4#：石灰添加量为 3%；5#：石灰添加量为 6%；6#：石灰添加量为 9%；7#：N_k=210g/L；8#：N_k=240g/L；9#：N_k=270g/L；10#：T=240℃；11#：T=250℃；12#：T=260℃；13#：T=270℃；14#：T=280℃

　　未添加石灰时，赤泥中主要成分为钙霞石和氧化铁；在石灰添加量为 1%、2%和 3%时，赤泥的主要成分为硫酸钙霞石和氧化铁；在石灰添加量为 6%和 9%时，赤泥的主要成分为水化石榴石和氧化铁。由此可知，随着石灰的添加，高硫铝土矿在溶出过程中生成硫酸钙霞石和氧化铁，矿石中的硫主要与 CaO 生成硫酸钙霞石进入赤泥，溶液中硫含量降低；当添加过量 CaO 时，如添加量为 6%和 9%，反应生成的硫酸钙霞石转化生成水化石榴石，硫再次进入溶液中，导致溶液中硫含量增加。对比不同溶出温度和苛性碱浓度条件下的赤泥的 XRD 图谱，可以发现随温度和碱浓度升高，赤泥产物中 FeS$_2$ 衍射峰强度逐渐减弱，铁的氧化物衍射峰强度逐渐增强，有钙霞石、硫酸钙霞石和水化石榴石等物质的衍射峰出现，表明铁元素主要以氧化铁和钙铁榴石等形式进入赤泥，硫元素随硫酸钙霞石等进入渣相。

　　通过以上分析，所研究的高硫铝土矿在高压溶出过程中，即便在开始阶段，铝酸钠溶液中硫的主要存在形态为 S^{2-}，约占全硫含量(S_T)的 70%以上，还有少量的 $S_2O_3^{2-}$、SO_3^{2-}、S_2^{2-} 和 SO_4^{2-}。除硫化钠和硫酸钠外，铝酸钠溶液中还积累了较多的硫代硫酸钠、亚硫酸钠和少量的二硫化物等物质；铁转化为氧化铁和钙铁榴石等形式进入赤泥。

结合上述研究结果，随着溶出温度升高，硫溶出率大幅度增加，在 280℃时，硫溶出率在短时间内便达 70%以上，而且铝酸钠溶液中 S^{2-} 形态硫的含量也随温度的升高而增加，随着温度的增加，硫的溶出率增长速率明显高于氧化铝溶出率增长速率，为控制硫的溶出，应选取较为适宜的低溶出温度。通过对比 240℃和 280℃条件下高硫铝土矿中氧化铝和硫的溶出速率随碱浓度的变化规律可以发现，较低的溶出温度下随着苛性碱浓度的增加，氧化铝的溶出率增长速率明显高于硫的溶出率增长速率；而高温条件下，规律相反。结合前文所述的动力学计算结果，实验研究结果论证了采用"低温高碱"的溶出工艺有利于提升氧化铝的溶出率和抑制硫的溶出。

在溶出过程中，随着反应时间的延长，高硫铝土矿溶出更加彻底，矿石中硫和氧化铝的溶出率逐渐上升，最后趋于平缓；而随着石灰添加量的增加硫的溶出率呈现先降低再升高的趋势，氧化铝的溶出率呈现先升高再降低的趋势，即在石灰添加量为 3%时，硫的溶出率最小，铝的溶出率较大；分析发现，矿石中的硫主要与 CaO 生成硫酸钙霞石进入赤泥，CaO 过量时，反应生成的硫酸钙霞石转化生成水化石榴石，硫再次进入溶液中，导致硫的含量增加。而矿石中的铁主要转化为氧化铁和钙铁榴石等形式进入渣相。

4.4 高硫铝土矿溶出工艺条件优化

基于前文的理论研究和溶出过程影响因素研究得出的"低温高碱"的高硫铝土矿溶出工艺，配制不同硫含量的高硫铝土矿，开展溶出条件对氧化铝和硫溶出率影响的规律研究，通过数值拟合得出氧化铝和硫溶出率的数学模型，根据该模型优化溶出条件，并通过溶出实验进行验证。

4.4.1 回归模型的建立及预测

对某两种不同硫含量的铝土矿，分别按照 40∶60 的配比进行混矿并分析，编号分别为 $S_{混1}$–A/S6.0 和 $S_{混2}$–A/S6.0，化学成分分析和物相分析结果见表 4-5 和表 4-6。不同混矿条件下样品 A/S 和 S_T 均有所差异。物相组成结果显示含硅矿物主要以高岭石、鲕绿泥石和石英 3 种形态存在，含钛矿物主要为锐钛矿。

表 4-5 混合矿样的化学成分分析

矿样	Al_2O_3/%	Fe_2O_3/%	SiO_2/%	TiO_2/%	CaO/%	MgO/%	Na_2O/%	K_2O/%	灼减/%	A/S	S_T/%
$S_{混1}$–A/S6.0	62.19	5.85	10.1	2.81	0.79	1.18	0.09	0.17	14.58	6.16	1.128
$S_{混2}$–A/S6.0	60.11	7.58	10.25	2.91	1.06	1.33	0.07	0.17	14.36	5.86	1.47

表 4-6 混合矿样的相半定量分析结果

矿样	物相											
	一水硬铝石/%	一水软铝石/%	伊利石/%	方解石/%	高岭石/%	鲕绿泥石/%	锐钛矿/%	金红石/%	黄铁矿/%	白云石/%	石英/%	镁硬绿泥石/%
$S_{混1}$–A/S6.0	63	6	—	<1	5	6	4	<0.5	2.5	微量	4.5	<2
$S_{混2}$–A/S6.0	64	6	<2	5	7	4	<0.5	3	微量	4.5	<2	—

对 $S_{混1}$–A/S6.0 和 $S_{混2}$–A/S6.0 两个样品进行溶出正交实验，考察溶出温度、苛性碱浓度（N_k）、石灰用量和反应时间等条件对 Al_2O_3 和硫溶出率的影响，结果见表 4-7。

表 4-7 溶出条件对 Al_2O_3 和硫溶出率的影响

样品	序号	温度/℃	N_k/(g/L)	石灰用量/%	时间/min	$\eta_{Al实}$/%	$\eta_{Al相}$/%	$\eta_{S溶}$/%
		A	B	C	D			
$S_{混1}$–A/S6.0	1	240	195	6	50	71.45	85.48	12.21
	2	240	215	11	70	72.15	86.31	10.5
	3	240	235	16	90	73.73	88.21	11.16
	4	260	235	11	50	77.85	93.13	19.69
	5	260	195	16	70	77.41	92.61	28.15
	6	260	215	6	90	79.66	95.3	19.74
	7	280	215	16	50	77.90	93.2	33.29
	8	280	235	6	70	79.51	95.12	25.41
	9	280	195	11	90	76.77	91.84	40.43
	均值 1	86.67	89.98	91.97	90.60		Al_2O_3 相对溶出率极差分析	
	均值 2	93.68	91.60	90.43	91.35			
	均值 3	93.39	92.15	91.34	91.78			
	极差	7.01	2.18	1.54	1.18			

样品	序号	温度/℃	N_k/(g/L)	石灰用量/%	时间/min	$\eta_{Al实}$/%	$\eta_{Al相}$/%	$\eta_{S溶}$/%
		A	B	C	D			
$S_{焙1}-$ A/S6.0	均值1	11.29	26.93	19.12	21.73			
	均值2	22.53	21.18	23.54	21.35	硫溶出率 极差分析		
	均值3	33.04	18.75	24.20	23.78			
	极差	21.75	8.18	5.08	2.42			
$S_{焙2}-$ A/S6.0	1	240	195	6	50	70.08	84.38	15.43
	2	240	215	11	70	70.39	84.76	13.89
	3	240	235	16	90	71.60	86.21	13.66
	4	260	235	11	50	77.70	93.56	25.34
	5	260	195	16	70	77.35	93.14	36.85
	6	260	215	6	90	79.00	95.13	29.98
	7	280	215	16	50	76.67	92.32	51.1
	8	280	235	6	70	78.77	94.85	41.05
	9	280	195	11	90	76.75	92.42	53.76
	均值1	85.12	89.98	91.45	90.09			
	均值2	93.94	90.74	90.25	90.92	Al_2O_3 相对溶出率 极差分析		
	均值3	93.20	91.54	90.56	91.25			
	极差	8.83	1.56	1.21	1.17			
	均值1	14.33	35.35	28.82	30.62			
	均值2	30.72	31.66	31.00	30.60	硫溶出率 极差分析		
	均值3	48.64	26.68	33.87	32.47			
	极差	34.31	8.66	5.05	1.87			

由表 4-7 可知,影响 Al_2O_3 和硫溶出率的主次顺序均是溶出温度>苛性碱浓度>石灰用量>反应时间。溶出温度升高,可提高 Al_2O_3 的相对溶出率,但也会大幅提高硫的溶出率。实际生产过程中,需保证在 Al_2O_3 溶出率满足要求的同时,尽可能降低硫的溶出率。根据上述结果,在保证较高 Al_2O_3 溶出率的同时,提高苛性碱浓度,对硫溶出率的影响并不显著,如在 260℃时,苛性碱浓度从 195g/L 增大到 235g/L,Al_2O_3 相对溶出率在 92%~96%范围内波动,而硫溶出率可控制在 30%以下。针对以上实验获得最高 Al_2O_3 溶出率及最低硫溶出率的优化条件列于表 4-8 中。

表 4-8　Al₂O₃ 溶出率最高和硫溶出率最低的优化条件

矿样	最优条件	温度/℃	N_k/(g/L)	石灰用量/%	时间/min
S_{混 1}–A/S6.0	Al₂O₃ 相对溶出率最高	260	235	6	90
	硫溶出率最低	240	235	6	70
S_{混 1}–A/S6.0	Al₂O₃ 相对溶出率最高	260	235	6	90
	硫溶出率最低	240	235	6	70

由表 4-8 可以看出，在实验设定的温度 240～280℃，苛性碱浓度 195～235g/L 范围内，获得 Al₂O₃ 相对溶出率最高、硫溶出率最低的较优苛性碱浓度均是高碱浓度 235g/L，而对应温度却有所不同，Al₂O₃ 的溶出最优温度为 260℃，而硫溶出率最低时温度为 240℃，存在一定矛盾性。为验证是否可以在其他条件不变的情况下，适当提高苛性碱浓度、降低溶出温度而仍能获得高的 Al₂O₃ 溶出率和低的硫溶出率，根据以上正交实验进行正交回归计算，得到以下 4 个回归方程：

$$\eta_{Al相1}=-634.59-0.0091A^2+4.9A+0.0295B+0.049C^2-1.14C-0.00134D^2+0.63D \quad (4\text{-}9)$$

$$\eta_{S溶1}=115.17+0.544A+0.035B^2-0.439B-0.075C^2+2.158C-0.00416D^2-1.993D \quad (4\text{-}10)$$

$$\eta_{Al相2}=-776.06-0.012A^2+6.442A+0.029B+0.03C^2-0.75C+0.039D \quad (4\text{-}11)$$

$$\eta_{S溶2}=-87.745+0.00189A^2-1.25A+0.00237B^2-0.286B+0.0139C^2+0.99C-0.0016D^2+0.471D$$
$$(4\text{-}12)$$

式中，$\eta_{Al\,相1}$、$\eta_{Al\,相2}$——S_{混 1}–A/S6.0 和 S_{混 2}–A/S6.0 样品 Al₂O₂ 相对溶出率，%；

　　　　η_{S1}、η_{S2}——S_{混 1}–A/S6.0 和 S_{混 2}–A/S6.0 样品硫溶出率，%；

　　　　A——温度，℃；

　　　　B——时间，min；

　　　　C——石灰用量，%；

　　　　D——苛性碱浓度，g/L。

4 个回归方程的拟合相关系数分别为 0.9998、0.9999、0.9999 和 0.9999。

根据以上 4 个拟合方程，设定各因素值进行计算，获得各因素对氧化铝溶出率和硫溶出率的影响规律，结果如图 4-23 和图 4-24 所示。

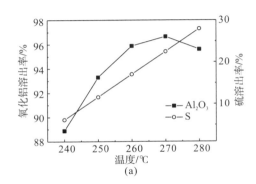

(a)

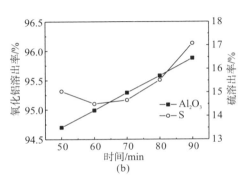

(b)

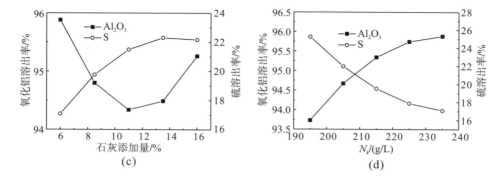

图 4-23　$S_{矿1}$–A/S6.0 溶出条件对 Al_2O_3 及硫溶出性能的影响

（a）溶出温度的影响（时间为 90min，石灰添加量为 6%，N_k=235g/L）；（b）溶出时间的影响（温度为 260℃，石灰添加量为 6%，N_k=235g/L）；（c）石灰添加量的影响（温度为 260℃，时间为 90min，N_k=235g/L）；（d）苛性碱浓度的影响（温度为 260℃，石灰添加量为 6%，时间为 90min）

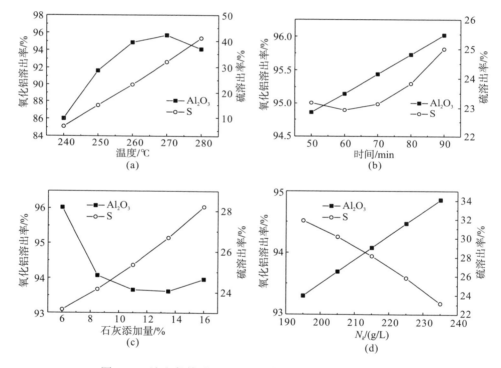

图 4-24　溶出条件对 $S_{矿2}$–A/S6.0 氧化铝和硫溶出率的影响

（a）温度的影响（时间为 90min，石灰添加量为 6%，N_k=235g/L）；（b）时间的影响（温度为 260℃，石灰添加量为 6%，N_k=235g/L）；（c）石灰添加量的影响（温度为 260℃，时间为 90min，N_k=235g/L）；（d）苛性碱的影响（温度为 260℃，石灰添加量为 6%，时间为 90min）

　　由图 4-23 和图 4-24 可以看出，随着温度升高，氧化铝的溶出率呈现抛物线变化趋势，在 270℃左右时最大，但硫的溶出率随着温度升高而持续增大。随着苛性碱浓度增加氧化铝的溶出率逐渐增大，硫的溶出率逐渐减小。随着石灰添加量增加，氧化铝溶出率呈急剧减小后逐渐升高趋势，而硫的溶出率逐渐增大，因此，石灰添加量为 6%即可获得较高的氧化铝溶出率和较低硫的溶出率。随着时间的增加，铝的溶出率逐渐增大，硫的溶出率先平缓后增大。

4.4.2　优化条件试验验证

综合氧化铝和硫溶出率两个指标考虑，为了获得较高的氧化铝溶出率，确保硫的溶出率在 30%以下，在以上回归方程计算的基础上，选取优化条件并在此条件下进行验证，将计算结果与实验结果比较，结果见表 4-9。可以看出，采用模型计算的结果与实验结果基本吻合，说明针对所研究的两个样品，回归方程的建立和优化条件的选择较为合理。因此，从工业应用角度考虑，针对该矿样适当降低溶出温度，提高苛性碱浓度，可以获得较高的氧化铝溶出率和低的硫溶出率。

表 4-9　优化条件下计算结果与试验结果比较

样品	优化条件				计算结果		实验结果	
	温度/℃	N_k/(g/L)	石灰用量/%	时间/min	$\eta_{Al相}$/%	$\eta_{S溶}$/%	$\eta_{Al相}$/%	$\eta_{S溶}$/%
$S_{铝1}$-A/S6.0	270	235	6	70	96.65	22.52	95.84	20.3
$S_{铝2}$-A/S6.0	270	235	6	70	96.02	25.00	95.53	26.7
$S_{铝1}$-A/S6.0	260	245	6	70	95.16	14.66	95.54	15.4
$S_{铝2}$-A/S6.0	260	245	6	70	95.83	20.16	95.77	23.40

通过对高硫铝土矿中氧化铝和硫溶出机理的研究及溶出工艺优化模型的建立和验证，发现对硫和铝溶出率影响程度大小的顺序为温度>苛性碱浓度>石灰添加量>时间，随着温度和溶出时间增加，氧化铝和硫的溶出率增大；随着石灰添加量的增加，氧化铝溶出率有所减小，而硫的溶出率明显增大；苛性碱浓度增大，氧化铝溶出率增大，而硫的溶出率减小，但当碱浓度大于 245g/L 后，对硫溶出率的影响逐渐变小。母液中碱浓度增大，硫溶出率呈现下抛物线趋势；由于不同地区的高硫铝土矿的差异性和复杂性，可能会导致不同地区矿物的实验结果存在一定差距。但上述研究的总体趋势如下：随着矿石硫含量的增加，硫溶出率均增大；对于硫含量为 1.128%左右的矿石，碱浓度为 245g/L 时，温度为 245℃等条件下，硫的溶出率可控制在 30%以下，且氧化铝相对溶出率为 92%～93%。"低温高碱"溶出工艺，可在保证氧化铝溶出率的条件下，通过适当降低溶出温度、提高母液碱浓度的方法抑制硫的溶出。

4.5 高硫铝土矿溶出过程强化脱硫

从溶出因素影响和优化溶出工艺研究发现，当铝土矿中硫含量超过一定量后，即便优化溶出条件也无法实现较低的硫溶出率。因此为降低进入铝酸钠溶液的硫含量，开展了硫溶出过程的强化脱硫研究，即在优化后的溶出工艺条件下通过添加脱硫剂进行强化脱硫。

4.5.1 实验原料

实验所采用的高硫铝土矿取自贵州遵义地区的 1#～4#矿样，原矿粒度较大，多数呈不规则的块状，其主要化学成分见表 4-10。

表 4-10 高硫铝土矿的化学成分

原矿	Al_2O_3/%	SiO_2/%	Fe_2O_3/%	TiO_2/%	S/%	A/S
1#	75.52	2.92	1.95	3.41	0.02	25.85
2#	63.52	4.79	8.73	3.25	0.93	13.26
3#	68.25	4.36	5.56	3.81	2.01	15.67
4#	55.00	20.06	3.19	2.42	0.96	2.74

可见不同铝土矿 A/S 与硫含量各有差异，将 1#～4#矿磨矿后进行配矿，配矿后主要化学成分见表 4-11。

表 4-11 配矿后矿样的主要化学成分

配矿	Al_2O_3/%	SiO_2/%	Fe_2O_3/%	TiO_2/%	S/%	A/S
1#	64.67	8.798	4.790	3.080	0.6867	7.350
2#	66.21	9.034	3.590	3.171	0.9614	7.329
3#	66.08	8.985	4.330	3.380	1.0987	7.354
4#	65.35	8.874	4.790	3.314	1.373	7.364
5#	64.25	8.703	5.321	3.313	1.511	7.383

由表 4-11 可知，配矿后得到的 1#～5#矿样的 A/S 均在 7.3 左右；硫含量均大于 0.7%，且氧化铝含量均达到 65%左右，属于高硫高品位铝土矿。为进一步分析配矿物相结构，对高硫铝土矿进行物相 XRD 分析，分析结果如图 4-25 所示。

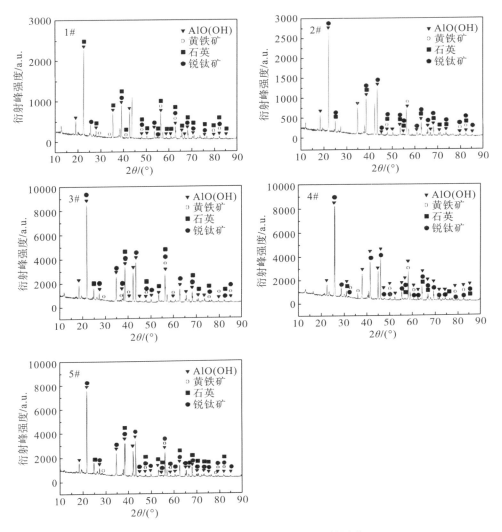

图 4-25　所配 1#～5#高硫矿的 X 衍射图谱

由图 4-25 可知，5 种高硫铝土矿物相结构相似，主要含铝矿物为一水硬铝石，部分微量铝元素赋存于高岭石等铝硅酸盐矿物中，硫主要以黄铁矿的形式存在；硅主要以石英的形态存在，少量以高岭石的形态存在；矿石中钛主要以锐钛矿的形态存在。

4.5.2　添加氧化锌强化脱硫

1. 氧化锌湿法脱硫原理

通过添加氧化锌，使 Zn^{2+} 与铝酸钠溶液中的 S^{2-} 反应生成 ZnS 沉淀，该工艺简单，脱硫效果好。在优化溶出条件下，添加一定量的氧化锌与不同硫含量铝土矿进行高压溶出，通过分析氧化铝的相对溶出率、硫溶出率，以及对比溶出前后铝酸钠溶液中不同价态硫的含量变化来分析添加氧化锌对硫溶出行为的影响。

假定矿石中所含硫在溶出过程中全部溶出且都以 S^{2-} 的形式溶出。添加氧化锌后发生反应 $Zn^{2+}+S^{2-}\longrightarrow ZnS\downarrow$ 所消耗的氧化锌的量为 100%。

氧化锌在优化溶出的反应过程中释放出碱，有利于氧化铝的溶出。其反应式如下：

$$8FeS_2+30NaOH\!=\!\!=\!\!4Fe_2O_3+14Na_2S+Na_2S_2O_3+15H_2O \tag{4-13}$$

$$ZnO+Na_2S+H_2O\!=\!\!=\!\!ZnS\downarrow+2NaOH \tag{4-14}$$

2. 氧化锌添加量对溶出率的影响

以 3#矿样为研究对象，在碱浓度为 255g/L，溶出温度为 250℃，溶出时间为 70min，石灰添加量为 6%的条件下，分别添加不同量的氧化锌进行高压溶出，溶出结果如图 4-26 所示。

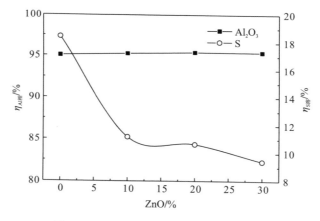

图 4-26   氧化锌添加量对溶出效果的影响

对不同氧化锌添加量溶出后的铝酸钠溶液进行分析，分析铝酸钠溶液中 S^{2-} 和 SO_4^{2-} 的含量，结果见表 4-12。

表 4-12   溶出铝酸钠溶液中各价态硫的含量

氧化锌添加量/%	全硫含量/(g/L)	S^{2-}/(g/L)	高价硫含量/(g/L)
0	4.63	2.1	1.2
10	3.36	1.1	1.1
20	2.87	0.6	1
30	2.53	0	1

由图 4-26 和表 4-12 可知，加入氧化锌后，氧化铝的溶出率基本不变，硫的溶出率不断降低。当氧化锌添加量为 10%时，氧化铝的相对溶出率为 95.28%，硫的溶出率为 11.15%，氧化锌添加量增至 30%时，溶出液中未检测到负二价硫，且高价硫含量基本保持不变，可认为氧化锌将溶液中的负二价硫全部脱除，验证了溶出过程中添加氧化锌可去除负二价硫的结论。为进一步证实结果，对比了未添加氧化锌溶出的赤泥和添加 30%氧化锌的赤泥的 XRD 结果，如图 4-27 所示。

由图 4-27 可知，添加氧化锌后的物相图中出现了 ZnS 的特征峰，图中还出现了 ZnO 的特征峰，表明氧化锌已过量。对比两个衍射图谱可知添加氧化锌后的赤泥除出现 ZnS 和 ZnO 的特征峰外，其余特征峰均与未添加氧化锌的特征峰相同，表明加入的氧化锌仅与溶出的负二价硫反应生成 ZnS 沉淀从而达到脱硫的目的。

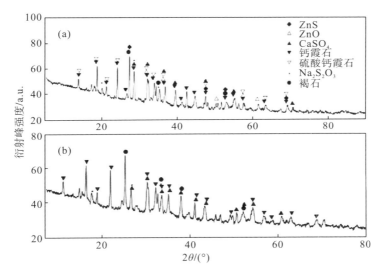

图 4-27　添加氧化锌溶出赤泥 X 射线衍射分析图

(a)添加 30%氧化锌；(b)未添加氧化锌

3. 矿石硫含量对氧化锌溶出过程脱硫效果的影响

在氧化锌添加量为 10%，碱浓度为 255g/L，溶出温度为 250℃，溶出时间为 70min，石灰添加量为 6%的条件下分别对不同硫含量的矿样进行高压溶出，溶出结果如图 4-28 所示。

当矿样硫含量为 1.0987%时，氧化铝的相对溶出率为 95.28%，硫溶出率为 11.15%；当矿样硫含量升到 1.511%时，氧化铝相对溶出率为 95.68%，硫溶出率升至 29.66%。可见，不同硫含量矿样在添加氧化锌后其氧化铝溶出率变化不大，硫溶出率随着矿样硫含量的增加不断提高。

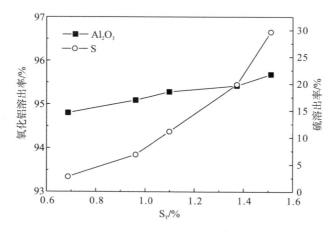

图 4-28　不同硫含量矿样溶出结果

对 5#矿样，在碱浓度为 255g/L，溶出温度为 250℃，溶出时间为 70min，石灰添加量为 6%的条件下分别添加不同量的氧化锌进行高压溶出，溶出结果如图 4-29 所示。

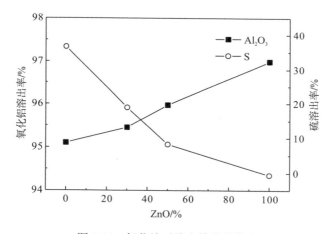

图 4-29　氧化锌对溶出效果的影响

对溶出液中各价态硫含量进行分析，结果见表 4-13。未添加氧化锌时，硫的溶出率为 36.72%，氧化铝溶出率为 95.1%。随着氧化锌的加入，氧化铝溶出率略有升高，硫溶出率逐渐降低。当氧化锌添加量为 50%时，硫溶出率会降低至 10%以内，当氧化锌添加量为 100%时，硫溶出率出现负值，为-0.58%，可能是过量氧化锌把原母液中负二价硫脱除，造成溶出后的铝酸钠溶液中硫含量较溶出前低，并且溶出液中未检测到负二价硫，表明溶液中的负二价硫已被氧化锌全部脱除。

表 4-13 溶出液中各价态硫含量

氧化锌添加量/%	全硫含量/(g/L)	S^{2-}/(g/L)	高价硫含量/(g/L)
0	4.48	2.1	1.4
30	3.60	1.1	1.7
50	2.79	0.5	1.6
100	2.33	0	1.2

氧化锌添加量超过 10%会显著提高氧化铝的生产成本，通过上述研究发现，在添加氧化锌的情况下，硫溶出率如果高于 11%则脱除效果不佳。因此，在优化溶出条件下，添加 10%理论量氧化锌适合处理硫含量在 1.0987%以下的高硫铝土矿。

4.5.3 添加复合脱硫剂强化脱硫

氧化锌作为一种成本较高的添加剂，在高压溶出过程中会与铝酸钠溶液中主要存在的负二价硫离子发生反应以达到脱硫的目的，前述研究发现氧化锌的添加量对脱硫影响较大。另外，由于铝酸钡在高压溶出过程中溶解度较小，其不断溶解过程中与铝酸钠溶液中的碳酸根离子和硫酸根离子发生反应可达到脱碳脱硫的目的。在优化溶出过程中按照一定百分比含量的氧化锌和铝酸钡形成复合添加剂，考察矿石硫含量对溶出的影响，然后选定一种适宜硫含量的高硫铝土矿，添加不同量的复合添加剂进行高压溶出，可通过控制变量法找到一种合适的复合脱硫添加量。

1. 矿石硫含量对脱硫的影响

添加 100%理论量的铝酸钡和 10%理论量的氧化锌混合研磨备用，在碱浓度为 255g/L，溶出温度为 250℃，溶出时间为 70min，石灰添加量为 6%的优化溶出工艺条件下，考察矿石硫含量对溶出的影响，结果如图 4-30 所示。

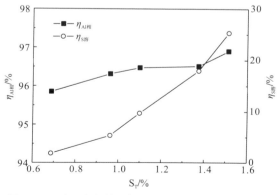

图 4-30 不同硫含量矿样添加复合添加剂脱硫效果

由图 4-30 可知，在优化溶出过程中，添加复合脱硫剂，随着高硫铝土矿硫含量从 0.6867% 提高到 1.511%，氧化铝相对溶出率从 95.85% 提高到 96.90%，而硫的溶出率从 1.86% 升高至 25.31%。若控制矿石硫含量在 1.0987% 以下，则硫溶出率可以控制到 10% 以下。究其原因是矿石中的硫含量越大，在溶出过程中虽然部分硫会与添加剂反应进入赤泥，但进入溶液中的硫含量也会增大。

对溶出后的铝酸钠溶液分析其中 S^{2-}、$S_2O_3^{2-}$、SO_3^{2-} 和 SO_4^{2-} 的含量，结果见表 4-14。

表 4-14   铝酸钠溶液中各种形态硫的含量（%）

编号	S^{2-}	$S_2O_3^{2-}$	SO_3^{2-}	SO_4^{2-}	S_T
1#	90.27	4.89	2.52	2.32	100
2#	89.41	5.77	2.52	2.30	100
3#	88.43	5.92	3.85	1.80	100
4#	90.32	5.06	2.88	1.74	100
5#	89.64	5.44	3.05	1.87	100

可见溶出液中硫离子的形态有 S^{2-}、$S_2O_3^{2-}$、SO_3^{2-}、SO_4^{2-} 等，其中 S^{2-} 约占全硫含量的 90%。矿石硫含量增大对溶出后铝酸钠溶液中硫的各价态的含量影响不大。随着复合添加剂氧化锌和铝酸钡的加入，会将 S^{2-} 和 SO_4^{2-} 带入赤泥中，但并没有影响到铝酸钠溶液中各种形态硫的含量。为了进一步研究硫的迁移，对溶出后的赤泥进行物相分析，得到的 XRD 图谱如图 4-31 所示。

由 XRD 图谱可知，赤泥产物中主要成分为赤铁矿、磁铁矿、硫化锌、硫酸钡和硫酸亚铁。由此可知，高硫铝土矿在溶出过程中，矿石中的硫被铝酸钡和氧化锌脱除后以硫酸盐和硫化物的形式进入赤泥。

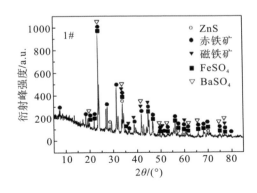
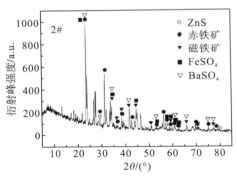

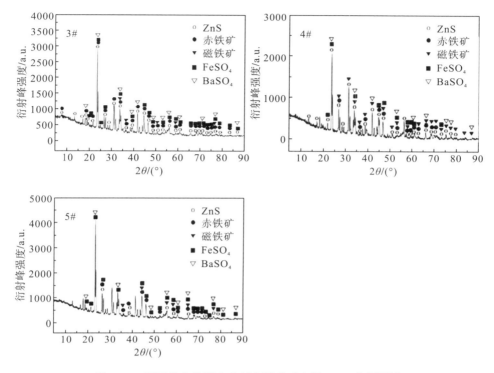

图 4-31　不同硫含量铝土矿复合脱硫后赤泥 XRD 分析图谱

注：1#～5#分别代表 1#～5#矿溶出的赤泥。

2. 复合脱硫剂添加量对脱硫的影响

考虑到经济成本，研究降低复合添加剂添加量对硫脱除的影响。按照添加 10%～100%理论量的氧化锌和铝酸钡，在碱浓度为 255g/L，溶出温度为 250℃，溶出时间为 70min，石灰添加量为 6%的条件下，选取 3#矿样，分别添加不同量的复合添加剂进行高压溶出，溶出结果如图 4-32 所示。

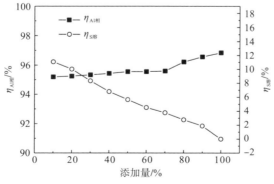

图 4-32　不同添加量复合添加剂的溶出效果

　　随着复合添加剂的添加量从 10%增加到 100%，氧化铝的相对溶出率从 95.19%增加到 96.85%，变化不大，但硫的溶出率从 11.08%逐渐降低到 0，表明添加剂增加脱硫效果明显增强。当复合添加剂添加量在 40%时可以将硫溶出率降低到 6.78%，大部分硫会与复合脱硫剂反应生成硫化锌和硫酸钡沉淀进入赤泥，从而达到降低硫溶出率的目的。

　　3. 复合脱硫剂配比对脱硫的影响

　　复合脱硫剂中铝酸钡价格较便宜，合成较简单，氧化锌的价格较贵。所以，用控制变量法改变复合添加剂中铝酸钡和氧化锌量，研究其脱硫效果。

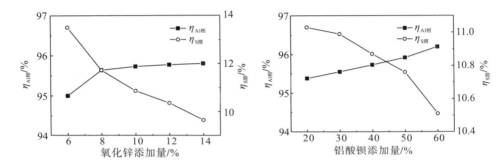

图 4-33　固定铝酸钡时随氧化锌变化的溶出效果　图 4-34　固定氧化锌时随铝酸钡变化的溶出效果

　　由图 4-33 和图 4-34 可知，在固定添加铝酸钡量为 40%时，随着氧化锌添加剂添加量从 6%增加到 14%，氧化铝的相对溶出率从 95.67%增大到 95.80%，基本保持不变，硫的溶出率从 13.51%逐渐减小到 9.65%，表明硫溶出率随氧化锌添加剂添加量的增大逐渐减小。固定添加氧化锌量为 40%时，随着铝酸钡添加剂添加量从 20%增加到 60%，氧化铝的相对溶出率从 95.38%增大到 96.20%，因为添加铝酸钡会带入额外的铝，硫的溶出率从 11.03%逐渐减小到 10.51%，表明硫的溶出率随铝酸钡添加剂添加量的增大缓慢减小。

4.5.4　溶出过程脱硫经济效益分析

　　1. 氧化锌脱硫经济指标

　　以硫含量为 1.0987%的铝土矿测算其溶出过程脱硫的所需成本，1t 铝土矿中硫含量为 10.987kg，按照氧化锌理论添加量 10%、20%、30%，处理 1t 铝土矿，测算所需氧化锌分别为 2.79kg、5.58kg、8.37kg。以氧化锌价格为 20000 元/t 计算，添加 10%、20%、30%氧化锌的吨氧化铝投入分别为 55.8、111.6 元、167.4 元。

　　溶出条件：温度为 250℃，苛性碱浓度为 255g/L，石灰添加量为 6%，溶出时间为 70min；母液中的硫含量为 1.24g/L，溶出 1t 铝土矿需要 3.11m³ 的循环母液，由母液所带入的硫含量为 3.85kg。未添加氧化锌，硫溶出率为 18.4%，则处理 1t 铝土矿，溶出硫为 2.02kg，溶液中的总硫为 5.87kg；添加 10%理论添加量的氧化锌时硫溶出率为 11.15%，1t 铝土矿带入溶液中的硫为 1.23kg，溶液中的总硫为 5.08kg；当添加 20%氧化锌时硫溶出率为 10.64%，1t 铝土矿带入溶液中的硫为 1.17kg，溶液中的总硫为 5.02kg；当添加 30%氧化锌时，硫溶出率为 9.41%，1t 铝土矿带入溶液中的硫为 1.03kg，溶液中的总硫为 4.88kg。

从经济性指标看，10%氧化锌添加可保证硫的溶出率控制在 10%左右，可达到一定的控硫效果，继续增加氧化锌添加量会导致成本急剧增加，且脱硫效果未有明显改善。而针对其他硫含量更高的矿石，氧化锌脱硫成本会由于硫溶出率的增大而大幅增加。

2. 复合添加剂脱硫经济指标

仍以硫含量为1.0987%的铝土矿测算其溶出过程复合脱硫剂所需成本，在相同的实验条件下，当铝酸钡添加量为 40%，氧化锌添加量为 10%时，硫溶出率为 10.87%，需要氧化锌 2.79kg，铝酸钡 34.96kg。氧化锌、铝酸钡价格分别按 20000 元/t、4000 元/t 计，铝酸钡添加量为 40%，氧化锌添加量为 10%时所需成本为 195.64 元/t 铝土矿。

但当铝酸钡添加量为 40%，氧化锌添加量为 10%时，硫溶出率为 10.87%时，1t 铝土矿带入溶液中的硫为 1.19kg，溶液中的总硫为 5.04kg。与单独添加约 20% 的氧化锌时效果相当，但复合添加脱硫剂的成本有所提升。

因此如何提升铝酸钡添加量、降低氧化锌添加量，或者开发其他廉价高效脱硫产品仍是未来需要重点关注的领域。

参 考 文 献

[1] 江兵. 在拜耳法工艺中用硫化物除锌的研究[D]. 长沙: 中南大学, 2006.

[2] 黎志英. 贵州高硫铝土矿溶出性能研究[D]. 贵阳: 贵州大学, 2006.

[3] 毕诗文, 于海燕. 氧化铝生产工艺[M]. 北京: 冶金工业出版社, 2006.

[4] Liu Z, Yan H, Ma W, et al. Digestion behavior and removal of sulfur in high-sulfur bauxite during bayer process[J]. Minerals Engineering, 2020, 149: 106237.

[5] Liu Z, Yan H, Ma W, et al. Sulfur removal of high-sulfur bauxite[J]. Mining, Metallurgy & Exploration, 2020, 37(5): 617-1626.

[6] 谢巧玲. 高硫铝土矿的溶出行为和反浮选脱硫的研究[D]. 长沙: 中南大学, 2009.

[7] Abikenova G K, Kovzalenko V A, Ambarnikova G A, et al. Investigation of the effect and behavior of sulfur compounds on the technological cycle of alumina production[J]. Russian Journal of Non-Ferrous Metals, 2008, 49(2): 91-96.

[8] 张念炳, 蒋宏石, 吴贤熙. 高硫铝土矿溶出过程中硫的行为研究[J]. 轻金属, 2007 (7): 7-10.

[9] 张念炳, 白晨光, 黎志英, 等. 高硫铝土矿中含硫矿物赋存状态及脱硫效率研究[J]. 电子显微学报, 2009, 28 (3): 229-234.

[10] Hu X L, Chen W M, Xie Q L. Sulfur phase and sulfur removal in high sulfur–containing bauxite[J]. Transactions of Nonferrous Metals Society of China, 2011 (7): 1641-1647.

[11] 胡小莲. 高硫铝土矿中硫在溶出过程中的行为及除硫工艺研究[D]. 长沙: 中南大学, 2011.

[12] 陈文泪, 陈学刚, 郭金权, 等. 拜耳液中铁的行为研究[J]. 轻金属, 2008 (4): 14-18.

[13] 刘桂华, 高君丽, 李小斌, 等. 拜耳法高压溶出液中铁浓度变化规律的研究[J]. 矿冶工程, 2007, 27 (5): 38-40.

[14] 刘永铁, 李其贵, 尹中林. 高硫高碳铝土矿在氧化铝生产中的实践及探讨[J]. 有色金属 (冶炼部分), 2021, 7: 21-26.

[15] 兰军, 吴贤熙, 解元承, 等. 高硫铝土矿溶出过程中脱硫研究[J]. 应用化工, 2008, 37 (8): 886-889,908.

[16] 刘洪波, 刘安荣, 彭伟, 等. 某高硫铝土矿选择性溶出氧化铝试验研究[J]. 湿法冶金, 2020, 39 (1): 7-11.

[17] 李小斌, 李重洋, 齐天贵, 等. 拜耳法高温溶出条件下黄铁矿的反应行为研究[J]. 中国有色金属学报, 2013 (3): 829-835.

[18] Ramachandran P A, Doraiswamy L K. Modeling of noncatalytic gas-solid reactions[J]. AIChE Journal, 1982, 28: 881-900.

[19] Levenspiel O. Chemical Reaction Engineering [M]. 3rd edition, New York: Wiley, 1999.

[20] Park J Y, Levenspiel O. The crackling core model for the reaction of solid particles[J]. Chemical Engineering Science, 1975, 30 (10): 1207-1214.

[21] Szekely J, Evans J. A structural model for gas—solid reactions with a moving boundary[J]. Chemical Engineering Science, 1970, 25 (6): 1091-1107.

[22] Carberry J J. A boundary-layer model of fluid‐particle mass transfer in fixed beds[J]. AIChE Journal, 1960, 6 (3): 460-463.

[23] Ochsenkühn-Petropulu M, Lyberopulu T, Ochsenkühn K M, et al. Recovery of lanthanides and yttrium from red mud by selective leaching[J]. Analytica Chimica Acta, 1996, 319 (1-2): 249-254.

[24] 程振民, 朱开宏, 袁渭康. 高等反应工程教程[M]. 上海: 华东理工大学出版社, 2010.

[25] Ashraf M, Zafar Z I, Ansari T M. Selective leaching kinetics and upgrading of low-grade calcareous phosphate rock in succinic acid[J]. Hydrometallurgy, 2005, 80 (4): 286-292.

[26] 张洋. 钠系铬盐清洁工艺应用基础研究[D]. 北京: 中国科学院大学, 2010.

[27] Olanipekun E. A kinetic study of the leaching of a Nigerian ilmenite ore by hydrochloric acid [J]. Hydrometallurgy, 1999, 53: 1-10.

[28] Paspaliaris Y, Tsolakis Y. Reaction kinetics for the leaching of iron oxides in diasporic bauxite from the parnassus-giona zone (Greece) by hydrochloric acid [J]. Hydrometallurgy, 1987, 19 (2): 259-266.

[29] Sun Z, Zhang Y, Zheng S L, et al. A new method of potassium chromate production from chromite and KOH-KNO$_3$-H$_2$O binary submolten salt system[J]. AIChE Journal, 2009, 55 (10): 2646-2656.

第5章 高硫铝土矿拜耳法工序钡盐脱硫

高硫铝土矿分为矿石源头脱硫与拜耳过程脱硫两大类，其中矿石源头脱硫即预处理脱硫，在矿石进入拜耳系统之前将硫脱除，主要为浮选法脱硫[1,2]和焙烧脱硫[3,4]，适合中低品位的矿石；拜耳过程脱硫分为溶出过程脱硫[5,6]与工序湿法脱硫[7]，我国大部分高硫铝土矿品位较高，适于采用拜耳法生产，但由于硫的危害，至今未能获得较好的工业应用。上一章阐述了在优化溶出共性条件的基础上，添加重金属氧化物在溶出过程脱硫，本章主要针对工序湿法脱硫，以钡盐为脱硫剂，开展铝酸钡的制备及相应脱硫研究。

5.1 湿法过程脱硫现状

当前，对铝酸钠溶液的脱硫研究，主要包括氧化剂蒸发脱硫、硫酸钡沉淀脱硫等方法；而溶出过程脱硫方式主要为硫化物沉淀脱硫和石灰拜耳法脱硫。

5.1.1 氧化剂蒸发脱硫

工厂中常采用气体氧化剂(氧气、臭氧)、液体氧化剂(双氧水)或固体氧化剂(漂白粉、硝酸钠)等，使 Na_2S 和 $Na_2S_2O_3$ 氧化为 Na_2SO_4。在溶液蒸发排盐时，SO_4^{2-} 以硫酸钠碳酸钠复盐($Na_2CO_3 \cdot 2Na_2SO_4$)的形式析出，达到除硫的目的。采用气体鼓泡氧化方法的缺点是硫的氧化程度不够，大部分氧化成 $Na_2S_2O_3$ 和 Na_2SO_3，影响复盐的形成。加入其他固体氧化剂会引入杂质离子，对铝酸钠溶液造成污染，并且增加生产成本。彭欣等[8]在原矿浆中按铝土矿的 0.5%～1.5%加入硝酸钠加热到 260℃下进行溶出试验，溶出时间保持在 60min，结果显示，对 Na_2S 氧化效果显著，但对 $S_2O_3^{2-}$ 清除效果不理想。刘诗华[9]等在拜耳法溶出过程中通入空气，溶出矿浆中 S^{2-} 可减少 85%以上。Liu 等[10]分别添加硝酸钠、双氧水和通入氧气进行高硫铝土矿溶出脱硫研究，并进行了比较，氧化剂对各价态硫的浓度的影响不同，通入氧气的经济效益较好。陈文汩等[11]在溶出过程中添加 MnO_2 氧化工业铝酸钠溶液脱硫，可有效氧化其中的含硫离子，在溶液系统硫含量较低的情况下，可以通过赤泥携带排除，最终达到脱硫的目的。该方法为湿法脱硫指明了较好方向，但在排盐过程中到底能排除多少硫，还缺乏系统研究。

5.1.2 硫化物沉淀法脱硫

在高压溶出过程中,矿石中硫首先以 S^{2-} 的形式转入铝酸钠溶液,添加 Zn、Cu、Pb 等重金属氧化物可与 S^{2-} 反应生成沉淀,进入赤泥将硫排除。以添加氧化锌为例,在生成 ZnS 沉淀的同时,还具有生成 NaOH 的苛化作用,反应为

$$S^{2-}+ZnO+H_2O \!=\!\!= ZnS\downarrow+2OH^-$$ (5-1)

该方法理论成熟,操作简单,能够有效脱除 S^{2-},同时能够控制铝酸钠溶液中的铁含量,提升氧化铝产品质量[12]。但由于重金属氧化物价格昂贵,添加量较大,高温下与铝酸钠溶液中的碱反应生成相应的钠盐,会污染铝酸钠溶液,种分过程由于氢氧化铝的吸附而将重金属带入氧化铝产品,影响电解和铝锭纯度。根据拜耳法生产氧化铝流程的特点,生成的重金属硫化物沉淀进入赤泥,难以实现其循环利用,成本较高。

5.1.3 硫酸钡沉淀法脱硫

硫酸钡沉淀法脱硫是利用钡盐[BaO、Ba(OH)$_2$ 和 BaO·Al$_2$O$_3$ 等]使铝酸钠溶液中的 SO_4^{2-} 与 Ba^{2+} 反应生成 $BaSO_4$ 沉淀,与溶液分离,达到脱硫的目的。随着钡盐添加量的增多,硫酸根、碳酸根、硅酸根离子的脱除率增加。另外,BaO、Ba(OH)$_2$ 和 BaO·Al$_2$O$_3$ 不会污染溶液,也不改变溶液本身的性质,其净化后的沉淀物能回收循环利用。硫酸钡沉淀法净化工业铝酸钠溶液的脱硫效果非常理想,脱硫率达 99%,但当溶液中 CO_3^{2-} 和 SiO_3^{2-} 量较高时,会造成钡盐耗量增加,而且钡盐价格较为昂贵,如何回收利用含钡脱硫渣是该方法的重点。李军旗和张念炳等[13,14]用铝酸钡和氢氧化钡除硫,分析了在添加剂铝酸钡合成、溶出过程中的动力学、热力学、脱硫效果以及经济性,脱硫效果较好,但只能除去溶液中的 SO_4^{2-},而 S^{2-} 依然存在。因此,脱硫之前需要对铝酸钠溶液进行氧化处理。为有效回收含钡脱硫渣,硫酸钡沉淀法更适用于种分母液中脱硫,而不适合溶出过程脱硫。

5.1.4 石灰拜耳法脱硫

在溶出一水硬铝石型铝土矿时,石灰是必不可少的添加剂。当铝酸钠溶液浓度较低时,对其脱硅时会形成含硅的固相,SO_4^{2-} 进入硅酸盐骨架的孔穴,Ca(OH)$_2$ 再与铝硅酸盐生成一种新的含硫化合物。兰军[15]等研究了该脱硫反应,确定了反应历程,其实质为 Ca(OH)$_2$ 在铝酸钠溶液中与 Na_2SO_4 相互作用生成 3CaO·Al$_2$O$_3$·CaSO$_4$·12H$_2$O 随赤泥排走。该反应为

$$4Ca(OH)_2+ Na_2O·Al_2O_3+Na_2SO_4+10H_2O \!=\!\!= 3CaO·Al_2O_3·CaSO_4·12H_2O$$
$$+4NaOH$$ (5-2)

　　实验表明，溶液浓度越低越有利于 $3CaO \cdot Al_2O_3 \cdot CaSO_4 \cdot 12H_2O$ 的形成。Liu 等[12]研究了高硫高品位铝土矿溶出过程中硫的行为，考察了石灰添加量、溶出温度、碱浓度和溶出时间对氧化铝和硫的溶出率的影响，得到最佳条件：碱浓度为 195g/L，温度为 240℃，时间为 50min，石灰添加量为 16%，硫的溶出率仅为 7.05%，氧化铝的溶出率为 81%。石灰拜耳法在脱硫的同时，发生苛化反应生成 NaOH，有利于提高溶液中碱浓度，促使溶出反应进行，但该工艺的缺点在于要求铝酸钠中硫的浓度较低，同时造成氧化铝的损失，导致 Al_2O_3 溶出率降低、赤泥量较大和附液损失较大等。

　　综上所述，在低价态硫氧化为高价态硫（SO_4^{2-}）的基础上，采用钡盐沉淀的方式进行脱硫值得深入研究，对比研究氢氧化钡和铝酸钡脱硫的效果。

5.2　钡盐湿法脱硫原理

　　钡盐主要指氢氧化钡和铝酸钡，其中铝酸钡为实验自制，对铝酸钠溶液进行脱硫的同时，具有一定的脱碳效果，可减轻蒸发负担。

　　脱硫原理：

$$Ba(OH)_2 + Na_2SO_4 = BaSO_4\downarrow + 2NaOH \tag{5-3}$$

$$BaO \cdot Al_2O_3 + Na_2SO_4 + 4H_2O = BaSO_4\downarrow + 2NaAl(OH)_4 \tag{5-4}$$

　　脱碳原理：

$$Ba(OH)_2 + Na_2CO_3 = BaCO_3\downarrow + 2NaOH \tag{5-5}$$

$$BaO \cdot Al_2O_3 + Na_2CO_3 + 4H_2O = BaCO_3\downarrow + 2NaAl(OH)_4 \tag{5-6}$$

5.3　铝酸钡的制备

　　氢氧化钡可直接购买，但价格较为昂贵。因此，脱硫渣经回收利用，可制备氢氧化钡，后续有阐述。采用价格相对低廉的碳酸钡和氢氧化铝，经高温合成铝酸钡脱硫剂，可大幅降低脱硫成本。

5.3.1　合成原理

　　铝酸钡合成原理如下：

$$2Al(OH)_3 = Al_2O_3 + 3H_2O\uparrow \tag{5-7}$$

$$BaCO_3 = BaO + CO_2\uparrow \tag{5-8}$$

$$BaO + Al_2O_3 = BaO \cdot Al_2O_3 \tag{5-9}$$

　　总反应为

$$BaCO_3(s)+2Al(OH)_3 \xrightarrow{} {}_sBaO \cdot Al_2O_3(s)+CO_2\uparrow+3H_2O\uparrow \qquad (5\text{-}10)$$

碳酸钡在 1050℃ 开始分解，在 1270℃ 大量分解，在 1414℃ 完全分解，反应(5-9)在 25~1830℃ 时 $\Delta G=-124300+6.69T$ J/mol，1300℃ 时 $\Delta G=-113.77$ kJ/mol。当加入 $Al(OH)_3$ 后，碳酸钡分解生成的 BaO 与 $Al(OH)_3$ 生成的 Al_2O_3 很快合成 $BaO \cdot Al_2O_3$，使得碳酸钡分解温度降低 100℃ 左右，促使其分解反应向右进行，提高了 BaO 的转化率。因此，将合成温度控制在 1300℃ 左右，既保证了合成反应的进行，又可避免温度过高而生成 $3BaO \cdot Al_2O_3$。合成率是根据烧结前后质量的变化进行计算的，其计算公式如下：

$$\eta_{BA}=\left(\frac{39\Delta m}{11m}-\frac{27R}{22}\right)\times 100\% \qquad (5\text{-}11)$$

式中，R——氧化铝与氧化钡的分子比；

　　　Δm——煅烧反应前后的灼减量，kg；

　　　m——反应前所加氢氧化铝的质量，kg。

5.3.2　实验装置及方法

实验室采用箱式电阻炉进行高温合成，其示意图如图 5-1 所示。

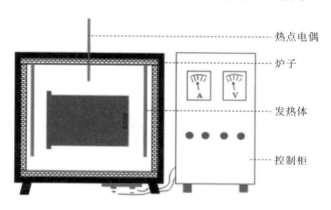

图 5-1　实验装置示意图

将氢氧化铝（工业纯）和碳酸钡（工业纯）按一定 Al_2O_3/BaO 摩尔比混合（分子比 R），研磨后置于箱式电阻炉中，一定时间后随炉降温。电炉温度校正曲线如图 5-2 所示。

$$电炉温度 = -116.78954+1.13726X-4.5\times 10^{-5}X^2 \qquad (5\text{-}12)$$

式中，X——所需达到的温度。

合成铝酸钡时升温制度示意图如图 5-3 所示。

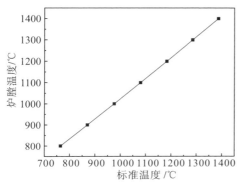

图 5-2　电炉温度校温曲线

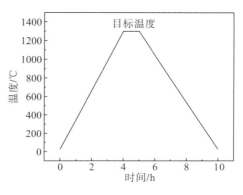

图 5-3　升温制度示意图

5.3.3　铝酸钡合成效果

1. 分子比 R 对铝酸钡合成率的影响

在合成温度为 1300℃，合成时间为 60min 时，分子比 R 对脱硫剂合成率的影响见表 5-1。

表 5-1　分子比 (R) 对铝酸钡合成率的影响

因子序号	分子比 R	温度 T/℃	时间 τ/min	考察指标 η_{AB}/%
1	1.0	1300	60	83.24
2	1.1	1300	60	90.37
3	1.2	1300	60	81.52

表 5-1 显示，当分子比为 1.1 时，脱硫剂的合成率较高，达到 90.37%，分子比过高和过低均导致合成率降低，这是由于当分子比过低时，氢氧化铝的量不够，达不到对碳酸钡的分解促进作用；当分子比过高时，氢氧化铝分解结晶水阻碍反应正向进行。

2. 时间 τ(min) 对铝酸钡合成率的影响

在分子比 (R) 为 1.1，合成温度为 1300℃时，时间 τ(min) 对脱硫剂合成率的影响见表 5-2。

表 5-2　合成时间 τ(min) 对铝酸钡合成率的影响

因子序号	分子比 R	温度 T/℃	时间 τ/min	考察指标 η_{AB}/%
1	1.1	1300	60	90.37
2	1.1	1300	80	91.02
3	1.1	1300	100	91.84

表 5-2 显示，随着合成时间的增加，脱硫剂合成率逐渐增加，当合成时间达到 80min 时，合成率为 91.02%，继续延长时间，合成率较高，增加不明显，但会增加能耗。

3. 温度 $T(℃)$对铝酸钡合成率的影响

在分子比(R)为 1.1，合成时间为 80min 时，合成温度 $T(℃)$对铝酸钡合成率的影响见表 5-3。可以看出，温度对铝酸钡合成率产生显著影响，当温度增加到 1350℃时，合成率达到 97.54%。

表 5-3　温度 $T(℃)$对铝酸钡合成率的影响

因子序号	分子比 R	温度 $T/℃$	时间 τ/min	考察指标 $\eta_{AB}/\%$
1	1.1	1200	80	82.16
2	1.1	1250	80	84.85
3	1.1	1300	80	90.37
4	1.1	1350	80	97.54

4. 正交试验结果

在单因素实验的基础上，设计正交实验，实验结果见表 5-4。

表 5-4　正交实验结果

因子序号	分子比 R	温度 $T/℃$	时间 τ/min	考察指标 $\eta_{AB}/\%$
1	1.0	1250	60	80.84
2	1.0	1300	80	86.12
3	1.0	1350	100	95.46
4	1.1	1250	80	87.43
5	1.1	1300	100	91.37
6	1.1	1350	60	97.54
7	1.2	1250	100	80.58
8	1.2	1300	60	83.72
9	1.2	1350	80	92.85
s	87.47	82.95	87.37	
均值 2	92.11	87.07	88.80	
均值 3	85.72	95.28	89.14	
极差	6.40	12.33	1.77	

通过极差分析，各因素对脱硫剂合成率指标的影响主次为温度(T)>分子比(R)>时间(τ)，最佳合成条件为 $T=1350℃$，$R=1.1$，$\tau=100min$。通过回归计算可得回归方程：

$$\eta_{BA} = \eta_{BA} + \Phi(R) + \Phi(T) + \Phi(\tau) = -551.83R^2 + 1205.24R$$
$$+ 0.0000475T^2 - 0.0014T - 0.00167\tau^2 + 0.312\tau - 658.33 \tag{5-13}$$

将最佳条件 T=1350℃，R=1.1，τ=100min 代入回归方程后可得 η_{BA}=98.89%，而当 T=1350℃，R=1.1，τ=80min 时，代入回归方程后可得 η_{BA}=98.67%，当 T=1350℃，R=1.1，τ=60min 时，代入回归方程后可得 η_{BA}=97.10%。因此，考虑经济效应，较佳合成条件为 T=1350℃，R=1.1，τ=80min，通过验证实验，合成率达到 98.43%，与回归方程吻合较好。

5. 物相与粒度分析

在上述较佳条件合成产物的物相图谱如图 5-4 所示。主要为铝酸钡（$BaAl_2O_4$），其含量达到 95.2%，含有 3.7% 的 $BaCO_3$，其他为 1.1%，铝酸钡纯度满足实验要求。产品分散性较好，堆积密度为 $1.5g/cm^3$，体积平均粒度为 89.808μm，表面积平均粒径为 65.915μm，比表面积为 $0.0246016m^2/g$，最大粒径为 240.22μm，最小粒径为 6.5μm，中心粒径为 83.091μm。

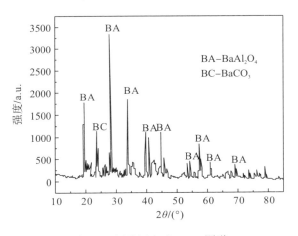

图 5-4　铝酸钡合成 XRD 图谱

5.4　拜耳法钡盐工序脱硫

本节选择的脱硫工序为预脱硅、高压溶出，稀释槽、粗液、种分母液等，分别采用铝酸钡（实验室自制）和氢氧化钡（分析纯，购买）进行脱硫，同时考察脱碳效果。

5.4.1 矿石原料

S1.2-A/S6.5、S1.5-A/S6.5、S1.8-A/S6.5 和 S$_混$-A/S6.0 等矿样取自贵州遵义某地区共 16 个矿点，矿样按照一定比例混合而得，S$_清$取自贵州清镇，化学成分见表 5-5；半定量物相分析结果见表 5-6。

表 5-5　矿样化学成分（质量分数，%）

矿样	Al_2O_3	Fe_2O_3	SiO_2	TiO_2	CaO	MgO	Na_2O	K_2O	灼减	A/S	T_S
S1.2-A/S6.5	64.5	6.64	10.02	3.23	1.34	1.23	0.14	0.27	13.67	6.44	1.24
S1.5-A/S6.5	63.3	7.41	9.91	3.19	1.5	1.44	0.12	0.26	13.29	6.39	1.62
S1.8-A/S6.5	60.86	7.6	9.72	3.15	1.5	1.37	0.06	0.29	13.98	6.26	1.86
S$_混$-A/S6.0	62.53	6.27	10.09	3.09	1.26	1.4	0.12	0.21	13.94	6.20	1.32
S$_清$	65.97	6.45	6.92	3.47	0.01	0.13	—	0.72	14.51	9.53	1.31

表 5-6　物相半定量分析结果（质量分数，%）

矿样	一水硬铝石	一水软铝石	方解石	鲕绿泥石	锐钛矿	金红石	黄铁矿	白云石	石英	镁硬绿泥石
S1.2-A/S6.5	66	5	<2.5	8	5	<1	3.5	微量	5	<2
S1.5-A/S6.5	66	5	<2.0	8	5	<1	4	微量	5	<2
S1.8-A/S6.5	66	5	<3.0	8	5	<1	4	微量	5	<2
S$_混$-A/S6.0	66	5	<2.5	8	5	<1	3.5	微量	5	<2
S$_清$	71	微量	微量	<1	3.5	微量	5	微量	<0.5	微量

按照硫含量梯度进行配矿后，矿样均达到中高品位，清镇地区的矿样由于硅含量较低，A/S 高达 9 以上。物相半定量分析（表 5-6）显示，上述混合矿样以一水硬铝石为主，占 66%，含有 5%的一水软铝石；硅以鲕绿泥石和石英为主，分别占 8%和 5%，硫以黄铁矿的形态存在，钛以锐钛矿为主，含少量金红石；清镇矿主要为一水硬铝石，除了黄铁矿含量偏高，其他含量均较低。

5.4.2 预脱硅过程脱硫

1. 实验过程

对 S1.2-A/S6.5、S1.5-A/S6.5、S1.8-A/S6.5、S$_混$-A/S6.0、S$_清$五个矿样，在 XGYF-6×150 钢弹式高压釜中进行高压溶出，利用某铝厂的拜耳种分母液和蒸发母液混合配制矿浆，苛性碱浓度为 200g/L，实验时固含为 280g/L，温度为 95～100℃，时间为 4h，考察脱硅的同时添加脱硫剂（按 $N_C+N_S=100\%$）对脱硫效果的影响，以

脱硫率 $\eta_{S硅}$ 进行评价，同时考察脱碳效果及氧化铝损失情况。

$$\eta_{S硅} = \frac{(S_{脱硅前} - S_{脱硅后})}{S_{脱硅前}} \times 100\% \tag{5-14}$$

$$\eta_{C硅} = \frac{(Na_2O_{C脱硅前} - Na_2O_{C脱硅后})}{Na_2O_{C脱硅前}} \times 100\% \tag{5-15}$$

$$Loss_{Al_2O_3硅} = \frac{(Al_2O_{3脱硅前} - Al_2O_{3脱硅后})}{Al_2O_{3脱硅前}} \times 100\% \tag{5-16}$$

式中，$\eta_{S硅}$——预脱硅过程硫的脱除率，%；

　　　$S_{脱硅前}$——脱硅前溶液中的硫含量，g/L；

　　　$S_{脱硅后}$——脱硅后溶液中的硫含量，g/L；

　　　$\eta_{C硅}$——预脱硅过程碳的脱除率，%；

　　　$Na_2O_{C脱硅前}$——脱硅前溶液中的碳碱含量，g/L；

　　　$Na_2O_{C脱硅后}$——脱硅后溶液中的碳碱含量，g/L；

　　　$Loss_{Al_2O_3硅}$——预脱硅过程铝的损失率，%；

　　　$Al_2O_{3脱硅前}$——脱硅前溶液中的氧化铝含量，g/L；

　　　$Al_2O_{3脱硅后}$——脱硅后溶液中的氧化铝含量，g/L。

2. 脱硫效果

预脱硅过程分别添加脱硫剂(铝酸钡和氢氧化钡)，实验结果如表 5-7 和图 5-5 所示。

表 5-7　预脱硅过程添加脱硫剂(100%)对脱硫、脱碳及铝损的影响

编号	矿样	脱硫剂	不添加脱硫剂/(g/L)			添加脱硫剂/(g/L)			考察指标/%		
			S	Na_2O_C	Al_2O_3	S	Na_2O_C	Al_2O_3	η_s	$\eta_{Na_2O_C}$	$Loss_{Al_2O_3}$
1	S1.2–A/S6.5	$BaO \cdot Al_2O_3$	2.60	31.5	112	2.59	28.43	123	0.38	9.75	−9.82
		$Ba(OH)_2$				2.55	22.71	102	1.92	27.90	8.93
2	S1.5–A/S6.5	$BaO \cdot Al_2O_3$	2.61	30	113	2.57	28.52	121	1.53	4.93	−7.08
		$Ba(OH)_2$				2.52	22.14	99	3.45	26.20	12.39
3	S1.8–A/S6.5	$BaO \cdot Al_2O_3$	2.62	32	114	2.59	30.02	122	0.38	6.19	−7.02
		$Ba(OH)_2$				2.55	21.56	101	2.67	32.63	11.40
4	$S_{准}$–A/S6.0	$BaO \cdot Al_2O_3$	2.61	32	115	2.60	27.12	125	0.38	15.25	−8.70
		$Ba(OH)_2$				2.58	21.23	98	1.15	33.66	14.78
5	$S_{清}$	$BaO \cdot Al_2O_3$	2.63	31	115	2.62	29.23	123	0.38	5.71	−6.96
		$Ba(OH)_2$				2.51	20.74	100	4.56	33.10	13.04

注：考察指标"$Loss_{Al_2O_3}$"中的"−"指铝损为负值，即溶液中铝的增加量。

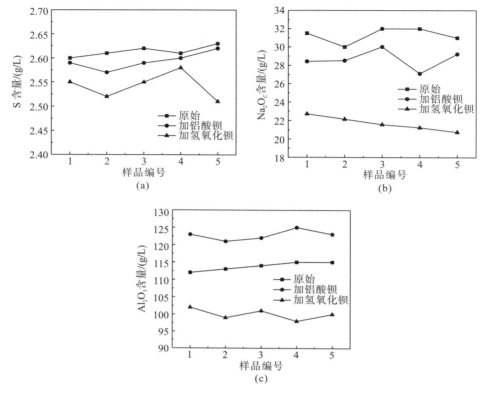

图 5-5　预脱硅过程对脱硫、脱碳及铝损的影响

(a)脱硫；(b)脱碳；(c)铝损

结合表 5-7 和图 5-5(a)可知，预脱硅工序的整体脱硫效果不明显，最大脱硫率仅为 4.56%，分析认为一方面是由于体系中硫本身含量较低，另一方面是矿浆中的固体矿物阻碍了脱硫反应。

表 5-7、图 5-5(b)和图 5-5(c)显示，铝酸钡的脱碳率为 4.93%～15.25%，氢氧化钡的脱碳率为 26.2%～36.66%，这是由于氢氧化钡溶于矿浆中，更有利于与碳酸根发生反应，脱碳效果相对较好。而铝酸钡中的部分铝进入溶液，导致溶液中氧化铝有所增加；而添加氢氧化钡，溶液中部分铝离子以氢氧化铝的形式析出，导致铝损较高。

3. 脱硫单耗计算

表 5-8 是 5 种矿石的脱硫成本核算，脱硫剂添加量按照 (N_C+N_S) 的理论耗量的 100% 加入。可以看出，预脱硅工序的脱硫成本高，没有实际意义。

表 5-8　预脱硅过程脱硫单耗

矿样	脱硫剂	溶液体积/mL	硫含量/(g/L)	脱硫剂添加量/g	脱硫率/%	脱掉的硫/g	1kg 硫需要的脱硫剂的质量/kg
S1.2–A/S6.5	铝酸钡	100	2.6	16.72	0.38	0.001	16919
	氢氧化钡	100	2.6	18.96	1.92	0.005	3799
S1.5–A/S6.5	铝酸钡	100	2.61	16.04	1.53	0.004	4016
	氢氧化钡	100	2.61	18.19	3.45	0.009	2021
S1.8–A/S6.5	铝酸钡	100	2.62	16.96	0.38	0.001	17038
	氢氧化钡	100	2.62	19.24	2.67	0.007	2751
S混1–A/S 6.0	铝酸钡	100	2.61	16.95	0.38	0.001	17094
	氢氧化钡	100	2.61	19.23	1.15	0.003	6408
S清	铝酸钡	100	2.63	16.51	0.38	0.001	16524
	氢氧化钡	100	2.63	18.73	4.56	0.012	1562

5.4.3　高压溶出过程脱硫

1. 实验过程

将高硫铝土矿置于 XGYF–6×150 钢弹式高压釜中进行高压溶出，溶出温度为 260℃，溶出时间为 65min，碱浓度分别为 245g/L 和 200g/L，石灰添加量为 12%。脱硫剂添加按 $N_C+N_S=100\%$ 计算，考察高压溶出过程中脱硫、脱碳及氧化铝损失情况。分别采用 $\eta_{S溶}$、$\eta_{C溶}$ 和 $Loss_{Al_2O_3溶}$ 进行评价。

$$\eta_{S溶} = \frac{(S_{脱硅} - S_{溶出})}{S_{脱硅}} \times 100\% \tag{5-17}$$

$$\eta_{C溶} = \frac{(Na_2O_{C脱硅} - Na_2O_{C溶出})}{Na_2O_{C脱硅}} \times 100\% \tag{5-18}$$

$$Loss_{Al_2O_3溶} = \frac{(Al_2O_{3脱硅} - Al_2O_{3溶出})}{Al_2O_{3脱硅}} \times 100\% \tag{5-19}$$

式中，$\eta_{S溶}$——高压溶出过程硫的脱除率，%；

$S_{脱硅}$——脱硅后溶液中的硫含量，g/L；

$S_{溶出}$——溶出后溶液中的硫含量，g/L；

$\eta_{C溶}$——高压溶出过程碳的脱除率，%；

$Na_2O_{C脱硅}$——脱硅后溶液中的碳碱含量，g/L；

$Na_2O_{C溶出}$——溶出后溶液中的碳碱含量，g/L；

$Loss_{Al_2O_3溶}$——溶出过程铝的损失率，%；

$Al_2O_{3脱硅}$——脱硅后溶液中的氧化铝含量，g/L；

$Al_2O_{3溶出}$——溶出后溶液中的氧化铝含量，g/L。

2. 脱硫效果

以贵州清镇矿为例，脱硫剂添加量对脱硫、脱碳和铝损的影响分别如表 5-9、表 5-10、图 5-6 所示。

表 5-9 $S_清$溶出过程中添加氢氧化钡对脱硫、脱碳及铝损的影响（溶出 N_k=245g/L）

编号	氢氧化钡/%	溶出液成分/(g/L)			考察指标/%		
		S	Na_2O_C	Al_2O_3	η_S	$\eta_{Na_2O_C}$	$Loss_{Al_2O_3}$
1	0	4.02	33	259.85	—	—	—
2	20	4.00	30	258.21	0.50	9.09	0.63
3	40	3.94	29	257.74	1.99	12.12	0.58
4	60	3.82	26	258.61	4.98	21.21	0.61
5	80	3.73	21	258.21	7.21	36.36	0.63
6	100	3.62	20	249.29	9.95	39.39	4.06

表 5-10 $S_清$溶出过程中添加铝酸钡对脱硫、脱碳及铝损的影响（溶出 N_k=200g/L）

编号	铝酸钡/%	溶出液成分/(g/L)			考察指标/%		
		S	Na_2O_C	Al_2O_3	η_S	$\eta_{Na_2O_C}$	$Loss_{Al_2O_3}$
1	0	4.02	33	259.85	—	—	—
2	20	4.02	31	265.26	0	6.06	−2.08
3	40	3.92	28	267.25	2.49	15.15	−2.85
4	60	3.81	25	269.32	5.22	24.24	−3.64
5	80	3.74	23	271.34	6.97	30.30	−4.42
6	100	3.61	21	273.83	10.20	36.36	−5.38

注：考察指标"$Loss_{Al_2O_3}$"中的"−"指铝损为负值，即溶液中铝的增加量。

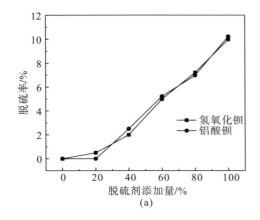
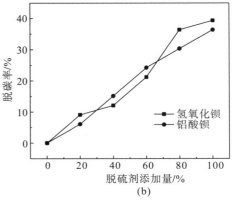

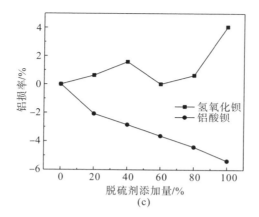

图 5-6　高压溶出过程对脱硫、脱碳及铝损的影响

(a)脱硫；(b)脱碳；(c)铝损

从表 5-9、表 5-10 和图 5-6 可知，脱硫、脱碳效果随着脱硫剂添加量的增加而提升，但整体效果不理想，当添加量达到 100%时，脱硫率仅有 10%左右，脱碳率均小于 40%。这是由于在高压溶出过程中，存在赤泥等固相，铝酸钠溶液成分较复杂，且碱浓度较高，两种脱硫剂在其中的溶解度均较小，使得脱硫效果不明显，脱碳率高于脱硫率。在高压溶出过程中添加氢氧化钡，对铝的损失影响明显，而添加铝酸钡会使得溶液中的铝有所增加。

其他矿样仅考察脱硫剂添加量为 100%时，脱硫、脱碳及铝损的情况，结果如表 5-11、表 5-12、图 5-7 和图 5-8 所示。

表 5-11　溶出过程添加脱硫剂对脱硫、脱碳及铝损的影响(溶出 N_k=245g/L)

编号	矿样	脱硫剂	不添加脱硫剂/(g/L)			添加脱硫剂/(g/L)			考察指标/%		
			S	Na_2O_C	Al_2O_3	S	Na_2O_C	Al_2O_3	η_S	$\eta_{Na_2O_C}$	$Loss_{Al_2O_3}$
1	S1.2–A/S6.5	BaO · Al₂O₃	4.10	33.5	263.47	3.71	18	274.28	9.51	46.27	-4.10
		Ba(OH)₂				3.69	21	253.46	10.00	37.31	3.80
2	S1.5–A/S6.5	BaO · Al₂O₃	4.98	32.6	255.74	4.31	22	274.47	13.45	32.52	-7.32
		Ba(OH)₂				4.28	19	248.57	14.06	41.72	2.80
3	S1.8–A/S6.5	BaO · Al₂O₃	6.13	33.3	265.32	5.25	22	272.36	14.36	33.93	-2.65
		Ba(OH)₂				5.22	19	245.27	14.85	42.94	7.56
4	S混–A/S 6.0	BaO · Al₂O₃	3.78	34	262.45	3.40	22	275.34	10.00	35.29	-4.91
		Ba(OH)₂				3.39	23	251.52	10.30	32.35	4.16
5	S精	BaO · Al₂O₃	4.02	33	259.85	3.61	21	273.83	10.20	36.36	-5.38
		Ba(OH)₂				3.62	20	249.29	9.95	39.39	4.06

注：考察指标"$Loss_{Al_2O_3}$"中的"-"指铝损为负值，即溶液中铝的增加量。

表 5-12 溶出过程添加脱硫剂对脱硫、脱碳及铝损的影响(溶出 N_k=200g/L)

编号	矿样	脱硫剂	不添加脱硫剂/(g/L)			添加脱硫剂/(g/L)			考察指标/%		
			S	Na$_2$O$_C$	Al$_2$O$_3$	S	Na$_2$O$_C$	Al$_2$O$_3$	η_S	$\eta_{Na_2O_C}$	Loss$_{Al_2O_3}$
1	S1.2-A/S6.5	BaO·Al$_2$O$_3$	3.86	33	210	3.58	18	220	7.25	45.45	-4.76
		Ba(OH)$_2$				3.53	17	205	8.55	48.48	2.38
2	S1.5-A/S6.5	BaO·Al$_2$O$_3$	4.54	32	205	4.01	19	215	11.67	40.63	-4.88
		Ba(OH)$_2$				3.98	17	200	12.33	46.88	2.44
3	S1.8-A/S6.5	BaO·Al$_2$O$_3$	5.00	32	213	4.31	18	221	13.80	43.75	-3.76
		Ba(OH)$_2$				4.28	16	209	14.40	50.00	1.88
4	S$_{混}$-A/S6.0	BaO·Al$_2$O$_3$	4.03	31	207	3.61	20	215	10.42	35.48	-3.86
		Ba(OH)$_2$				3.59	18	195	10.92	41.94	5.80
5	S$_{清}$	BaO·Al$_2$O$_3$	3.93	32	211	3.53	19	223	10.18	40.63	-5.69
		Ba(OH)$_2$				3.47	17	198	11.70	46.88	6.16

注：考察指标“Loss$_{Al_2O_3}$”中的“-”指铝损为负值，即溶液中铝的增加量。

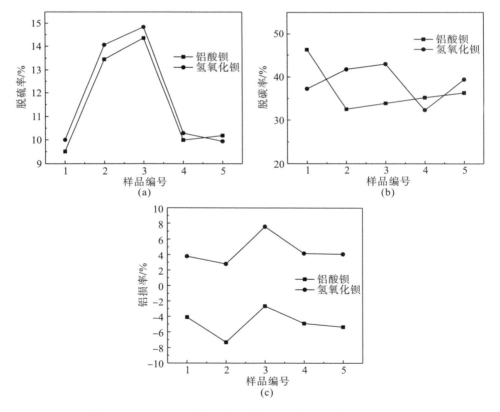

图 5-7 N_k=245g/L 时高压溶出过程对脱硫、脱碳及铝损的影响

(a)脱硫；(b)脱碳；(c)铝损

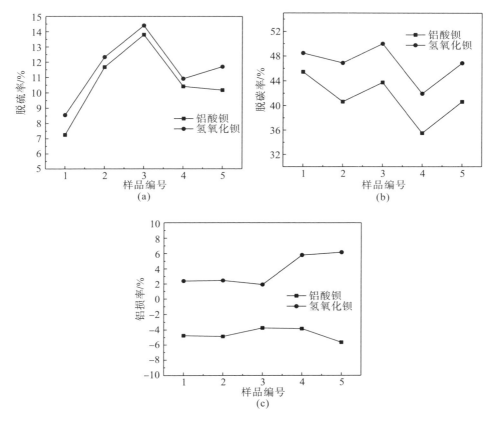

图 5-8　N_k=200g/L 时高压溶出过程对脱硫、脱碳及铝损的影响

(a)脱硫；(b)脱碳；(c)铝损

从表 5-11、表 5-12、图 5-7、图 5-8 可知，两种苛性碱浓度对脱硫、脱碳及铝损的影响规律基本一致，脱硫率与脱碳率随着矿石中硫含量的增加而提高，添加氢氧化钡的效果相对较好，整体脱除效果相差不明显。对于脱硫率，苛性碱浓度为 200g/L 时效果较好，对于脱碳率，苛性碱浓度为 245g/L 时效果较好。氢氧化钡为脱硫剂时铝损基本维持在 5%左右，而铝酸钡的添加会使得溶液中铝含量增加。

3. 脱硫单耗计算

表 5-13 和表 5-14 是 5 种矿石的脱硫成本核算，脱硫剂的添加量按照(N_S+N_C)理论耗量的 100%计算。

表 5-13   高压溶出脱硫单耗(溶出 N_k=245g/L)

矿样	脱硫剂	溶液体积/mL	硫含量/(g/L)	脱硫剂添加量/g	脱硫率/%	脱掉的硫的质量/g	1kg 硫需要的脱硫剂的质量/kg
S1.2–A/S6.5	铝酸钡	100	4.1	13.73	9.51	0.0390	352
	氢氧化钡	100	4.1	15.57	10.00	0.0410	380
S1.5–A/S6.5	铝酸钡	100	4.98	13.73	13.45	0.0670	205
	氢氧化钡	100	4.98	15.57	14.06	0.0700	222
S1.8–A/S6.5	铝酸钡	100	6.13	13.73	14.36	0.0880	156
	氢氧化钡	100	6.13	15.57	14.85	0.0910	171
S混–A/S 6.0	铝酸钡	100	4.23	13.73	9.93	0.0420	327
	氢氧化钡	100	4.23	15.57	10.17	0.0430	362
S清	铝酸钡	100	4.02	13.73	10.20	0.0410	335
	氢氧化钡	100	4.02	15.57	9.95	0.0400	389

表 5-14   高压溶出脱硫单耗(溶出 N_k=200g/L)

矿样	脱硫剂	溶液体积/mL	硫含量/(g/L)	脱硫剂添加量/g	脱硫率/%	脱掉的硫的质量/g	1kg 硫需要的脱硫剂的质量/kg
S1.2–A/S6.5	铝酸钡	100	3.86	13.73	7.25	0.0280	490
	氢氧化钡	100	3.86	15.57	8.55	0.0330	472
S1.5–A/S6.5	铝酸钡	100	4.54	13.73	11.67	0.0530	259
	氢氧化钡	100	4.54	15.57	12.33	0.0560	278
S1.8–A/S6.5	铝酸钡	100	5	13.73	13.80	0.0690	199
	氢氧化钡	100	5	15.57	14.40	0.0720	216
S混–A/S 6.0	铝酸钡	100	4.03	13.73	10.42	0.0420	327
	氢氧化钡	100	4.03	15.57	10.92	0.0440	354
S清	铝酸钡	100	3.93	13.73	10.18	0.0400	343
	氢氧化钡	100	3.93	15.57	11.70	0.0460	339

从表 5-13 和表 5-14 可以看出，在高压溶出工序脱硫，其脱硫成本较高，每脱除 1kg 硫，需要 171～490kg 脱硫剂，没有工业应用价值。

5.4.4   稀释过程脱硫

1. 实验过程

采用上述脱硅、溶出条件所得溶出液，采用贵州铝厂的赤泥水洗进行稀释，控制 Na_2O 浓度为 160g/L，温度为 105℃左右，在稀释槽中添加脱硫剂(按 N_C+N_S=100%)，时间为 20min，考察其对硫、碳和有机物的脱除效果及氧化铝损失的影响，分别用 $\eta_{S稀}$、$\eta_{C稀}$ 和 $Loss_{Al_2O_3稀}$ 进行评价。

$$\eta_{S稀} = \frac{(S_{稀释前} - S_{稀释后})}{S_{稀释前}} \times 100\% \qquad (5\text{-}20)$$

$$\eta_{C稀} = \frac{(\text{Na}_2\text{O}_{C稀释前} - \text{Na}_2\text{O}_{C稀释后})}{\text{Na}_2\text{O}_{C稀释前}} \times 100\% \qquad (5\text{-}21)$$

$$\text{Loss}_{\text{Al}_2\text{O}_3稀} = \frac{(\text{Al}_2\text{O}_{3稀释前} - \text{Al}_2\text{O}_{3稀释后})}{\text{Al}_2\text{O}_{3稀释前}} \times 100\% \qquad (5\text{-}22)$$

式中，$\eta_{S稀}$——稀释槽中硫的脱除率，%；

$S_{稀释前}$——稀释前溶液中的硫含量，g/L；

$S_{稀释后}$——稀释后溶液中的硫含量，g/L；

$\eta_{C稀}$——稀释过程碳的脱除率，%；

$\text{Na}_2\text{O}_{C\,稀释前}$——稀释前溶液中的碳碱含量，g/L；

$\text{Na}_2\text{O}_{C\,稀释后}$——稀释后溶液中的碳碱含量，g/L；

$\text{Loss}_{\text{Al}_2\text{O}_3稀}$——稀释过程铝的损失率，%；

$\text{Al}_2\text{O}_{3\,稀释前}$——稀释前溶液中的氧化铝含量，g/L；

$\text{Al}_2\text{O}_{3\,稀释后}$——稀释后溶液中的氧化铝含量，g/L。

2. 脱硫效果

稀释槽脱硫结果如表 5-15、表 5-16、图 5-9 和图 5-10 所示。从表 5-15 和图 5-9 可知，当碱浓度为 245g/L 时，在稀释槽中添加铝酸钡和氢氧化钡时，脱硫率为 36.96%~54.65%，脱碳率为 32.64%~44.67%，氢氧化钡的脱硫、脱碳效果较铝酸钡的要好。当添加铝酸钡时，稀释槽中氧化铝没有损失。

表 5-15　稀释过程添加脱硫剂(100%)对脱硫、脱碳及铝损的影响(溶出 N_k=245g/L)

编号	矿样	脱硫剂	不添加脱硫剂/(g/L)			添加脱硫剂/(g/L)			考察指标/%		
			S	Na_2O_C	Al_2O_3	S	Na_2O_C	Al_2O_3	η_S	$\eta_{\text{Na}_2\text{O}_C}$	$\text{Loss}_{\text{Al}_2\text{O}_3}$
1	S1.2–A/S6.5	BaO·Al$_2$O$_3$	2.30	34.6	143.5	1.45	22.4	152.7	36.96	35.26	−6.41
		Ba(OH)$_2$				1.21	19.5	131.5	47.39	43.64	8.36
2	S1.5–A/S6.5	BaO·Al$_2$O$_3$	2.82	34.1	140.9	1.69	21.3	154.3	40.07	37.54	−9.51
		Ba(OH)$_2$				1.42	19.4	135.7	49.65	43.11	3.69
3	S1.8–A/S6.5	BaO·Al$_2$O$_3$	3.44	33.7	142.7	1.76	22.7	156.4	48.84	32.64	−9.60
		Ba(OH)$_2$				1.56	18.9	137.2	54.65	43.92	3.85
4	S$_混$–A/S 6.0	BaO·Al$_2$O$_3$	2.41	32.5	145.4	1.45	20.32	155.6	39.83	37.48	−7.02
		Ba(OH)$_2$				1.35	19.85	138.2	43.98	38.92	4.95
5	S$_清$	BaO·Al$_2$O$_3$	2.26	34.7	146.7	1.36	22.7	157.3	39.82	34.58	−7.23
		Ba(OH)$_2$				1.11	19.2	139.7	50.88	44.67	4.77

注：考察指标" $\text{Loss}_{\text{Al}_2\text{O}_3}$ "中的"−"指铝损为负值，即溶液中铝的增加量。

表 5-16 稀释过程添加脱硫剂（100%）对脱硫、脱碳及铝损的影响（溶出 N_k=200g/L）

编号	矿样	脱硫剂	不添加脱硫剂/(g/L)			添加脱硫剂/(g/L)			考察指标/%		
			S	Na_2O_C	Al_2O_3	S	Na_2O_C	Al_2O_3	η_S	$\eta_{Na_2O_C}$	$Loss_{Al_2O_3}$
1	S1.2– A/S6.5	$BaO \cdot Al_2O_3$	2.58	32.2	136.4	1.53	20.4	146.1	40.70	36.65	-7.11
		$Ba(OH)_2$				1.02	18.7	127.5	60.47	41.93	6.52
2	S1.5– A/S6.5	$BaO \cdot Al_2O_3$	2.97	31.5	135.4	1.72	21.2	148.6	42.09	32.70	-9.75
		$Ba(OH)_2$				1.39	19.3	125.4	53.20	38.73	7.39
3	S1.8– A/S6.5	$BaO \cdot Al_2O_3$	3.21	33.4	137.3	1.89	20.8	146.5	41.12	37.72	-6.70
		$Ba(OH)_2$				1.48	18.5	129.4	53.89	44.61	5.75
4	$S_{龙}$– A/S 6.0	$BaO \cdot Al_2O_3$	2.68	32.7	137.6	1.49	21.7	148.2	44.40	33.64	-7.70
		$Ba(OH)_2$				1.21	19.4	130.1	54.85	40.67	5.45
5	$S_{清}$	$BaO \cdot Al_2O_3$	2.62	33.7	134.6	1.59	21.2	147.2	39.31	37.09	-9.36
		$Ba(OH)_2$				1.21	18.9	127.4	53.82	43.92	5.35

注：考察指标" $Loss_{Al_2O_3}$ "中的"–"指铝损为负值，即溶液中铝的增加量。

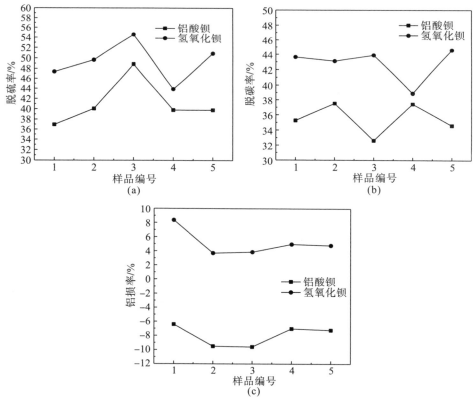

图 5-9 N_k=245g/L 时稀释工序对脱硫、脱碳及铝损的影响

(a)脱硫；(b)脱碳；(c)铝损

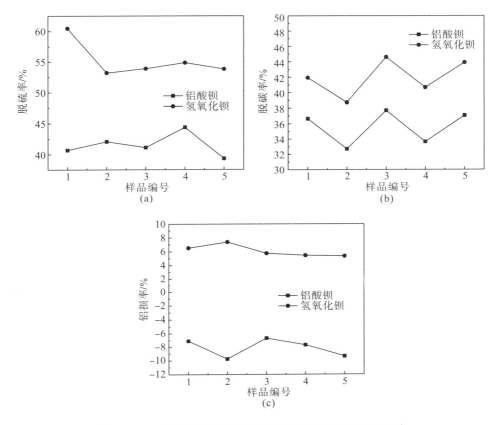

图 5-10　N_k=200g/L 时稀释工序对脱硫、脱碳及铝损的影响

(a)脱硫；(b)脱碳；(c)铝损

从表 5-16 和图 5-10 可知，当碱浓度为 200g/L 时，在稀释槽中添加铝酸钡和氢氧化钡脱硫时，脱硫率为 39.31%~60.47%，脱碳率为 32.70%~44.61%，氢氧化钡的效果更好。相比较而言，苛性碱浓度降低有利于提升脱硫效果，但对脱碳效果和铝损影响不明显，主要是由于随着碱浓度增加，氢氧化钡溶解度有所降低。

3. 脱硫单耗计算

表 5-17 和表 5-18 是 5 种矿石的脱硫成本核算，脱硫剂的添加量按照(N_S+N_C)理论耗量的 100%计算。

表 5-17　稀释槽脱硫单耗(溶出 N_k=245g/L)

矿样	脱硫剂	溶液体积/mL	硫含量/(g/L)	脱硫剂添加量/g	脱硫率/%	脱掉的硫的质量/g	1kg硫需要的脱硫剂的质量/kg
S1.2–A/S6.5	BaO·Al₂O₃	100	2.3	11.44	36.96	0.0850	135
	Ba(OH)₂	100	2.3	12.97	47.39	0.1090	119

矿样	脱硫剂	溶液体积/mL	硫含量/(g/L)	脱硫剂添加量/g	脱硫率/%	脱掉的硫的质量/g	1kg硫需要的脱硫剂的质量/kg
S1.5–A/S6.5	$BaO \cdot Al_2O_3$	100	2.82	11.44	40.07	0.1130	101
	$Ba(OH)_2$	100	2.82	12.97	49.65	0.1400	93
S1.8–A/S6.5	$BaO \cdot Al_2O_3$	100	3.44	11.44	48.84	0.1680	68
	$Ba(OH)_2$	100	3.44	12.97	54.65	0.1880	69
S混–A/S6.0	$BaO \cdot Al_2O_3$	100	2.41	11.44	39.83	0.0960	119
	$Ba(OH)_2$	100	2.41	12.97	43.98	0.1060	122
S清	$BaO \cdot Al_2O_3$	100	2.26	11.44	39.82	0.0900	127
	$Ba(OH)_2$	100	2.26	12.97	50.88	0.1150	113

表 5-18　稀释槽脱硫单耗(溶出 N_k=200g/L)

矿样	脱硫剂	溶液体积/mL	硫含量/(g/L)	脱硫剂添加量/g	脱硫率/%	脱掉的硫的质量/g	1kg硫需要的脱硫剂的质量/kg
S1.2–A/S6.5	$BaO \cdot Al_2O_3$	100	2.58	11.44	40.70	0.1050	109
	$Ba(OH)_2$	100	2.58	12.97	60.47	0.1560	83
S1.5–A/S6.5	$BaO \cdot Al_2O_3$	100	2.97	11.44	42.09	0.1250	91
	$Ba(OH)_2$	100	2.97	12.97	53.20	0.1580	82
S1.8–A/S6.5	$BaO \cdot Al_2O_3$	100	3.21	11.44	41.12	0.1320	87
	$Ba(OH)_2$	100	3.21	12.97	53.89	0.1730	75
S混–A/S6.0	$BaO \cdot Al_2O_3$	100	2.68	11.44	44.40	0.1190	96
	$Ba(OH)_2$	100	2.68	12.97	54.85	0.1470	88
S清	$BaO \cdot Al_2O_3$	100	2.62	11.44	39.31	0.1030	111
	$Ba(OH)_2$	100	2.62	12.97	53.82	0.1410	92

从表 5-17 和表 5-18 可以看出,在稀释槽中脱硫,每脱除 1kg 硫,需要 68～135kg 脱硫剂,相对于高压溶出过程脱硫,脱硫剂单耗有所降低。

5.4.5　粗液脱硫

1. 实验过程

采用上述条件脱硅、溶出稀释条件相同所制备的稀释液(未添加脱硫剂),通过沉降后得到粗液,先测定原液中的硫、碳、有机物及氧化铝含量,再向其中添加脱硫剂,采用正交实验研究的方法,考察温度、时间和脱硫剂的添加量 B(根据化学反应,按照稀释沉降液中硫全部生成硫酸钡所需的铝酸钡的百分含量)对硫、碳和氧化铝损失的影响,三因素分别为脱硫温度、脱硫时间和脱硫剂添加量;在单因素实验的基础上,选择脱硫温度三水平分别为95℃、100℃、105℃;脱硫时间三水平分别为 10min、20min、30min；脱硫剂添加量三水平分别为理论添加量的 60%、80%、100%。分别用 $\eta_{S粗}$、$\eta_{C粗}$、和 $Loss_{Al_2O_3粗}$ 表示，确定较合理的粗液脱硫工艺条件。

$$\eta_{S粗} = \frac{(S_{粗液前} - S_{粗液后})}{S_{粗液前}} \times 100\% \qquad (5-23)$$

$$\eta_{C粗} = \frac{(Na_2O_{C粗液前} - Na_2O_{C粗液后})}{Na_2O_{C粗液前}} \times 100\% \qquad (5-24)$$

$$Loss_{Al_2O_3粗} = \frac{(Al_2O_{3粗液前} - Al_2O_{3粗液后})}{Al_2O_{3粗液前}} \times 100\% \qquad (5-25)$$

式中，$\eta_{S粗}$——粗液中硫的脱除率，%；

　　　　$S_{粗液前}$——粗液脱硫前溶液中的硫含量，g/L；

　　　　$S_{粗液后}$——粗液脱硫后溶液中的硫含量，g/L；

　　　　$\eta_{C粗}$——粗液中碳的脱除率，%；

　　　　$Na_2O_{C粗液前}$——粗液脱硫前溶液中的碳碱含量，g/L；

　　　　$Na_2O_{C粗液后}$——粗液脱硫后溶液中的碳碱含量，g/L；

　　　　$Loss_{Al_2O_3粗}$——粗液中脱硫后铝的损失率，%；

　　　　$Al_2O_{3粗液前}$——粗液脱硫前溶液中的氧化铝含量，g/L；

　　　　$Al_2O_{3粗液后}$——粗液脱硫后溶液中的氧化铝含量，g/L。

2. 铝酸钡脱硫单因素实验

以 S1.2–A/S6.5 矿样经溶出后所制备的粗液为基础，进行单因素实验，考察脱硫温度、脱硫剂添加量及脱硫时间对脱硫率的影响规律，确定正交实验的因素水平。粗液成分为 Al_2O_3（165.56g/L）、Na_2O_K（147.5g/L）、Na_2O_C（17.54g/L）、Na_2O_S（6.24g/L）。

1）温度的影响

在脱硫时间为 20min，脱硫剂理论添加量为 100%时，脱硫温度对脱硫率的影响见表 5-19。

表 5-19　脱硫温度对粗液脱硫率的影响

因子序号	脱硫温度 T/℃	脱硫时间 τ/min	脱硫剂添加量 B/%	脱硫率 η_S/%
1	90	20	100	61.21
2	95	20	100	60.06
3	100	20	100	59.13
4	105	20	100	56.32
5	110	20	100	52.43

由表 5-19 可知，脱硫率随温度的升高而降低。当脱硫剂添加量为 100%，脱硫时间为 20min，脱硫温度为 90℃时，脱硫率为 61.21%；当温度升高到 110℃时，脱硫率降低至 52.43%，这是由于温度升高，碳酸根更易于与钡盐发生反应，降低钡盐有效量。而工业生产中粗液温度在 95～105℃，故后续实验选择 95℃考察脱硫率。

2) 脱硫剂添加量的影响

脱硫时间为 20min，温度为 95℃时，脱硫剂添加量对粗液脱硫率的影响见表 5-20。

表 5-20　脱硫剂添加量对粗液脱硫率的影响

因子序号	脱硫温度 $T/℃$	脱硫时间 τ/min	脱硫剂添加量 $B/\%$	脱硫率 $\eta_S/\%$
1	95	20	20	5.28
2	95	20	40	13.51
3	95	20	60	24.42
4	95	20	80	37.82
5	95	20	100	60.25

由表 5-20 可知，脱硫剂添加量对脱硫率的影响较大。当添加量为 20%时，脱硫率仅为 5.28%，而当脱硫剂添加量增加到 100%时，脱硫率可增加到 60.25%。这是由于粗液中碳酸钠浓度大于硫酸钠浓度，碳酸钠消耗了较多的脱硫剂。因此在后续的正交试验中仅选择脱硫剂量为 100%的条件。

3) 脱硫时间的影响

脱硫剂添加量为 100%，脱硫温度为 95℃，脱硫时间对粗液脱硫的影响见表 5-21。

表 5-21　脱硫时间对粗液脱硫率的影响

因子序号	脱硫温度 $T/℃$	脱硫时间 τ/min	脱硫剂添加量 $B/\%$	脱硫率 $\eta_S/\%$
1	95	10	100	54.64
2	95	15	100	56.82
3	95	20	100	59.42
4	95	25	100	60.87
5	95	30	100	61.06

由表 5-21 可知，脱硫率随脱硫时间的延长而逐渐增大。当脱硫时间超过 25min后，脱硫率增加趋势变缓，当脱硫时间为 30min 时，脱硫率达到 61.06%。

3. 脱硫正交实验

1）S1.2–A/S6.5 的配矿原料

分别对采用苛性碱浓度为 200g/L 和 245g/L 溶出制备的粗液进行脱硫，实验结果见表 5-22～表 5-25。

从表 5-22 可知，对 S 含量为 1.2 的矿样，苛性碱浓度为 200g/L 进行溶出后所得粗液，各因素对脱硫率的影响顺序为脱硫剂添加量>脱硫时间>脱硫温度，最优条件为 $T_1\tau_3B_3$，即脱硫温度为 95℃，脱硫时间为 30min，脱硫剂添加量为 100%，正交实验脱硫结果的回归方程为

$$\eta_S = \overline{\eta}_S + \Phi(A) + \Phi(B) + \Phi(C) = 0.1252T^2 - 25.366T - 0.0265\tau^2 \\ + 1.3972\tau + 0.01083B^2 - 0.85867B + 1301.367 \tag{5-26}$$

代入极差分析最佳条件，脱硫率为 62.03%，通过验证实验，脱硫率为 61.06%。

表 5-22 还显示，脱碳率与脱硫率成互补关系，脱硫率高时，脱碳率较低，反之亦然。温度为 95℃、100℃和 105℃时，平均脱碳率分别为 65.11%、69.55%和 64.39%，时间为 10min、20min 和 30min 时，平均脱碳率分别为 68.89%、65.57% 和 64.59%，脱硫剂添加量为 60%、80%和 100%时，平均脱碳率分别为 79.95%、67.69%和 51.41%，温度和时间对脱碳率的影响较小，脱硫剂添加量的影响较大，添加量越大，脱碳率越低，铝酸钡脱硫剂对铝损没有影响。

表 5-22　S1.2–A/S6.5 粗液添加铝酸钡脱硫正交表（溶出 N_k=200g/L）

实验号	净化条件			溶液成分/(g/L)				评价指标/%		
	T/℃	τ/min	B/%	Al_2O_3	Na_2O_K	Na_2O_C	Na_2O_S	η_S	$\eta_{Na_2O_C}$	$Loss_{Al_2O_3}$
原液	—	—	—	165.56	147.50	17.54	6.24	—	—	—
1	95	10	60	197.75	157.50	3.59	4.81	22.92	79.53	无损失
2	95	20	80	212.54	165.00	5.92	3.88	37.82	66.25	无损失
3	95	30	100	219.53	172.50	8.85	2.43	61.06	49.54	无损失
4	100	10	80	212.49	165.00	4.46	4.51	27.72	74.57	无损失
5	100	20	100	217.76	175.00	8.40	2.55	59.13	52.11	无损失
6	100	30	60	195.2	162.50	3.16	4.95	20.67	81.98	无损失
7	105	10	100	210.58	171.50	8.32	3.10	50.32	52.57	无损失
8	105	20	60	203.55	155.00	3.80	4.86	22.12	78.34	无损失
9	105	30	80	216.46	165.00	6.62	3.77	39.58	62.26	无损失
均值 1	40.60	33.65	21.90							
均值 2	35.84	39.69	35.04							
均值 3	37.34	40.44	56.84							
极差	4.76	6.79	34.94							

从表 5-23 可知，对 S 含量为 1.2 的矿样，苛性碱浓度为 200g/L 进行溶出后所得粗液，各因素对脱硫率的影响程度大小顺序为脱硫剂添加量>脱硫时间>脱硫温度，最优条件为 $T_1\tau_3B_3$，即脱硫温度为 95℃，脱硫时间为 30min，脱硫剂添加量为 100%，正交实验脱硫结果的回归方程为

$$\eta_S = \overline{\eta}_S + \Phi(A) + \Phi(B) + \Phi(C) = 0.0727T^2 - 14.6827T + 0.0062\tau^2$$
$$- 0.0463\tau + 0.0029B^2 + 0.4000B + 727.7278 \tag{5-27}$$

代入极差分析最佳条件，得出最佳脱硫率为 η_S=62.18%，采用较佳条件进行验证试验得 η_S=64.58%。

常温下硫酸钡的溶度积 K_{sp}=1.1×10^{-10}，碳酸钡的溶度积 K_{sp}=5×10^{-9}，因此硫优先被脱除，但由于碳酸根的浓度大于硫酸根，两者均可脱除，脱碳率与脱硫率成互补关系，即碳酸根消耗钡盐高时硫酸根消耗相对低些，反之亦然，与实验数据相吻合。温度和时间对脱碳率的影响较小，脱硫剂的添加量的影响较大，当氢氧化钡添加量为 60%、80% 和 100% 时，平均脱碳率分别为 77.04%、66.55% 和 53.67%。以氢氧化钡为脱硫剂，会对粗液中的铝造成一定损失。

表 5-23　S1.2–A/S6.5 粗液添加氢氧化钡脱硫正交表 (溶出 N_k=200g/L)

实验号	净化条件			溶液成分/(g/L)				评价指标/%		
	$T/℃$	τ/min	B/%	Al_2O_3	Na_2O_K	Na_2O_C	Na_2O_S	η_S	$\eta_{Na_2O_C}$	$Loss_{Al_2O_3}$
原液	—	—	—	165.56	147.50	17.54	6.24	—	—	—
1	95	10	60	163.21	157.50	3.57	4.75	23.88	79.65	1.42
2	95	20	80	160.24	156.25	5.76	3.85	38.30	67.16	3.21
3	95	30	100	158.49	152.50	8.10	2.21	64.58	53.82	4.27
4	100	10	80	157.23	153.25	5.43	3.78	39.42	69.04	5.03
5	100	20	100	163.89	155.75	7.64	2.65	57.53	56.44	1.01
6	100	30	60	154.36	154.75	4.26	4.86	22.12	75.71	6.76
7	105	10	100	157.25	157.50	8.64	2.87	54.01	50.74	5.02
8	105	20	60	154.33	151.50	4.25	4.64	25.64	75.77	6.78
9	105	30	80	163.27	154.75	6.41	3.58	42.63	63.45	1.38
均值1	42.25	39.10	23.88							
均值2	39.69	40.49	40.12							
均值3	40.76	43.11	58.71							
极差	2.56	4.01	34.83							

表 5-24 显示，对 S 含量为 1.2 的矿样，苛性碱浓度为 245g/L 进行溶出后所得粗液，各因素对脱硫率的影响程度大小顺序为脱硫剂添加量>脱硫时间>脱硫温度，最优条件为 $T_1\tau_3B_3$，即脱硫温度为 95℃，脱硫时间为 30min，脱硫剂添加量为 100%，正交实验脱硫结果的回归方程为

$$\eta_S = \bar{\eta}_S + \Phi(A) + \Phi(B) + \Phi(C) = 0.1188T^2 - 24.06933T - 0.0247\tau^2 \tag{5-28}$$
$$+ 1.30983\tau + 0.01033B^2 - 0.821677B + 1240.177$$

代入极差分析最佳条件，得出最佳脱硫率为 η_S=63.95%，采用较佳条件进行验证试验得 η_S=63.10%。脱碳率与脱硫率成互补关系，温度和时间对脱碳率的影响较小，脱硫剂的添加量的影响较大。通过对表 5-24 的数据计算得出，温度为 95℃、100℃和 105℃时，平均脱碳率分别为 58.74%、66.86%和 60.78%，时间为 10min、20min 和 30min 时，平均脱碳率分别为 69.35%、58.85%和 58.18%，脱硫剂添加量为 60%、80%和 100%时，平均脱碳率分别为 78.75%、66.57%和 41.06%。添加铝酸钡脱硫时，粗液中铝含量均无损失。

表 5-24　S1.2–A/S6.5 粗液添加铝酸钡脱硫正交表（溶出 N_k=245g/L）

实验号	净化条件			溶液成分/(g/L)				评价指标/%		
	T/℃	τ/min	B/%	Al_2O_3	Na_2O_K	Na_2O_C	Na_2O_S	η_S	$\eta_{Na_2O_C}$	$Loss_{Al_2O_3}$
原液	—	—	—	157.84	140.00	20.89	5.61	—	—	—
1	95	10	60	190.95	150.00	4.27	4.11	26.74	79.56	无损失
2	95	20	80	203.45	157.50	8.31	3.32	40.82	60.22	无损失
3	95	30	100	212.5	165.00	13.28	2.07	63.10	36.43	无损失
4	100	10	80	205.94	157.50	3.92	3.85	31.37	81.24	无损失
5	100	20	100	210.67	167.50	12.64	2.18	61.14	39.49	无损失
6	100	30	60	187.42	152.50	4.21	4.23	24.60	79.85	无损失
7	105	10	100	202.85	164.00	11.02	2.65	52.76	47.25	无损失
8	105	20	60	195.65	152.50	4.84	4.15	26.02	76.83	无损失
9	105	30	80	208.42	157.50	8.72	3.22	42.60	58.26	无损失
均值 1	43.55	36.96	25.79							
均值 2	39.04	42.66	38.27							
均值 3	40.46	43.43	59.00							
极差	4.52	6.48	33.21							

表 5-25 显示，苛性碱浓度为 245g/L 进行溶出后所得粗液，各因素对脱硫率影响顺序为脱硫剂添加量>脱硫时间>脱硫温度，最优条件为 $T_1\tau_3B_3$，即脱硫温度为 95℃，脱硫时间为 30min，脱硫剂添加量为 100%，脱硫结果的回归方程为

$$\eta_S = \overline{\eta}_S + \Phi(A) + \Phi(B) + \Phi(C) = 0.1000T^2 - 20.5233T - 0.0303\tau^2 \\ + 1.5330\tau + 0.0080B^2 - 0.4500B + 1059.4567 \tag{5-29}$$

代入极差分析最佳条件，得出最佳脱硫率为 65.96%，验证实验结果为 64.71%。

表 5-25 还显示，以氢氧化钡为脱硫剂，会造成一定铝损。脱碳率与脱硫率成互补关系，通过计算，温度为 95℃、100℃和 105℃时，平均脱碳率分别为 58.42%、66.54% 和 70.88%，时间为 10min、20min 和 30min 时，平均脱碳率分别为 78.79%、59.12% 和 57.92%，脱硫剂添加量为 60%、80% 和 100% 时，平均脱碳率分别为 78.09%、66.87% 和 50.87%，脱碳率随温度升高、时间缩短和脱硫剂用量减少而提高。

表 5-25　S1.2–A/S6.5 粗液添加氢氧化钡脱硫正交表（溶出 N_k=245g/L）

实验号	净化条件			溶液成分/(g/L)				评价指标/%		
	T/℃	τ/min	B/%	Al_2O_3	Na_2O_K	Na_2O_C	Na_2O_S	η_S	$\eta_{Na_2O_C}$	$Loss_{Al_2O_3}$
原液	—	—	—	157.84	140.00	20.89	5.61	—	—	—
1	95	10	60	155.62	150.00	4.58	3.96	29.41	78.08	1.41
2	95	20	80	150.35	152.25	8.21	3.12	44.39	60.70	4.75
3	95	30	100	151.26	147.75	13.27	1.98	64.71	36.48	4.17
4	100	10	80	156.23	147.55	3.87	3.74	33.33	81.47	1.02
5	100	20	100	154.26	150.25	12.68	2.03	63.81	39.30	2.27
6	100	30	60	150.79	144.50	4.42	4.15	26.02	78.84	4.47
7	105	10	100	149.32	148.75	4.84	2.65	52.76	76.83	5.40
8	105	20	60	154.56	146.25	4.73	4.15	26.02	77.36	2.08
9	105	30	80	143.75	147.25	8.68	3.14	44.03	58.45	8.93
均值1	46.17	38.50	27.15							
均值2	41.06	44.74	40.58							
均值3	40.94	44.92	60.43							
极差	5.23	6.42	33.27							

2）S1.5–A/S6.5 的配矿原料

苛性碱浓度分别为 200g/L 和 245g/L 溶出的粗液，脱硫实验结果见表 5-26～表 5-29。

表 5-26 显示,对 S 含量为 1.5 的矿样,苛性碱浓度为 200g/L 溶出后所制的粗液,各因素对脱硫率的影响程度大小顺序为脱硫剂添加量>脱硫时间>脱硫温度,最优条件为 $T_1\tau_3B_3$,即脱硫温度为 95℃,脱硫时间为 30min,脱硫剂添加量为 100%,正交实验脱硫结果的回归方程为

$$\eta_S = \overline{\eta}_S + \Phi(A) + \Phi(B) + \Phi(C) = 0.07933T^2 - 16.264T - 0.0103\tau^2 \\ + 0.700667\tau + 0.00307B^2 - 0.37625B + 817.2922 \tag{5-30}$$

代入极差分析最佳条件,最佳脱硫率为 68.31%,验证实验结果为 66.71%。

表 5-26 还显示,脱碳率与脱硫率成互补关系,通过计算,温度为 95℃、100℃ 和 105℃时,平均脱碳率分别为 55.42%、58.46% 和 58.53%,时间为 10min、20min 和 30min 时,平均脱碳率分别为 60.40%、56.80% 和 55.20%,脱硫剂添加量为 60%、80% 和 100% 时,平均脱碳率分别为 73.66%、58.31% 和 40.44%,温度和时间对脱碳率的影响较小,脱硫剂添加量的影响较大。以铝酸钡脱硫时,粗液中铝含量无损失。

表 5-26　S1.5–A/S6.5 粗液添加铝酸钡脱硫正交表(溶出 N_k=200g/L)

实验号	净化条件			溶液成分/(g/L)				评价指标/%		
	T/℃	τ/min	B/%	Al_2O_3	Na_2O_K	Na_2O_C	Na_2O_S	η_S	$\eta_{Na_2O_C}$	$Loss_{Al_2O_3}$
原液	—	—	—	167.26	152.50	18.35	7.30	—	—	—
1	95	10	60	199.55	162.50	5.26	5.08	30.41	71.34	无损失
2	95	20	80	214.39	172.50	7.99	3.88	46.85	56.46	无损失
3	95	30	100	221.18	177.50	11.29	2.43	66.71	38.47	无损失
4	100	10	80	214.48	172.50	6.50	4.50	38.36	64.58	无损失
5	100	20	100	220.06	178.50	11.46	2.55	65.07	37.55	无损失
6	100	30	60	197.25	167.50	4.91	5.21	28.63	73.24	无损失
7	105	10	100	212.57	176.50	10.04	3.10	57.53	45.29	无损失
8	105	20	60	205.10	165.00	4.33	5.39	26.16	76.40	无损失
9	105	30	80	217.88	170.00	8.46	3.77	48.36	53.90	无损失
均值 1	47.99	42.10	28.40							
均值 2	44.02	46.03	44.52							
均值 3	44.02	47.90	63.11							
极差	3.97	5.80	34.70							

表 5-27 显示，对 S 含量为 1.5 的矿样，苛性碱浓度为 200g/L 溶出后所制的粗液，各因素对脱硫率的影响程度大小顺序为脱硫剂添加量>脱硫时间>脱硫温度，最优条件为 $T_1\tau_3B_3$，即脱硫温度为 95℃，脱硫时间为 30min，脱硫剂添加量为 100%，正交实验脱硫结果的回归方程为

$$\eta_S = \bar{\eta}_S + \Phi(A) + \Phi(B) + \Phi(C) = 0.0731T^2 - 15.0427T - 0.0201\tau^2 \\ + 1.1868\tau + 0.0059B^2 - 0.0077B + 765.7178 \tag{5-31}$$

代入极差分析条件，最佳脱硫率为 72.13%，验证实验结果为 69.73%。

表 5-27 还显示，脱碳率与脱硫率成互补关系，计算得出，当温度为 95℃、100℃ 和 105℃时，平均脱碳率分别为 56.42%、57.76%和 57.69%，时间为 10min、20min 和 30min 时，平均脱碳率分别为 59.53%、57.29%和 55.06%，脱硫剂添加量为 60%、80%和 100%时，其平均脱碳率分别为 73.61%、58.27%和 40.00%，温度和时间的影响较小，脱硫剂添加量的影响较大。在此条件下，铝平均损失小于 3%。

表 5-27　S1.5–A/S6.5 粗液添加氢氧化钡脱硫正交表（溶出 N_k=200g/L）

实验号	净化条件			溶液成分/(g/L)				评价指标/%		
	T/℃	τ/min	B/%	Al_2O_3	Na_2O_K	Na_2O_C	Na_2O_S	η_S	$\eta_{Na_2O_C}$	$Loss_{Al_2O_3}$
原液	—	—	—	167.26	152.50	18.35	7.30	—	—	—
1	95	10	60	165.42	160.25	5.12	5.10	30.14	72.10	1.10
2	95	20	80	163.21	160.75	7.85	3.76	48.49	57.22	2.42
3	95	30	100	166.12	162.25	11.02	2.21	69.73	39.95	0.68
4	100	10	80	164.32	161.25	6.60	4.61	36.85	64.03	1.76
5	100	20	100	160.89	162.75	11.45	2.21	69.73	37.60	3.81
6	100	30	60	164.76	157.50	5.20	5.12	29.86	71.66	1.49
7	105	10	100	162.59	160.50	10.56	2.95	59.59	42.45	2.79
8	105	20	60	167.15	156.50	4.21	5.41	25.89	77.06	0.05
9	105	30	80	161.28	162.25	8.52	3.65	50.00	53.57	3.58
均值 1	49.45	42.19	28.63							
均值 2	45.48	48.04	45.11							
均值 3	45.16	49.86	66.35							
极差	4.29	7.67	37.72							

表 5-28 显示，苛性碱浓度为 245g/L 进行溶出后所得粗液，各因素对脱硫率的影响程度大小顺序为脱硫剂添加量>脱硫时间>脱硫温度，最优条件为 $T_1\tau_3B_3$，

即脱硫温度为 95℃，脱硫时间为 30min，脱硫剂添加量为 100%。

正交实验脱硫结果的回归方程为

$$\eta_S = \bar{\eta}_S + \Phi(A) + \Phi(B) + \Phi(C) = 0.11773T^2 - 23.850667T - 0.0254\tau^2 \\ + 1.339334\tau + 0.01022B^2 - 0.8045833B + 1228.079 \tag{5-32}$$

代入极差分析条件，最佳脱硫率为 63.91%，验证实验结果为 63.01%。

表 5-28 还显示，脱碳率与脱硫率成互补关系。当温度为 95℃、100℃ 和 105℃ 时，平均脱碳率分别为 57.67%、61.12% 和 60.98%，时间为 10min、20min 和 30min 时，平均脱碳率分别为 63.97%、57.64% 和 58.16%，脱硫剂添加量为 60%、80% 和 100% 时，平均脱碳率分别为 74.06%、63.68% 和 42.04%，温度、时间、脱硫剂 添加量对脱碳率与铝损的影响规律与前述相似。

表 5-28　S1.5–A/S6.5 粗液铝酸钡脱硫正交表 (溶出 N_k=245g/L)

实验号	净化条件			溶液成分/(g/L)			评价指标/%			
	T/℃	τ/min	B/%	Al_2O_3	Na_2O_K	Na_2O_C	Na_2O_S	η_S	$\eta_{Na_2O_C}$	$Loss_{Al_2O_3}$
原液	—	—	—	159.56	140.00	21.52	6.57	—	—	—
1	95	10	60	192.65	157.50	5.57	4.82	26.64	74.12	无损失
2	95	20	80	205.55	157.50	8.56	3.88	40.94	60.22	无损失
3	95	30	100	213.70	165.00	13.20	2.43	63.01	38.66	无损失
4	100	10	80	207.83	162.50	6.55	4.51	31.35	69.56	无损失
5	100	20	100	213.13	170.00	13.08	2.55	61.19	39.22	无损失
6	100	30	60	190.32	152.50	5.47	4.95	24.66	74.58	无损失
7	105	10	100	204.05	165.00	11.14	3.10	52.82	48.23	无损失
8	105	20	60	198.33	157.50	5.71	4.86	26.03	73.47	无损失
9	105	30	80	210.65	162.50	8.34	3.77	42.62	61.25	无损失
均值 1	43.53	36.94	25.77							
均值 2	39.07	42.72	38.31							
均值 3	40.49	43.43	59.01							
极差	4.46	6.49	33.23							

表 5-29 显示，苛性碱浓度为 245g/L 进行溶出后所得粗液，各因素对脱硫率 的影响程度大小顺序为脱硫剂添加量>脱硫时间>脱硫温度，最优条件为 $T_1\tau_2B_3$，即脱硫温度为 95℃，脱硫时间为 20min，脱硫剂添加量为 100%。

正交实验脱硫结果的回归方程为

$$\eta_S = \overline{\eta}_S + \Phi(A) + \Phi(B) + \Phi(C) = 0.0913T^2 - 18.6290T - 0.0441\tau^2$$
$$+ 2.1307\tau + 0.0078B^2 - 0.4331B + 951.2711 \tag{5-33}$$

代入极差分析条件，最佳脱硫率为 65.16%，验证实验结果为 63.77%。

表 5-29 还显示，当温度为 95℃、100℃和 105℃时，平均脱碳率分别为 58.18%、61.57%和 60.67%，时间为 10min、20min 和 30min 时，平均脱碳率分别为 64.27%、57.61%和 58.55%，脱硫剂添加量为 60%、80%和 100%时，平均脱碳率分别为 73.98%、63.63%和 42.81%，温度、时间、脱硫剂添加量对脱碳率与铝损的影响规律与前述相似。

表 5-29　S1.5–A/S6.5 粗液氢氧化钡脱硫正交表（溶出 N_k=245g/L）

实验号	净化条件			溶液成分/(g/L)				评价指标/%		
	$T/℃$	τ/min	$B/\%$	Al_2O_3	Na_2O_K	Na_2O_C	Na_2O_S	η_S	$\eta_{Na_2O_C}$	$Loss_{Al_2O_3}$
原液	—	—	—	159.56	140.00	21.52	6.57	—	—	—
1	95	10	60	155.45	150.25	5.60	4.75	27.70	73.98	2.58
2	95	20	80	157.25	152.25	8.51	3.75	42.92	60.46	1.45
3	95	30	100	159.23	155.75	12.89	2.42	63.17	40.10	0.42
4	100	10	80	155.87	148.75	6.45	4.45	32.27	70.03	2.31
5	100	20	100	154.32	146.50	13.01	2.35	64.23	39.54	3.28
6	100	30	60	151.48	150.50	5.35	4.94	24.81	75.14	5.06
7	105	10	100	149.58	149.25	11.02	3.25	50.53	48.79	6.25
8	105	20	60	157.26	151.25	5.85	4.76	27.55	72.82	1.44
9	105	30	80	150.32	146.50	8.52	3.65	44.44	60.41	5.79
均值1	44.60	36.83	26.69							
均值2	40.44	44.90	39.88							
均值3	40.84	44.14	59.31							
极差	3.75	7.31	32.62							

3）S1.8–A/S6.5 的配矿原料

苛性碱浓度为 200g/L 和 245g/L 溶出的粗液，脱硫实验结果见表 5-30～表 5-33。

表 5-30 显示，各因素对脱硫率的影响程度大小顺序为脱硫剂添加量>脱硫时间>脱硫温度，最优条件为 $T_1\tau_3B_3$，即脱硫温度为 95℃，脱硫时间为 30min，脱硫剂添加量为 100%。正交实验脱硫结果的回归方程为

$$\eta_{\mathrm{S}} = \overline{\eta}_{\mathrm{S}} + \varPhi(A) + \varPhi(B) + \varPhi(C) = 0.0736T^2 - 15.08733T - 0.0092\tau^2$$
$$+ 0.635333\tau + 0.00286B^2 + 3365833B + 768.7267 \tag{5-34}$$

代入极差分析最佳条件，脱硫率为 72.73%，验证实验结果为 71.3%。

表 5-30 还显示，脱碳率与脱硫率成互补关系，当温度为 95℃、100℃和 105℃时，平均脱碳率分别为 52.25%、55.92%和 55.00%，时间为 10min、20min 和 30min时，平均脱碳率分别为 57.52%、53.69%和 51.95%，脱硫剂添加量为 60%、80%和 100%时，平均脱碳率分别为 69.04%、55.24%和 38.89%，温度、时间、脱硫剂添加量对脱碳率与铝损的影响规律与前述相似。

表 5-30　S1.8–A/S6.5 粗液铝酸钡脱硫正交表（溶出 N_k=200g/L）

实验号	净化条件			溶液成分/(g/L)				评价指标/%		
	$T/℃$	τ/min	$B/\%$	Al_2O_3	Na_2O_K	Na_2O_C	Na_2O_S	η_{S}	$\eta_{Na_2O_C}$	$Loss_{Al_2O_3}$
原液	—	—	—	168.65	155.00	19.14	7.98	—	—	—
1	95	10	60	201.15	165.00	6.15	4.95	37.97	67.87	无损失
2	95	20	80	216.04	172.50	8.95	3.75	53.01	53.24	无损失
3	95	30	100	222.60	180.00	12.32	2.29	71.30	35.63	无损失
4	100	10	80	216.26	177.50	7.42	4.37	45.24	61.23	无损失
5	100	20	100	221.95	183.00	11.95	2.42	69.67	37.57	无损失
6	100	30	60	199.75	172.50	5.94	5.08	36.34	68.97	无损失
7	105	10	100	214.22	178.00	10.82	2.97	62.78	43.47	无损失
8	105	20	60	206.76	167.50	5.69	5.26	34.09	70.27	无损失
9	105	30	80	219.75	172.50	9.33	3.64	54.39	51.25	无损失
均值 1	54.09	48.66	36.13							
均值 2	50.42	52.26	50.88							
均值 3	50.42	54.01	67.92							
极差	3.68	5.35	31.79							

表 5-31 显示，苛性碱浓度为 200g/L 进行溶出后所得粗液，各因素对脱硫率的影响程度大小顺序为脱硫剂添加量>脱硫时间>脱硫温度，最优条件为 $T_1\tau_3B_3$，即脱硫温度为 95℃，脱硫时间为 30min，脱硫剂添加量为 100%。

正交实验脱硫结果的回归方程为

$$\eta_{\mathrm{S}} = \overline{\eta}_{\mathrm{S}} + \varPhi(A) + \varPhi(B) + \varPhi(C) = 0.0577T^2 - 11.7680T - 0.0025\tau^2$$
$$+ 0.2678\tau + 0.0045B^2 + 0591B + 611.0456 \tag{5-35}$$

代入极差分析最佳条件，脱硫率为70.52%，验证实验结果为70.68%。

表 5-31 还显示，脱碳率与脱硫率成互补关系，温度、时间、脱硫剂添加量对脱碳率与铝损的影响规律与前述相似。温度为95℃、100℃和105℃时，平均脱碳率分别为52.68%、56.08%和54.37%，平均铝损分别为2.70%、1.92%和2.59%；时间为10min、20min和30min时，平均脱碳率分别为57.66%、53.75%和51.73%，平均铝损分别为3.23%、2.05%和1.92%；氢氧化钡添加量为60%、80%和100%时，平均脱碳率分别为68.29%、56.03%和38.82%，平均铝损分别为1.73%、1.95%和3.53%。

表 5-31　S1.8–A/S6.5 粗液氢氧化钡脱硫正交表（溶出 N_k=200g/L）

实验号	净化条件			溶液成分/(g/L)				评价指标/%		
	T/℃	τ/min	B/%	Al_2O_3	Na_2O_K	Na_2O_C	Na_2O_S	η_S	$\eta_{Na_2O_C}$	$Loss_{Al_2O_3}$
原液	—	—	—	168.65	155.00	19.14	7.98	—	—	—
1	95	10	60	165.51	165.25	6.02	4.91	38.47	68.55	1.86
2	95	20	80	166.21	158.50	8.73	3.92	50.88	54.39	1.45
3	95	30	100	160.57	160.50	12.42	2.34	70.68	35.11	4.79
4	100	10	80	162.35	160.75	7.34	4.21	47.24	61.65	3.74
5	100	20	100	165.78	161.25	11.76	2.45	69.30	38.56	1.70
6	100	30	60	168.12	159.50	6.12	5.12	35.84	68.03	0.31
7	105	10	100	161.76	162.25	10.95	2.85	64.29	42.79	4.09
8	105	20	60	163.58	160.75	6.07	5.14	35.59	68.29	3.01
9	105	30	80	167.52	161.25	9.18	3.71	53.51	52.04	0.67
均值1	53.34	50.00	36.63							
均值2	50.79	51.92	50.54							
均值3	51.13	53.34	68.09							
极差	2.55	3.34	31.45							

表 5-32 显示，各因素对脱硫率的影响程度大小顺序为脱硫剂添加量>脱硫时间>脱硫温度，最优条件为 $T_1\tau_3B_3$，即脱硫温度为95℃，脱硫时间为30min，脱硫剂添加量为100%。

正交实验脱硫结果的回归方程为

$$\eta_S = \overline{\eta}_S + \Phi(A) + \Phi(B) + \Phi(C) = 0.07347T^2 - 15.06T - 0.0095\tau^2 \\ + 0.646833\tau + 0.00284B^2 + 0.346B + 764.5311 \tag{5-36}$$

代入极差分析最佳条件，脱硫率为 70.75%，验证实验结果为 69.28%。

表 5-32 还显示，温度为 95℃、100℃ 和 105℃时，平均脱碳率分别为 48.99%、49.31% 和 51.09%，时间为 10min、20min 和 30min 时，平均脱碳率分别为 52.68%、49.31% 和 47.39%，脱硫剂添加量为 60%、80% 和 100%时，平均脱碳率分别为 65.28%、50.12% 和 33.98%，温度和时间对脱碳率的影响较小，脱硫剂的添加量对脱碳率的影响较大，脱硫率高时，脱碳率较低。添加铝酸钡脱硫时，粗液中铝含量有所增加，铝酸钡添加量较温度和时间的影响更大。

表 5-32　S1.8–A/S6.5 粗液添加铝酸钡脱硫正交表(溶出 N_k=245g/L)

实验号	净化条件			溶液成分/(g/L)				评价指标/%		
	T/℃	τ/min	B/%	Al_2O_3	Na_2O_K	Na_2O_C	Na_2O_S	η_S	$\eta_{Na_2O_C}$	$Loss_{Al_2O_3}$
原液	—	—	—	158.56	140.00	22.12	7.91	—	—	—
1	95	10	60	192.50	152.50	7.83	5.08	35.78	64.60	无损失
2	95	20	80	205.00	157.50	11.01	3.88	50.95	50.23	无损失
3	95	30	100	215.00	165.50	15.01	2.43	69.28	32.14	无损失
4	100	10	80	207.50	160.00	10.20	4.50	43.11	53.89	无损失
5	100	20	100	212.50	170.00	15.43	2.55	67.76	30.24	无损失
6	100	30	60	190.00	155.00	8.01	5.21	34.13	63.79	无损失
7	105	10	100	205.00	166.50	13.37	3.10	60.81	39.56	无损失
8	105	20	60	197.50	155.00	7.20	5.39	31.86	67.45	无损失
9	105	30	80	210.00	162.50	11.89	3.77	52.34	46.25	无损失
均值 1	52.00	46.57	33.92							
均值 2	48.34	50.19	48.80							
均值 3	48.34	51.92	65.95							
极差	3.67	5.35	32.03							

表 5-33 显示，各因素对脱硫率的影响程度大小顺序为脱硫剂添加量>脱硫时间>脱硫温度，最优条件为 $T_1\tau_3B_3$，即脱硫温度为 95℃，脱硫时间为 30min，脱硫剂添加量为 100%。

正交实验脱硫结果的回归方程为

$$\eta_S = \overline{\eta}_S + \Phi(A) + \Phi(B) + \Phi(C) = 0.0640T^2 - 13.0780T - 0.0169\tau^2$$
$$+ 0.9608\tau - 0.0017B^2 + 1.0054B + 636.2733 \tag{5-37}$$

代入极差分析最佳条件，脱硫率为 68.62%，验证实验结果为 68.27%。

表 5-33 还显示，温度为 95℃、100℃和 105℃时，平均脱碳率分别为 49.43%、60.59%和 50.54%，平均铝损分别为 2.15%、4.37%和 4.04%；时间为 10min、20min 和 30min 时，平均脱碳率分别为 53.15%、60.49%和 46.93%，平均铝损分别为 3.87%、3.46%和 3.23%；脱硫剂添加量为 60%、80%和 100%时，平均脱碳率分别为 64.96%、49.82%和 45.78%，平均铝损分别为 2.77%、4.45%和 3.34%，在此条件下，温度、时间和脱硫剂添加量对铝损影响不明显，但铝损较高，脱碳率与脱硫率仍然成互补关系。

表 5-33　S1.8–A/S6.5 粗液添加氢氧化钡脱硫正交表（溶出 N_k=245g/L）

实验号	净化条件			溶液成分/(g/L)				评价指标/%		
	$T/℃$	τ/min	$B/\%$	Al_2O_3	Na_2O_K	Na_2O_C	Na_2O_S	η_S	$\eta_{Na_2O_C}$	$Loss_{Al_2O_3}$
原液	—	—	—	158.56	140.00	22.12	7.91	—	—	—
1	95	10	60	155.52	152.50	7.73	5.10	35.52	65.05	1.92
2	95	20	80	153.24	150.25	10.94	3.78	52.21	50.54	3.36
3	95	30	100	156.72	147.08	14.89	2.51	68.27	32.69	1.16
4	100	10	80	150.43	148.25	10.15	4.31	45.51	54.11	5.13
5	100	20	100	151.74	150.25	7.88	2.65	66.50	64.38	4.30
6	100	30	60	152.74	150.50	8.12	5.14	35.02	63.29	3.67
7	105	10	100	151.33	149.50	13.21	3.25	58.91	40.28	4.56
8	105	20	60	154.25	149.25	7.40	5.15	34.89	66.55	2.72
9	105	30	80	150.87	146.25	12.21	3.65	53.86	44.80	4.85
均值 1	52.00	46.65	35.15							
均值 2	49.01	51.20	50.53							
均值 3	49.22	52.38	64.56							
极差	2.99	5.73	29.41							

4）$S_{混1}$–A/S6.0 的配矿原料

苛性碱浓度为 200g/L 和 245g/L 溶出的粗液，脱硫实验结果见表 5-34～表 5-37。

表 5-34 显示，各因素对脱硫率的影响程度大小顺序为脱硫剂添加量>脱硫时间>脱硫温度，最优条件为 $T_1\tau_3B_3$，即脱硫温度为 95℃，脱硫时间为 30min，脱硫剂添加量为 100%。正交实验脱硫结果的回归方程为

$$\eta_S = \overline{\eta}_S + \Phi(A) + \Phi(B) + \Phi(C) = 0.1308T^2 - 26.5820T - 0.0219\tau^2$$
$$+ 1.1897\tau - 0.0007B^2 + 0.7898B + 1323.5267 \tag{5-38}$$

代入极差分析最佳条件，脱硫率为 66.67%，验证实验结果为 65.03%。

表 5-34 还显示，温度为 95℃、100℃和 105℃时，平均脱碳率分别为 55%、53.53%和 60.14%，时间为 10min、20min 和 30min 时，平均脱碳率分别为 57.94%、54.64%和 56.08%，脱硫剂添加量为 60%、80%和 100%时，平均脱碳率分别为 63.78%、56.36%和 48.52%，温度和时间对脱碳率的影响规律不明显，脱硫剂的添加量对脱碳率的影响较大，脱硫率高时，脱碳率较低。添加铝酸钡脱硫时，粗液中铝含量有所增加。铝酸钡添加量较温度和时间的影响更大。

表 5-34　$S_{湿 1}$–A/S6.0 粗液铝酸钡脱硫正交表（溶出 N_k=200g/L）

实验号	净化条件			溶液成分/(g/L)				评价指标/%		
	$T/℃$	τ/min	$B/\%$	Al_2O_3	Na_2O_K	Na_2O_C	Na_2O_S	η_S	$\eta_{Na_2O_C}$	$Loss_{Al_2O_3}$
原液	—	—	—	161.23	146.00	20.32	6.32			
1	95	10	60	180.30	151.50	7.57	4.05	35.92	62.75	无损失
2	95	20	80	190.24	154.25	8.76	3.10	50.95	56.89	无损失
3	95	30	100	211.49	152.50	11.10	2.21	65.03	45.37	无损失
4	100	10	80	200.23	153.25	9.43	3.78	40.19	53.59	无损失
5	100	20	100	195.89	155.75	11.64	2.35	62.82	42.72	无损失
6	100	30	60	181.36	150.75	7.26	4.25	32.75	64.27	无损失
7	105	10	100	206.25	155.50	8.64	2.87	54.59	57.48	无损失
8	105	20	60	179.33	150.50	7.25	4.24	32.91	64.32	无损失
9	105	30	80	192.27	152.75	8.41	3.05	51.74	58.61	无损失
均值 1	50.63	43.57	33.86							
均值 2	45.25	48.89	47.63							
均值 3	46.41	49.84	60.81							
极差	5.38	6.28	26.95							

表 5-35 显示，各因素对脱硫率的影响程度大小顺序为脱硫剂添加量>脱硫时间>脱硫温度，最优条件为 $T_1\tau_3B_3$，即脱硫温度为 95℃，脱硫时间为 30min，脱硫剂添加量为 100%。

正交实验脱硫结果的回归方程为

$$\eta_S = \overline{\eta}_S + \Phi(A) + \Phi(B) + \Phi(C) = 0.1317T^2 - 26.5077T - 0.0066\tau^2 \qquad (5\text{-}39)$$
$$+ 0.5348\tau + 0.0003B^2 + 0.6396B + 1319.3211$$

代入极差分析最佳条件，脱硫率为 66.75%，验证实验结果为 65.98%。

表 5-35 还显示，当温度为 95℃、100℃和 105℃时，平均脱碳率分别为 55.23%、53.94%和 60.03%，铝损分别为 2.81%、0.39%和 3.10%；时间为 10min、20min 和 30min 时，平均脱碳率分别为 57.81%、55.23%和 56.15%，铝损分别为 2.48%、1.94% 和 1.87%；脱硫剂添加量为 60%、80%和 100%时，平均脱碳率分别为 64.18%、56.66%和 48.36%，铝损分别为 2.16%、2.17%和 1.96%；温度、时间和脱硫剂添加量对铝损影响的差别不明显。

表 5-35　$S_{混1}$-A/S6.0 粗液氢氧化钡脱硫正交表（溶出 N_k=200g/L）

实验号	净化条件			溶液成分/(g/L)				评价指标/%		
	T/℃	τ/min	B/%	Al_2O_3	Na_2O_K	Na_2O_C	Na_2O_S	η_S	$\eta_{Na_2O_C}$	$Loss_{Al_2O_3}$
原液	—	—	—	161.23	146.00	20.32	6.32	—	—	—
1	95	10	60	155.23	151.50	7.32	4.05	35.92	63.98	3.72
2	95	20	80	157.24	154.25	8.65	3.21	49.21	57.43	2.47
3	95	30	100	157.64	152.50	11.32	2.15	65.98	44.29	2.23
4	100	10	80	160.21	153.25	9.56	3.64	42.41	52.95	0.63
5	100	20	100	160.32	155.75	11.32	2.35	62.82	44.29	0.56
6	100	30	60	161.22	150.75	7.20	4.21	33.39	64.57	0.03
7	105	10	100	156.24	155.50	8.84	2.65	58.07	56.50	3.09
8	105	20	60	156.75	150.50	7.32	4.14	34.49	63.98	2.78
9	105	30	80	155.71	152.75	8.21	2.95	53.32	59.60	3.42
均值 1	50.37	45.46	34.60							
均值 2	46.20	48.84	48.31							
均值 3	48.63	50.90	62.29							
极差	4.17	5.43	27.69							

表 5-36 显示，各因素对脱硫率的影响程度大小顺序为脱硫剂添加量>脱硫时间>脱硫温度，最优条件为 $T_1\tau_3B_3$，即脱硫温度为 95℃，脱硫时间为 30min，脱硫剂添加量为 100%。

正交实验脱硫结果的回归方程为

$$\eta_S = \bar{\eta}_S + \Phi(A) + \Phi(B) + \Phi(C) = 0.2469T^2 - 49.4820T - 0.0055\tau^2 \\ + 0.6032\tau - 0.0034B^2 + 1.1570B + 2444.6772 \tag{5-40}$$

代入极差分析最佳条件，脱硫率为 67.00%，验证实验结果为 65.51%。

表 5-36 还显示，当温度为 95℃、100℃和 105℃时，平均脱碳率分别为

53.58%、52.08%和 56.38%，时间为 10min、20min 和 30min 时，平均脱碳率分别为 53.41%、54.54%和 54.08%，脱硫剂添加量为 60%、80%和 100%时，平均脱碳率分别为 60.81%、56.35%和 44.88%，铝酸钡脱硫剂添加量对脱碳率的影响较明显，添加量越大，脱碳率越低。

表 5-36　$S_{混1}$–A/S6.0 粗液铝酸钡脱硫正交表（溶出 N_k=245g/L）

实验号	净化条件			溶液成分/(g/L)				评价指标/%		
	$T/℃$	τ/min	$B/\%$	Al_2O_3	Na_2O_K	Na_2O_C	Na_2O_S	η_S	$\eta_{Na_2O_C}$	$Loss_{Al_2O_3}$
原液	—	—	—	158.21	150.00	20.67	5.67	—	—	—
1	95	10	60	178.27	160.25	8.21	3.87	38.77	59.60	无损失
2	95	20	80	185.24	162.31	8.65	3.04	51.90	57.43	无损失
3	95	30	100	197.64	168.45	11.44	2.18	65.51	43.70	无损失
4	100	10	80	190.21	156.42	9.55	3.78	40.19	53.00	无损失
5	100	20	100	203.32	159.46	11.52	2.45	61.23	43.31	无损失
6	100	30	60	174.28	153.33	8.14	4.12	34.81	59.94	无损失
7	105	10	100	207.24	164.50	10.64	2.68	57.59	47.64	无损失
8	105	20	60	179.32	155.32	7.54	4.01	36.55	62.89	无损失
9	105	30	80	197.25	161.75	8.41	2.58	59.18	58.61	无损失
均值 1	52.06	45.52	36.71							
均值 2	45.41	49.89	50.42							
均值 3	51.11	53.16	61.45							
极差	6.65	7.65	24.74							

表 5-37 显示，各因素对脱硫率的影响程度大小顺序为脱硫剂添加量>脱硫时间>脱硫温度，最优条件为 $T_1\tau_3B_3$，即脱硫温度为 95℃，脱硫时间为 30min，脱硫剂添加量为 100%。

正交实验脱硫结果的回归方程为

$$\eta_S = \overline{\eta}_S + \Phi(A) + \Phi(B) + \Phi(C) = 0.1973T^2 - 39.6170T - 0.0027\tau^2 \\ + 0.2043\tau - 0.0078B^2 + 1.8262B + 1936.7944 \tag{5-41}$$

代入极差分析最佳条件，脱硫率为 67.00%，验证实验结果为 64.24%。

表 5-37 还显示，当温度为 95℃、100℃和 105℃时，平均脱碳率分别为 53.58%、52.25%和 56.78%，铝损分别为 4.18%、4.55%和 4.52%；时间为 10min、20min 和 30min 时，平均脱碳率分别为 53.51%、54.3%和 54.79%，铝损分别为 4.74%、4.16%

和 4.35%；脱硫剂添加量为 60%、80% 和 100% 时，平均脱碳率分别为 61.06%、56.73% 和 44.82%，铝损分别为 3.62%、5.20% 和 4.44%；脱硫剂添加量对脱碳率的影响较明显，温度、时间和脱硫剂添加量对铝损影响的差别不明显，但铝损较大。

表 5-37 $S_{混1}$–A/S6.0 粗液氢氧化钡脱硫正交表（溶出 N_k=245g/L）

实验号	净化条件			溶液成分/(g/L)				评价指标/%		
	T/℃	τ/min	B/%	Al_2O_3	Na_2O_K	Na_2O_C	Na_2O_S	η_S	$\eta_{Na_2O_C}$	$Loss_{Al_2O_3}$
原液	—	—	—	158.21	150	20.67	5.67	—	—	—
1	95	10	60	155.23	155.42	8.24	3.77	40.35	59.45	3.72
2	95	20	80	155.47	158.24	8.72	2.95	53.32	57.09	3.57
3	95	30	100	152.75	165.32	11.34	2.26	64.24	44.19	5.26
4	100	10	80	150.32	156.42	9.45	3.54	43.99	53.49	6.77
5	100	20	100	154.25	159.52	11.65	2.51	60.28	42.67	4.33
6	100	30	60	157.12	152.32	8.01	4.02	36.39	60.58	2.55
7	105	10	100	155.24	164.32	10.65	2.71	57.12	47.59	3.72
8	105	20	60	153.84	153.76	7.49	4.02	36.39	63.14	4.58
9	105	30	80	152.76	157.42	8.21	2.56	59.49	59.60	5.25
均值1	52.64	47.15	37.71							
均值2	46.89	50.00	52.27							
均值3	51.00	53.38	60.55							
极差	5.75	6.22	22.84							

5）$S_清$ 的配矿原料

苛性碱浓度为 200g/L 和 245g/L 溶出的粗液，脱硫实验结果见表 5-38～表 5-41。

表 5-38 显示，对 $S_清$ 的矿样，苛性碱浓度为 200g/L 进行溶出后所得粗液，各因素对脱硫率的影响程度大小顺序为脱硫剂添加量>脱硫时间>脱硫温度，最优条件为 $T_1\tau_3B_3$，即脱硫温度为 95℃，脱硫时间为 30min，脱硫剂添加量为 100%，正交实验脱硫结果的回归方程为

$$\eta_S = \overline{\eta}_S + \Phi(A) + \Phi(B) + \Phi(C) = 0.1519T^2 - 30.6297T - 0.0142\tau^2 \\ + 0.8955\tau - 0.0036B^2 + 1.2510B + 1500.9389 \tag{5-42}$$

代入极差分析最佳条件，脱硫率为 65.20%，验证实验脱硫率为 65.98%。

表 5-38 还显示，脱碳率与脱硫率成互补关系。当温度为 95℃、100℃ 和 105℃ 时，平均脱碳率分别为 54.39%、53.86% 和 60.55%，时间为 10min、20min 和 30min

时，平均脱碳率分别为 58.3%、54.59% 和 55.91%，脱硫剂添加量为 60%、80% 和 100% 时，平均脱碳率分别为 63.50%、56.60% 和 48.70%，铝酸钡脱硫剂添加量对脱碳率的影响较明显，添加量越大，脱碳率越低。

表 5-38　$S_{清}$ 粗液铝酸钡脱硫正交表(溶出 N_k=200g/L)

实验号	净化条件			溶液成分/(g/L)				评价指标/%		
	T/℃	τ/min	B/%	Al_2O_3	Na_2O_K	Na_2O_C	Na_2O_S	η_S	$\eta_{Na_2O_C}$	$Loss_{Al_2O_3}$
原液	—	—	—	154.37	148.64	22.71	6.33	—	—	—
1	95	10	60	169.32	152.5	7.68	4.15	34.34	62.20	无损失
2	95	20	80	175.41	153.75	8.91	3.20	49.37	56.15	无损失
3	95	30	100	185.46	158.50	11.21	2.15	65.98	44.83	无损失
4	100	10	80	182.32	155.25	9.23	3.65	42.25	54.58	无损失
5	100	20	100	200.54	160.75	11.55	2.45	61.23	43.16	无损失
6	100	30	60	177.45	152.75	7.35	4.35	31.17	63.83	无损失
7	105	10	100	206.25	164.25	8.51	2.88	54.43	58.12	无损失
8	105	20	60	179.53	150.50	7.22	4.14	34.49	64.47	无损失
9	105	30	80	192.24	158.75	8.32	2.94	53.48	59.06	无损失
均值 1	49.89	43.67	33.33							
均值 2	44.88	48.36	48.36							
均值 3	47.47	50.21	60.55							
极差	5.01	6.54	27.22							

表 5-39 显示，各因素对脱硫率的影响程度大小顺序为脱硫剂添加量>脱硫时间>脱硫温度，最优条件为 $T_1\tau_3B_3$，即脱硫温度为 95℃，脱硫时间为 30min，脱硫剂添加量为 100%。

正交实验脱硫结果的回归方程为

$$\eta_S = \overline{\eta}_S + \varPhi(A) + \varPhi(B) + \varPhi(C) = 0.0927T^2 - 18.6203T - 0.0161\tau^2 \\ - 0.3188\tau - 0.0104B^2 + 2.2844B + 866.1189 \tag{5-43}$$

代入极差分析最佳条件，脱硫率为 63.17%，验证实验脱硫率为 64.4%。

表 5-39 还显示，脱碳率与脱硫率成互补关系。当温度为 95℃、100℃ 和 105℃ 时，平均脱碳率分别为 54.76%、54.23% 和 60.27%，铝损分别为 6.2%、5.34% 和 6.39%；时间为 10min、20min 和 30min 时，平均脱碳率分别为 58.32%、54.87% 和 56.07%，铝损分别为 5.47%、6.29% 和 6.17%；脱硫剂添加量为 60%、80% 和

100%时，其平均脱碳率分别为 63.85%、55.95%和 49.46%，铝损分别为 5.49%、6.34%和 6.10%；脱硫剂添加量对脱碳率的影响较明显，温度、时间和脱硫剂添加量对铝损影响的差别不明显，但铝损较大。

表 5-39　$S_{清}$粗液氢氧化钡脱硫正交表(溶出 N_k=200g/L)

实验号	净化条件			溶液成分/(g/L)				评价指标/%		
	T/℃	τ/min	B/%	Al_2O_3	Na_2O_K	Na_2O_C	Na_2O_S	η_S	$\eta_{Na_2O_C}$	$Loss_{Al_2O_3}$
原液	—	—	—	154.37	148.7	22.71	6.33	—	—	—
1	95	10	60	152.15	154.25	7.51	4.25	32.75	63.04	5.63
2	95	20	80	151.32	157.5	8.95	3.24	48.73	55.95	6.15
3	95	30	100	150.24	162.5	11.12	2.25	64.40	45.28	6.82
4	100	10	80	152.36	155.5	9.45	3.35	46.99	53.49	5.50
5	100	20	100	151.24	160.25	11.24	2.75	56.49	44.69	6.20
6	100	30	60	154.26	154.75	7.21	4.15	34.34	64.52	4.32
7	105	10	100	152.71	166.25	8.45	2.87	54.59	58.42	5.28
8	105	20	60	150.71	155.25	7.32	4.17	34.02	63.98	6.52
9	105	30	80	149.35	158.75	8.45	2.84	55.06	58.42	7.37
均值 1	48.63	44.78	33.70							
均值 2	45.94	46.41	50.26							
均值 3	47.89	51.27	58.49							
极差	2.69	6.49	24.79							

表 5-40 显示，各因素对脱硫率的影响程度大小顺序为脱硫剂添加量>脱硫时间>脱硫温度，最优条件为 $T_1\tau_3B_3$，即脱硫温度为 95℃，脱硫时间为 30min，脱硫剂添加量为 100%。

正交实验脱硫结果的回归方程为

$$\eta_S = \bar{\eta}_S + \varPhi(A) + \varPhi(B) + \varPhi(C) = 0.2237T^2 - 44.7163T + 0.00448\tau^2 \\ + 0.139967\tau - 0.008179B^2 + 1.99956B + 2173.632 \quad (5\text{-}44)$$

代入极差分析最佳条件，脱硫率为 66.60%，验证实验脱硫率为 64.40%。

表 5-40 还显示，脱硫率高时，脱碳率较低，反之亦然。当温度为 95℃、100℃和 105℃时，平均脱碳率分别为 53.69%、52.07%和 57.33%，时间为 10min、20min和 30min 时，平均脱碳率分别为 53.85%、54.90%和 54.33%，脱硫剂添加量为 60%、80%和 100%时，平均脱碳率分别为 60.63%、56.95%和 45.5%，温度和时间对脱碳率的影响规律不明显，脱硫剂的添加量对之影响较大，添加量越大，脱碳率越低。

表 5-40　$S_{清}$粗液铝酸钡脱硫正交表(溶出 N_k=245g/L)

实验号	净化条件			溶液成分/(g/L)				评价指标/%		
	T/℃	τ/min	B/%	Al_2O_3	Na_2O_K	Na_2O_C	Na_2O_S	η_S	$\eta_{Na_2O_C}$	$Loss_{Al_2O_3}$
原液	—	—	—	158.76	151.00	19.67	5.65	—	—	—
1	95	10	60	168.27	161.50	8.33	4.11	34.97	59.01	无损失
2	95	20	80	181.24	165.25	8.55	3.02	52.22	57.92	无损失
3	95	30	100	197.64	170.25	11.35	2.25	64.40	44.14	无损失
4	100	10	80	190.21	163.50	9.45	3.68	41.77	53.49	无损失
5	100	20	100	204.32	172.50	11.52	2.55	59.65	43.31	无损失
6	100	30	60	174.25	159.75	8.25	4.23	33.07	59.40	无损失
7	105	10	100	206.24	169.50	10.35	2.54	59.81	49.06	无损失
8	105	20	60	179.36	158.75	7.42	4.24	32.91	63.48	无损失
9	105	30	80	198.25	163.75	8.24	2.64	58.23	59.45	无损失
均值 1	50.53	45.52	33.65							
均值 2	44.83	48.26	50.74							
均值 3	50.32	51.90	61.29							
极差	5.70	6.38	27.64							

表 5-41 显示,各因素对脱硫率的影响程度大小顺序为脱硫剂添加量>脱硫时间>脱硫温度,最优条件为 $T_1\tau_3B_3$,即脱硫温度为 95℃,脱硫时间为 30min,脱硫剂添加量为 100%。

正交实验脱硫结果的回归方程为

$$\eta_S = \overline{\eta}_S + \Phi(A) + \Phi(B) + \Phi(C) = 0.1972T^2 - 39.4980T - 0.0037\tau^2 \\ + 0.5522\tau + 0.0029B^2 + 1.1443B + 1941.5000 \tag{5-45}$$

代入极差分析最佳条件,脱硫率为 67.59%,验证实验脱硫率为 65.98%。

表 5-41 还显示,脱碳率与脱硫率成互补关系。当温度为 95℃、100℃和 105℃时,平均脱碳率分别为 53.86%、52.84%和 56.76%,铝损分别为 3.65%、4.75%和 4.72%;时间为 10min、20min 和 30min 时,平均脱碳率分别为 54.35%、55.29%和 53.82%,铝损分别为 3.71%、5.37%和 4.05%;脱硫剂添加量为 60%、80%和 100%时,平均脱碳率分别为 60.73%、56.78%和 45.95%,铝损分别为 4.56%、4.27%和 4.29%;脱硫剂添加量对脱碳率的影响较明显。

表 5-41 S$_\text{清}$粗液氢氧化钡脱硫正交表(溶出 N_k=245g/L)

实验号	净化条件			溶液成分/(g/L)				评价指标/%		
	T/℃	τ/min	B/%	Al_2O_3	Na_2O_K	Na_2O_C	Na_2O_S	η_S	$\eta_{Na_2O_C}$	$Loss_{Al_2O_3}$
原液	—	—	—	158.76	151	19.67	5.65	—	—	—
1	95	10	60	155.25	162.5	8.23	4.12	34.81	59.50	3.71
2	95	20	80	154.34	165.25	8.45	3.12	50.63	58.42	4.27
3	95	30	100	156.42	170.25	11.45	2.15	65.98	43.65	2.98
4	100	10	80	155.24	163.5	9.35	3.78	40.19	53.99	3.72
5	100	20	100	151.23	168.75	11.25	2.45	61.23	44.64	6.20
6	100	30	60	154.24	158.75	8.15	4.15	34.34	59.89	4.34
7	105	10	100	155.26	170	10.25	2.65	58.07	49.56	3.70
8	105	20	60	152.14	156.75	7.56	4.14	34.49	62.80	5.64
9	105	30	80	153.45	168.25	8.55	2.71	57.12	57.92	4.83
均值 1	50.47	44.36	34.55							
均值 2	45.25	48.79	49.31							
均值 3	49.89	52.48	61.76							
极差	5.22	8.12	27.22							

4. 脱硫单耗计算

根据较佳实验条件的实际情况进行计算，5 种矿石的脱硫成本核算见表 5-42 和表 5-43。

表 5-42 粗液脱硫单耗(溶出 N_k=245g/L)

矿样	脱硫剂	溶液体积/mL	硫含量/(g/L)	脱硫剂添加量/g	脱硫率/%	脱掉的硫的质量/g	1kg 硫需要的脱硫剂的质量/kg
S1.2–A/S6.5	$BaO \cdot Al_2O_3$	100	2.89	12.20	63.10	0.1824	67
	$Ba(OH)_2$	100	2.89	13.84	64.71	0.1870	74
S1.5–A/S6.5	$BaO \cdot Al_2O_3$	100	3.39	12.95	63.01	0.2136	61
	$Ba(OH)_2$	100	3.39	14.69	63.77	0.2162	68
S1.8–A/S6.5	$BaO \cdot Al_2O_3$	100	4.08	13.85	69.28	0.2827	49
	$Ba(OH)_2$	100	4.08	15.72	68.27	0.2785	56
S$_\text{混1}$–A/S 6.0	$BaO \cdot Al_2O_3$	100	2.92	12.13	65.51	0.1913	63
	$Ba(OH)_2$	100	2.92	13.76	64.24	0.1876	73
S$_\text{清}$	$BaO \cdot Al_2O_3$	100	2.92	11.67	64.40	0.1880	62
	$Ba(OH)_2$	100	2.92	13.24	65.98	0.1927	69

表 5-43　粗液脱硫单耗(溶出 N_k=200g/L)

矿样	脱硫剂	溶液体积/mL	硫含量/(g/L)	脱硫剂添加量/g	脱硫率/%	脱掉的硫的质量/g	1kg硫需要的脱硫剂的质量/kg
S1.2–A/S6.5	BaO·Al$_2$O$_3$	100	3.22	10.97	61.06	0.1966	56
	Ba(OH)$_2$	100	3.22	12.45	64.58	0.2079	60
S1.5–A/S6.5	BaO·Al$_2$O$_3$	100	3.77	11.84	66.71	0.2515	47
	Ba(OH)$_2$	100	3.77	13.44	69.73	0.2629	51
S1.8–A/S6.5	BaO·Al$_2$O$_3$	100	4.11	12.52	71.30	0.2930	43
	Ba(OH)$_2$	100	4.11	14.20	70.68	0.2905	49
S$_{混1}$–A/S 6.0	BaO·Al$_2$O$_3$	100	3.26	12.28	65.03	0.2120	58
	Ba(OH)$_2$	100	3.26	13.93	65.98	0.2151	65
S$_{清}$	BaO·Al$_2$O$_3$	100	3.27	13.38	65.98	0.2158	62
	Ba(OH)$_2$	100	3.27	15.18	64.40	0.2106	72

从表 5-42 和表 5-43 可知,在粗液中每脱除 1kg 硫,需消耗 47～73kg 脱硫剂。

5.4.6　种分母液脱硫

1. 实验过程

对 5 种矿石分别进行高压溶出(温度为 260℃、溶出时间为 65min、碱浓度为 200g/L、石灰添加量为 12%),所得的矿浆采用一次赤泥洗水进行稀释后得粗液(碱浓度控制为 155g/L 和 168g/L),经净化、过滤后进行种分,制得实验用种分母液。在单因素(温度、时间、脱硫剂添加量)实验的基础上,选择脱硫温度分别为 55℃、60℃、65℃,脱硫时间分别为 10min、20min、30min,脱硫剂添加量分别为理论添加量的 60%、80%、100%进行正交实验。

$$\eta_{S种} = \frac{(S_{粗液前} - S_{粗液后})}{S_{粗液前}} \times 100\% \tag{5-46}$$

$$\eta_{C种} = \frac{(Na_2O_{C种分前} - Na_2O_{C种分后})}{Na_2O_{C种分前}} \times 100\% \tag{5-47}$$

$$Loss_{Al_2O_3种} = \frac{(Al_2O_{3种分前} - Al_2O_{3种分后})}{Al_2O_{3种分前}} \times 100\% \tag{5-48}$$

式中,$\eta_{S种}$——种分母液中硫的脱除率,%;

　　　$S_{种分前}$——种分脱硫前溶液中的硫含量,g/L;

　　　$S_{种分后}$——种分脱硫后溶液中的硫含量,g/L;

　　　$\eta_{C种}$——种分母液中碳的脱除率,%;

　　　$Na_2O_{C种分前}$——种分脱硫前溶液中的碳碱含量,g/L;

$Na_2O_{C\text{种分后}}$——种分脱硫后溶液中的碳碱含量，g/L；

$Loss_{Al_2O_3\text{种}}$——种分母液中脱硫后铝的损失率，%；

$Al_2O_{3\text{种分前}}$——种分脱硫前溶液中的氧化铝含量，g/L；

$Al_2O_{3\text{种分后}}$——种分脱硫后溶液中的氧化铝含量，g/L。

2. 氢氧化钡脱硫单因素实验

针对 S1.2–A/S6.5 矿样溶出所得种分母液，以氢氧化钡为脱硫剂，种分母液成分为 Al_2O_3（76.24g/L）、Na_2O_K（135g/L）、Na_2O_C（19.54g/L）、Na_2O_S（6.70g/L）。

1）脱硫温度的影响

在脱硫时间为 20min，脱硫剂添加量为 100%时，脱硫温度对脱硫率的影响见表 5-44。

表 5-44 显示，随着脱硫温度的升高，脱硫率先升后降，这是因为温度过低，反应速率较低，温度过高以后，碳碱消耗脱硫剂的速率相对提高。当温度为 60℃时，脱硫率达到 83.73%。

表 5-44　脱硫温度对种分母液脱硫率的影响

序号	温度 T/℃	时间 τ/min	添加量 B/%	脱硫率 η_S/%
1	50	20	100	73.58
2	55	20	100	75.84
3	60	20	100	83.73
4	65	20	100	82.91
5	70	20	100	81.26

2）脱硫剂添加量的影响

在脱硫时间为 20min，温度为 60℃时，脱硫剂添加量对脱硫率的影响见表 5-45。

表 5-45　脱硫剂添加量对种分母液脱硫率的影响

序号	温度 T/℃	时间 τ/min	添加量 B/%	脱硫率 η_S/%
1	60	20	20	5.52
2	60	20	40	27.45
3	60	20	60	52.35
4	60	20	80	68.42
5	60	20	100	83.73

从表 5-45 可知，脱硫剂添加量对脱硫率的影响较大。当添加量为 20%时，脱硫率仅为 5.52%，而当脱硫剂添加量增加到 100%时，脱硫率可提高到 83.73%。这是由于种分母液中碳酸钠浓度大于硫酸钠浓度，脱硫剂与碳酸钠反应消耗较多，随着脱硫剂添加量的增加，与硫酸钠反应的量逐渐增大，脱硫率相应增加。

3）脱硫时间的影响

在脱硫剂添加量为 100%，脱硫温度为 60℃时，脱硫时间对脱硫率的影响见表 5-46。

表 5-46　脱硫时间对种分母液脱硫率的影响

序号	温度 T/℃	时间 τ/min	添加量 B/%	脱硫率 η_S/%
1	60	10	100	82.76
2	60	15	100	83.10
3	60	20	100	83.73
4	60	25	100	84.41
5	60	30	100	84.68

从表 5-46 可知，脱硫率随着脱硫时间的延长而逐渐增加。当脱硫时间为 25min 时，脱硫率为 84.41%；当脱硫时间延长到 30min 时，脱硫率为 84.68%。可见，当脱硫时间达到 25min 后，脱硫率的提高趋势变缓。

3. 脱硫正交实验

1）S1.2–A/S6.5 的配矿原料

种分母液脱硫分析结果见表 5-47 和表 5-48。

表 5-47 显示，各因素对脱硫率的影响顺序为脱硫剂添加量>脱硫温度>脱硫时间，最优条件为 $T_3\tau_1B_3$，即脱硫温度为 65℃，脱硫时间为 10min，脱硫剂添加量为 100%，正交实验脱硫结果的回归方程为

$$\eta_S = \overline{\eta}_S + \Phi(A) + \Phi(B) + \Phi(C) = -0.2267T^2 + 28.438T - 0.00223\tau^2$$
$$+ 0.0172\tau + 0.00989B^2 - 0.9742B - 809.9512 \tag{5-49}$$

代入极差分析最佳条件，脱硫率为 82.14%，较佳条件下的验证实验脱硫率为 82.39%。

表 5-47 还显示，脱碳率与脱硫率成互补关系。当温度为 55℃、60℃和 65℃时，平均脱碳率分别为 59.42%、64.06%和 61.86%，时间为 10min、20min 和 30min 时，平均脱碳率分别为 64.59%、61.70%和 59.04%，脱硫剂添加量为 60%、80%和 100%时，平均脱碳率分别为 67.28%、67.88%和 50.17%，温度和时间对脱碳率的影响不明显，脱硫剂的添加量对脱碳率影响较大，添加量越大，脱碳率越低。

表 5-47 S1.2–A/S6.5 矿样种分母液铝酸钡脱硫正交实验结果(溶出 N_k=155g/L)

实验号	净化条件			溶液成分/(g/L)				评价指标/%		
	T/℃	τ/min	B/%	Al_2O_3	Na_2O_K	Na_2O_C	Na_2O_S	η_S	$\eta_{Na_2O_C}$	$Loss_{Al_2O_3}$
原液	—	—	—	76.24	135.00	19.54	6.70	—	—	—
1	55	10	60	78.52	145.25	6.72	3.64	45.67	65.61	−2.99
2	55	20	80	79.21	148.50	6.52	3.12	53.43	66.63	−3.90
3	55	30	100	82.12	146.50	10.55	2.15	67.91	46.01	−7.71
4	60	10	80	79.74	147.25	5.10	2.34	65.07	73.90	−4.59
5	60	20	100	82.14	145.50	9.72	1.25	81.34	50.26	−7.74
6	60	30	60	76.35	142.75	6.25	2.94	56.12	68.01	−0.14
7	65	10	100	84.52	145.50	8.94	1.18	82.39	54.25	−10.86
8	65	20	60	76.33	142.25	6.21	2.89	56.87	68.22	−0.12
9	65	30	80	79.45	143.75	7.21	2.36	64.78	63.10	−4.21
均值 1	55.67	64.38	52.89							
均值 2	67.51	63.88	61.09							
均值 3	68.01	62.94	77.21							
极差	12.34	1.44	24.33							

注：考察指标 "$Loss_{Al_2O_3}$" 中的 "–" 指铝损为负值，即溶液中铝的增加量。

表 5-48 显示，采用氢氧化钡脱硫时，各因素对脱硫率的影响程度大小顺序为脱硫剂添加量>脱硫温度>脱硫时间，最优条件为 $T_3\tau_2B_3$，即脱硫温度为 65℃，脱硫时间为 20min，脱硫剂添加量为 100%，正交实验脱硫结果的回归方程为

$$\eta_S = \overline{\eta}_S + \Phi(A) + \Phi(B) + \Phi(C) = -0.1283T^2 + 16.402T - 0.0067\tau^2 \\ + 0.2911667\tau + 0.00933B^2 - 0.8191667B - 453.381 \tag{5-50}$$

代入极差分析最佳条件，脱硫率为 85.37%，较佳条件下的验证实验脱硫率为 84.11%。

表 5-48 还显示，脱碳率与脱硫率成互补关系，脱硫率高时，脱碳率较低，反之亦然。当温度为 55℃、60℃ 和 65℃ 时，平均脱碳率分别为 60.63%、64.5% 和 61.79%，时间为 10min、20min 和 30min 时，平均脱碳率分别为 65.01%、61.38% 和 60.53%，脱硫剂添加量为 60%、80% 和 100%时，平均脱碳率分别为 67.08%、68.61% 和 51.23%，温度和时间对脱碳率的影响差别不明显，脱硫剂添加量的影响较大，添加量越大，脱碳率越低。在此条件下，铝的整体损失较小。

表 5-48 S1.2–A/S6.5 矿样种分母液氢氧化钡脱硫正交实验结果(溶出 N_k=155g/L)

实验号	净化条件			溶液成分/(g/L)				评价指标/%		
	$T/℃$	τ/min	$B/\%$	Al_2O_3	Na_2O_K	Na_2O_C	Na_2O_S	η_S	$\eta_{Na_2O_C}$	$Loss_{Al_2O_3}$
原液	—	—	—	76.24	135.00	19.54	6.70	—	—	—
1	55	10	60	75.96	147.65	6.62	3.51	47.61	66.12	0.37
2	55	20	80	76.03	148.26	6.34	2.93	56.27	67.55	0.28
3	55	30	100	76.32	148.34	10.12	1.58	76.42	48.21	0.10
4	60	10	80	76.74	150.45	5.09	2.21	67.01	73.95	0.66
5	60	20	100	75.98	152.55	9.67	1.09	83.73	50.51	0.34
6	60	30	60	76.52	145.15	6.05	3.06	54.33	69.04	0.37
7	65	10	100	76.90	150.70	8.80	1.16	82.69	54.96	0.87
8	65	20	60	75.04	145.98	6.63	2.68	60.00	66.07	1.57
9	65	30	80	75.94	148.35	6.97	2.15	67.91	64.33	0.39
均值 1	60.10	65.77	53.98							
均值 2	68.36	66.67	63.73							
均值 3	70.20	66.22	80.95							
极差	10.10	0.90	26.97							

当碱浓度为 168g/L 时，种分母液脱硫结果见表 5-49 和表 5-50。

表 5-49 显示，各因素对脱硫率的影响程度大小顺序为脱硫剂添加量>脱硫温度>脱硫时间，最优条件为 $T_3\tau_1B_3$，即脱硫温度为 65℃，脱硫时间为 10min，脱硫剂添加量为 100%，正交实验脱硫结果的回归方程为

$$\eta_S = \overline{\eta}_S + \Phi(A) + \Phi(B) + \Phi(C) = -0.1513T^2 + 18.9936T + 0.02298\tau^2 \\ -0.9597\tau + 0.0076B^2 - 0.503167B - 528.592 \tag{5-51}$$

代入极差分析最佳条件，脱硫率为 85.13%，较佳条件下的验证实验脱硫率为 83.11%。

表 5-49 还显示，当温度为 55℃、60℃和 65℃时，平均脱碳率分别为 59.01%、64.31%和 62.42%，时间为 10 min、20 min 和 30 min 时，平均脱碳率分别为 64.84%、58.84%和 62.06%，脱硫剂添加量为 60%、80%和 100%时，平均脱碳率分别为 67.79%、65.93%和 52.02%。温度和时间对脱碳率影响的差别不明显，脱硫剂添加量影响较大。

表 5-49 S1.2–A/S6.5 矿样种分母液铝酸钡脱硫正交实验结果(溶出 N_k=168g/L)

实验号	净化条件			溶液成分/(g/L)				评价指标/%		
	$T/℃$	τ/min	$B/\%$	Al_2O_3	Na_2O_K	Na_2O_C	Na_2O_S	η_S	$\eta_{Na_2O_C}$	$Loss_{Al_2O_3}$
原液	—	—	—	79.33	145.00	20.24	7.40			
1	55	10	60	81.25	152.45	6.32	3.74	49.46	68.77	−2.42

实验号	净化条件			溶液成分/(g/L)				评价指标/%		
	$T/℃$	τ/min	$B/\%$	Al_2O_3	Na_2O_K	Na_2O_C	Na_2O_S	η_S	$\eta_{Na_2O_C}$	$Loss_{Al_2O_3}$
2	55	20	80	84.32	156.34	8.45	3.35	54.73	58.25	−6.29
3	55	30	100	86.87	152.45	10.12	1.72	76.76	50.00	−9.50
4	60	10	80	83.14	154.45	5.67	2.35	68.24	71.99	−4.80
5	60	20	100	87.22	153.24	9.65	1.24	83.24	52.32	−9.95
6	60	30	60	81.65	153.74	6.35	3.45	53.38	68.63	−2.92
7	65	10	100	86.75	152.74	9.36	1.25	83.11	53.75	−9.35
8	65	20	60	82.55	152.22	6.89	3.35	54.73	65.96	−4.06
9	65	30	80	83.75	156.62	6.57	2.35	68.24	67.54	−5.57
均值1	60.32	66.94	52.52							
均值2	68.29	64.23	63.74							
均值3	68.69	66.13	81.04							
极差	8.38	2.70	28.51							

注：考察指标“$Loss_{Al_2O_3}$”中的“−”指铝损为负值，即溶液中铝的增加量。

表 5-50 显示，各因素对脱硫率的影响程度大小顺序为脱硫剂添加量>脱硫温度>脱硫时间，最优条件为 $T_3\tau_3B_3$，即脱硫温度为 65℃，脱硫时间为 30min，脱硫剂添加量为 100%，正交实验脱硫结果的回归方程为

$$\eta_S = \overline{\eta}_S + \Phi(A) + \Phi(B) + \Phi(C) = -0.1639T^2 + 20.563667T + 0.01647\tau^2 \\ - 0.638333\tau + 0.00597B^2 - 0.234B - 589.726 \tag{5-52}$$

代入极差分析最佳条件，脱硫率为 86.23%，在此条件下验证实验脱硫率为 84.21%。

表 5-50 还显示，当温度为 55℃、60℃和 65℃时，平均脱碳率分别为 59.11%、64.21%和 62.73%，铝损分别为 0.13%、0.52%和 0.49%；时间为 10min、20min 和 30min 时，平均脱碳率分别为 65.1%、59.4%和 61.55%，铝损分别为 0.62%、0.11% 和 0.63%；脱硫剂添加量为 60%、80%和 100%时，平均脱碳率分别为 67.69%、66.14%和 52.22%，铝损分别为 0.23%、0.28%和 0.63%；温度和时间对脱碳率影响的差别不明显，脱硫剂添加量的影响较大。

表 5-50　S1.2–A/S6.5 矿样种分母液氢氧化钡脱硫正交实验结果(溶出 N_k=168g/L)

实验号	净化条件			溶液成分/(g/L)				评价指标/%		
	$T/℃$	τ/min	$B/\%$	Al_2O_3	Na_2O_K	Na_2O_C	Na_2O_S	η_S	$\eta_{Na_2O_C}$	$Loss_{Al_2O_3}$
原液	—	—	—	79.33	145.00	20.24	7.40	—	—	—
1	55	10	60	79.06	157.85	6.27	3.78	48.92	69.02	0.34

实验号	净化条件			溶液成分/(g/L)				评价指标/%		
	T/℃	τ/min	B/%	Al_2O_3	Na_2O_K	Na_2O_C	Na_2O_S	η_S	$\eta_{Na_2O_C}$	$Loss_{Al_2O_3}$
2	55	20	80	79.53	159.46	8.35	3.20	56.76	58.75	0.25
3	55	30	100	79.72	159.04	10.21	1.60	78.38	49.56	0.49
4	60	10	80	79.74	159.95	5.64	2.24	69.73	72.13	0.52
5	60	20	100	79.10	161.55	9.52	1.12	84.86	52.96	0.29
6	60	30	60	80.38	156.65	6.57	3.32	55.14	67.54	1.32
7	65	10	100	80.67	160.77	9.28	1.19	83.92	54.15	1.69
8	65	20	60	79.09	158.18	6.78	3.21	56.62	66.50	0.30
9	65	30	80	79.39	158.35	6.57	2.20	70.27	67.54	0.08
均值 1	61.35	67.52	53.56							
均值 2	69.91	66.08	65.59							
均值 3	70.27	67.93	82.39							
极差	8.92	1.85	28.83							

2) S1.5–A/S6.5 的配矿原料

种分母液脱硫结果见表 5-51～表 5-54。

表 5-51 显示，各因素对脱硫率的影响程度大小顺序为脱硫剂添加量>脱硫温度>脱硫时间，最优条件为 $T_3\tau_3B_3$，即脱硫温度为 65℃，脱硫时间为 30min，脱硫剂添加量为 100%，正交实验脱硫结果的回归方程为

$$\eta_S = \overline{\eta}_S + \Phi(A) + \Phi(B) + \Phi(C) = -0.051867T^2 + 6.76T + 0.00843\tau^2 \quad (5\text{-}53)$$
$$- 0.296192\tau + 0.00796B^2 - 0.61876B - 150.065$$

代入极差分析最佳条件，脱硫率为 86.62%，在此条件下验证实验脱硫率为84.45%。

表 5-51 还显示，当温度为 55℃、60℃ 和 65℃时，平均脱碳率分别为 57.27%、60.09%和 57.94%，时间为 10min、20min 和 30min 时，平均脱碳率分别为 62.13%、57.07%和 56.1%，脱硫剂添加量为 60%、80%和 100%时，平均脱碳率分别为63.57%、63.9%和 47.83%。温度和时间对脱碳率影响的差别不明显，脱硫剂添加量的影响较大，尤其是当脱硫剂添加量大于 80%以后，影响更甚。

表 5-51　S1.5–A/S6.5 矿样种分母液铝酸钡脱硫正交实验结果 (溶出 N_k=155g/L)

实验号	净化条件			溶液成分/(g/L)				评价指标/%		
	T/℃	τ/min	B/%	Al_2O_3	Na_2O_K	Na_2O_C	Na_2O_S	η_S	$\eta_{Na_2O_C}$	$Loss_{Al_2O_3}$
原液	—	—	—	75.63	135	18.3	7.70	—	—	—
1	55	10	60	77.45	145.65	6.46	3.55	53.90	64.70	−2.41

续表

实验号	净化条件			溶液成分/(g/L)				评价指标/%		
	$T/℃$	τ/min	B/%	Al_2O_3	Na_2O_K	Na_2O_C	Na_2O_S	η_S	$\eta_{Na_2O_C}$	$Loss_{Al_2O_3}$
2	55	20	80	79.54	149.57	6.95	2.97	61.43	62.02	−5.17
3	55	30	100	82.67	149.76	10.05	1.24	83.90	45.08	−9.31
4	60	10	80	78.35	148.32	5.49	2.25	70.78	70.00	−3.60
5	60	20	100	82.44	146.77	9.75	1.26	83.64	46.72	−9.00
6	60	30	60	77.36	152.86	6.67	3.33	56.75	63.55	−2.29
7	65	10	100	82.52	149.52	8.84	1.27	83.51	51.69	−9.11
8	65	20	60	77.45	147.24	6.87	2.94	61.82	62.46	−2.41
9	65	30	80	80.27	146.78	7.38	2.31	70.00	59.67	−6.14
均值1	66.41	69.39	57.49							
均值2	70.39	68.96	67.40							
均值3	71.77	70.22	83.68							
极差	5.37	1.26	26.19							

注：考察指标"$Loss_{Al_2O_3}$"中的"−"指铝损为负值，即溶液中铝的增加量。

表 5-52 显示，各因素对脱硫率的影响程度大小顺序为脱硫剂添加量>脱硫温度>脱硫时间，最优条件为 $T_3\tau_2B_3$，即脱硫温度为 65℃，脱硫时间为 20min，脱硫剂添加量为 100%，正交实验脱硫结果的回归方程为

$$\eta_S = \overline{\eta}_S + \Phi(A) + \Phi(B) + \Phi(C) = -0.1143T^2 + 14.46533T - 0.0033\tau^2 + 0.128333\tau + 0.00698B^2 - 0.534B - 390.008 \tag{5-54}$$

代入极差分析最佳条件，脱硫率为 85.16%，在此条件下验证实验脱硫率为 83.44%。

表 5-52 还显示，脱碳率与脱硫率成互补关系，脱硫率高时，脱碳率较低，反之亦然。当温度为 55℃、60℃ 和 65℃ 时，平均脱碳率分别为 57.4%、60.24% 和 57.87%，铝损分别为 0.6%、0.85% 和 0.03%；时间为 10min、20min 和 30min 时，其平均脱碳率分别为 62.15%、57.07% 和 56.29%，铝损分别为 0.42%、0.57% 和 0.49%；脱硫剂添加量为 60%、80% 和 100% 时，平均脱碳率分别为 63.96%、64.32% 和 47.23%，铝损分别为 0.42%、0.31% 和 0.75%。温度和时间对脱碳率影响的差别不明显，脱硫剂添加量的影响较大，整体铝损较小。

表 5-52 S1.5–A/S6.5 矿样种分母液氢氧化钡脱硫正交实验结果(溶出 N_k=155g/L)

实验号	净化条件			溶液成分/(g/L)				评价指标/%		
	$T/℃$	τ/min	B/%	Al_2O_3	Na_2O_K	Na_2O_C	Na_2O_S	η_S	$\eta_{Na_2O_C}$	$Loss_{Al_2O_3}$
原液	—	—	—	75.63	135.00	18.30	7.70	—	—	—

续表

实验号	净化条件			溶液成分/(g/L)				评价指标/%		
	$T/℃$	$\tau/\min$	$B/\%$	Al_2O_3	Na_2O_K	Na_2O_C	Na_2O_S	η_S	$\eta_{Na_2O_C}$	$Loss_{Al_2O_3}$
1	55	10	60	75.23	151.78	6.36	3.52	54.29	65.25	0.53
2	55	20	80	75.45	150.08	6.84	2.94	61.82	62.62	0.24
3	55	30	100	74.86	145.72	10.19	1.67	78.31	44.32	1.02
4	60	10	80	75.05	154.34	5.47	2.27	70.52	70.11	0.77
5	60	20	100	74.68	145.74	9.83	1.19	84.55	46.28	1.26
6	60	30	60	75.24	152.86	6.53	3.14	59.22	64.32	0.52
7	65	10	100	75.65	149.52	8.95	1.27	83.51	51.09	0.03
8	65	20	60	75.48	153.29	6.90	2.86	62.86	62.30	0.20
9	65	30	80	75.69	150.17	7.28	2.26	70.65	60.21	0.08
均值 1	64.81	69.44	58.79							
均值 2	71.43	69.74	67.66							
均值 3	72.34	69.39	82.12							
极差	7.53	0.35	23.33							

表 5-53 显示，对 S 含量为 1.5 的矿样，种分母液全碱浓度为 168g/L 所得种分母液采用铝酸钡脱硫时，各因素对脱硫率的影响程度大小顺序为脱硫剂添加量>脱硫温度>脱硫时间，最优条件为 $T_2\tau_1B_3$，即脱硫温度为 60℃，脱硫时间为 10min，脱硫剂添加量为 100%，正交实验脱硫结果的回归方程为

$$\eta_S = \overline{\eta}_S + \Phi(A) + \Phi(B) + \Phi(C) = -0.219T^2 + 26.74T + 0.0358\tau^2 \\ - 1.44767\tau + 0.00618B^2 - 0.4387B - 733.414 \tag{5-55}$$

代入极差分析最佳条件，脱硫率为 89.62%，在此条件下验证实验脱硫率为 86.47%。

根据表 5-53 计算，当温度为 55℃、60℃和 65℃时，平均脱碳率分别为 54.21%、59.49%和 59.00%，时间为 10min、20min 和 30min 时，平均脱碳率分别为 60.03%、55.43%和 57.24%，脱硫剂添加量为 60%、80%和 100%时，平均脱碳率分别为 63.29%、60.27%和 49.14%。温度和时间对脱碳率影响的差别不明显，脱硫剂添加量的影响较大，尤其是当脱硫剂添加量大于 80%以后，影响更为明显，而种分母液中铝含量增加高达 9.22%。

表 5-53　S1.5–A/S6.5 矿样种分母液铝酸钡脱硫正交实验结果（溶出 N_k=168g/L）

实验号	净化条件			溶液成分/(g/L)				评价指标/%		
	$T/℃$	$\tau/\min$	$B/\%$	Al_2O_3	Na_2O_K	Na_2O_C	Na_2O_S	η_S	$\eta_{Na_2O_C}$	$Loss_{Al_2O_3}$
原液	—	—	—	80.43	147.50	23.52	8.56	—	—	—

续表

实验号	净化条件			溶液成分/(g/L)				评价指标/%		
	$T/℃$	τ/min	$B/\%$	Al_2O_3	Na_2O_K	Na_2O_C	Na_2O_S	η_S	$\eta_{Na_2O_C}$	$Loss_{Al_2O_3}$
1	55	10	60	82.45	160.22	8.71	3.35	60.86	62.97	−2.51
2	55	20	80	85.34	162.25	10.83	3.12	63.55	53.95	−6.10
3	55	30	100	87.65	158.45	12.77	1.58	81.54	45.71	−8.98
4	60	10	80	84.33	162.45	8.25	2.04	76.17	64.92	−4.85
5	60	20	100	88.02	160.44	11.88	1.12	86.92	49.49	−9.44
6	60	30	60	82.15	158.95	8.45	2.89	66.24	64.07	−2.14
7	65	10	100	87.85	163.05	11.24	1.25	85.40	52.21	−9.23
8	65	20	60	82.26	159.74	8.74	3.36	60.75	62.84	−2.28
9	65	30	80	86.42	160.25	8.95	2.25	73.71	61.95	−7.45
均值1	68.65	74.14	62.62							
均值2	76.44	70.40	71.14							
均值3	73.29	73.83	84.62							
极差	7.79	3.74	22.00							

注：考察指标" $Loss_{Al_2O_3}$ "中的"−"指铝损为负值，即溶液中铝的增加量。

表 5-54 显示，各因素对脱硫率的影响程度大小顺序为脱硫剂添加量>脱硫温度>脱硫时间，最优条件为 $T_2\tau_1B_3$，即脱硫温度为 60℃，脱硫时间为 10min，脱硫剂添加量为 100%。正交实验脱硫结果的回归方程为

$$\eta_S = \overline{\eta}_S + \Phi(A) + \Phi(B) + \Phi(C) = -0.12467T^2 + 15.49T + 0.01968\tau^2$$
$$- 0.8087\tau + 0.0068B^2 - 0.5408B - 399.77 \tag{5-56}$$

代入极差分析最佳条件，脱硫率为 88.62%，在此条件下验证实验脱硫率为 86.84%。

根据表 5-54 计算，当温度为 55℃、60℃和 65℃时，平均脱碳率分别为 54.31%、59.57%和 59.31%，铝损分别为 0.3%、0.72%和 0.45%；时间为 10min、20min 和 30min 时，平均脱碳率分别为 60.27%、55.72%和 57.19%，铝损分别为 0.73%、0.01% 和 0.72%；脱硫剂添加量为 60%、80%和 100%时，平均脱碳率分别为 63.29%、60.7%和 49.19%，铝损分别为 0.26%、0.44%和 0.76%。温度和时间对脱碳率影响的差别不明显，脱硫剂添加量的影响较大。

表 5-54　S1.5–A/S6.5 矿样种分母液氢氧化钡脱硫正交实验结果（溶出 N_k=168g/L）

实验号	净化条件			溶液成分/(g/L)				评价指标/%		
	$T/℃$	τ/min	$B/\%$	Al_2O_3	Na_2O_K	Na_2O_C	Na_2O_S	η_S	$\eta_{Na_2O_C}$	$Loss_{Al_2O_3}$
原液	—	—	—	80.43	147.5	23.52	8.56	—	—	—

实验号	净化条件			溶液成分/(g/L)				评价指标/%		
	T/℃	τ/min	B/%	Al_2O_3	Na_2O_K	Na_2O_C	Na_2O_S	η_S	$\eta_{Na_2O_C}$	$Loss_{Al_2O_3}$
1	55	10	60	80.18	160.25	8.65	3.25	62.03	63.22	0.31
2	55	20	80	80.83	162.02	10.79	2.93	65.77	54.12	0.50
3	55	30	100	81.00	161.28	12.80	1.49	82.59	45.58	0.71
4	60	10	80	81.09	162.30	8.13	2.13	75.12	65.43	0.82
5	60	20	100	80.34	164.01	11.80	1.07	87.50	49.83	0.11
6	60	30	60	81.60	159.40	8.60	2.99	65.07	63.44	1.45
7	65	10	100	81.79	163.63	11.25	1.12	86.92	52.17	1.69
8	65	20	60	80.14	159.68	8.65	3.06	64.25	63.22	0.36
9	65	30	80	80.44	161.36	8.81	2.13	75.12	62.54	0.01
均值 1	70.13	74.69	63.79							
均值 2	75.90	72.51	72.00							
均值 3	75.43	74.26	85.67							
极差	5.76	2.18	21.88							

3）S1.8–A/S6.5 的配矿原料

S1.8–A/S6.5 矿样的种分母液脱硫结果见表 5-55～表 5-58。

表 5-55　S1.8–A/S6.5 矿样种分母液铝酸钡脱硫正交实验结果（溶出 N_k=155g/L）

实验号	净化条件			溶液成分/(g/L)				评价指标/%		
	T/℃	τ/min	B/%	Al_2O_3	Na_2O_K	Na_2O_C	Na_2O_S	η_S	$\eta_{Na_2O_C}$	$Loss_{Al_2O_3}$
原液	—	—	—	74.85	137.5	17.65	8.37	—	—	—
1	55	10	60	77.21	149.52	6.51	3.63	56.63	63.12	−3.15
2	55	20	80	79.45	149.63	6.44	2.84	66.07	63.51	−6.15
3	55	30	100	81.86	147.65	9.67	1.76	78.97	45.21	−9.37
4	60	10	80	78.45	148.54	5.13	2.37	71.68	70.93	−4.81
5	60	20	100	82.32	146.32	9.26	1.25	85.07	47.54	−9.98
6	60	30	60	76.87	149.57	6.14	3.27	60.93	65.21	−2.70
7	65	10	100	81.26	145.58	8.46	1.25	85.07	52.07	−8.56
8	65	20	60	77.38	148.78	6.71	2.75	67.14	61.98	−3.38
9	65	30	80	79.46	149.47	6.98	2.33	72.16	60.45	−6.16
均值 1	67.22	71.13	61.57							
均值 2	72.56	72.76	69.97							
均值 3	74.79	70.69	83.03							
极差	7.57	2.07	21.47							

注：考察指标“$Loss_{Al_2O_3}$”中的“−”指铝损为负值，即溶液中铝的增加量。

表 5-55 显示，对 S 含量为 1.8 的矿样，种分全碱浓度为 155g/L 所得种分母液采用铝酸钡脱硫时，各因素对脱硫率的影响程度大小顺序为脱硫剂添加量>脱硫温度>脱硫时间，最优条件为 $T_3\tau_2B_3$，即脱硫温度为 65℃，脱硫时间为 20min，脱硫剂添加量为 100%，正交实验脱硫结果的回归方程为

$$\eta_S = \overline{\eta}_S + \Phi(A) + \Phi(B) + \Phi(C) = -0.062T^2 + 8.1976T - 0.0185\tau^2 \\ + 0.718\tau + 0.00583B^2 - 0.396B - 208.957 \tag{5-57}$$

代入极差分析最佳条件，脱硫率为 87.54%，在此条件下进行验证实验后获得脱硫率为 86.14%。

表 5-55 还显示，脱碳率与脱硫率成互补关系，脱硫率高时，脱碳率较低，反之亦然。当温度为 55℃、60℃和 65℃时，平均脱碳率分别为 57.28%、61.23%和 58.17%，时间为 10min、20min 和 30min 时，平均脱碳率分别为 62.04%、57.68%和 56.96%，脱硫剂添加量为 60%、80%和 100%时，平均脱碳率分别为 63.44%、64.96%和 48.27%。温度和时间对脱碳率影响的差别不明显，脱硫剂添加量的影响较大，尤其是当脱硫剂添加量大于 80%以后，影响更为明显，而种分母液中铝的增加量高达 9.3%。

表 5-56 显示，各因素对脱硫率的影响程度大小顺序为脱硫剂添加量>脱硫温度>脱硫时间，最优条件为 $T_3\tau_2B_3$，即脱硫温度为 65℃，脱硫时间为 20min，脱硫剂添加量为 100%，正交实验脱硫结果的回归方程为

$$\eta_S = \overline{\eta}_S + \Phi(A) + \Phi(B) + \Phi(C) = -0.1044T^2 + 13.264667T - 0.0028\tau^2 \\ + 0.11416667\tau + 0.00633B^2 - 0.4635B - 352.45 \tag{5-58}$$

代入极差分析最佳条件，脱硫率为 86.75%，在此条件下进行验证实验的脱硫率为 85.66%。

表 5-56 还显示，脱碳率与脱硫率成互补关系，脱硫率高时，脱碳率较低，反之亦然。当温度为 55℃、60℃和 65℃时，平均脱碳率分别为 57.28%、61.23%和 58.17%，铝损分别为 0.13%、0.23%和 0.2%；时间为 10min、20min 和 30min 时，平均脱碳率分别为 62.04%、57.68%和 56.96%，铝损分别为 0.4%、0.58%和 0.07%；当脱硫剂添加量为 60%、80%和 100%时，平均脱碳率分别为 63.44%、64.96%和 48.27%，铝损分别为 0.43%、0.04%和 0.36%。温度和时间对脱碳率影响的差别不明显，脱硫剂添加量的影响较大，尤其是当脱硫剂添加量大于 80%以后，影响更为明显，整体铝损较小。

表 5-56　S1.8–A/S6.5 矿样种分母液氢氧化钡脱硫正交实验结果 (溶出 N_k=155g/L)

实验号	净化条件			溶液成分/(g/L)				评价指标/%		
	T/℃	τ/min	B/%	Al_2O_3	Na_2O_K	Na_2O_C	Na_2O_S	η_S	$\eta_{Na_2O_C}$	$Loss_{Al_2O_3}$
原液	—	—	—	74.85	137.5	17.65	8.37	—	—	—

实验号	净化条件			溶液成分/(g/L)				评价指标/%		
	$T/℃$	τ/min	$B/\%$	Al_2O_3	Na_2O_K	Na_2O_C	Na_2O_S	η_S	$\eta_{Na_2O_C}$	$Loss_{Al_2O_3}$
1	55	10	60	74.56	149.85	6.51	3.59	57.11	63.12	0.39
2	55	20	80	74.68	150.86	6.44	2.94	64.87	63.51	0.23
3	55	30	100	75.02	151.24	9.67	1.66	80.17	45.21	0.23
4	60	10	80	75.24	152.45	5.13	2.27	72.88	70.93	0.52
5	60	20	100	74.68	154.65	9.26	1.20	85.66	47.54	0.23
6	60	30	60	75.14	146.65	6.14	3.14	62.49	65.21	0.39
7	65	10	100	75.65	152.50	8.46	1.22	85.42	52.07	1.07
8	65	20	60	73.89	148.78	6.71	2.86	65.83	61.98	1.28
9	65	30	80	74.55	150.25	6.98	2.26	73.00	60.45	0.40
均值 1	67.38	71.80	61.81							
均值 2	73.68	72.12	70.25							
均值 3	74.75	71.88	83.75							
极差	7.37	0.32	21.94							

表 5-57 显示，对 S 含量为 1.8 的矿样，种分母液全碱浓度为 168g/L 所得种分母液而言，各因素对脱硫率的影响程度大小顺序为脱硫剂添加量＞脱硫温度＞脱硫时间，最优条件为 $T_2\tau_1B_3$，即脱硫温度为 60℃，脱硫时间为 10min，脱硫剂添加量为 100%，正交实验脱硫结果的回归方程为

$$\eta_S = \overline{\eta}_S + \Phi(A) + \Phi(B) + \Phi(C) = -0.1046T^2 + 12.98967T - 0.0347\tau^2 \tag{5-59}$$
$$- 1.461\tau + 0.0104B^2 - 1.21758B - 284.557$$

代入极差分析最佳条件，脱硫率为 89.36%，验证实验脱硫率为 87.02%。

表 5-57 还显示，当温度为 55℃、60℃ 和 65℃ 时，平均脱碳率分别为 51.94%、57.60% 和 57.60%，时间为 10min、20min 和 30min 时，平均脱碳率分别为 58.50%、53.56% 和 55.07%，脱硫剂添加量为 60%、80% 和 100% 时，平均脱碳率分别为 62.09%、58.04% 和 46.99%。温度和时间对脱碳率影响的差别不明显，脱硫剂添加量的影响较大，尤其是当脱硫剂添加量大于 80% 以后，影响更为明显，而此时种分母液中铝的增加量高达 9.52%。

表 5-57　S1.8-A/S6.5 矿样种分母液铝酸钡脱硫正交实验结果 (溶出 N_k=168g/L)

实验号	净化条件			溶液成分/(g/L)				评价指标/%		
	$T/℃$	τ/min	$B/\%$	Al_2O_3	Na_2O_K	Na_2O_C	Na_2O_S	η_S	$\eta_{Na_2O_C}$	$Loss_{Al_2O_3}$
原液	—	—	—	79.85	145.00	22.45	9.37	—	—	—
1	55	10	60	81.24	156.74	8.64	2.98	68.20	61.51	-1.74

实验号	净化条件			溶液成分/(g/L)				评价指标/%		
	T/℃	τ/min	B/%	Al_2O_3	Na_2O_K	Na_2O_C	Na_2O_S	η_S	$\eta_{Na_2O_C}$	$Loss_{Al_2O_3}$
2	55	20	80	83.24	156.21	10.86	3.24	65.42	51.63	−4.25
3	55	30	100	87.24	154.32	12.87	1.55	83.46	42.67	−9.25
4	60	10	80	83.33	155.74	8.35	2.19	76.63	62.81	−4.36
5	60	20	100	86.45	153.21	11.87	1.25	86.66	47.13	−8.27
6	60	30	60	80.45	155.71	8.34	2.98	68.20	62.85	−0.75
7	65	10	100	87.45	153.24	10.96	1.21	87.09	51.18	−9.52
8	65	20	60	82.22	154.63	8.55	3.07	67.24	61.92	−2.97
9	65	30	80	84.72	155.32	9.05	2.26	75.88	59.69	−6.10
均值1	72.36	77.30	67.88							
均值2	77.16	73.11	72.64							
均值3	76.73	75.84	85.73							
极差	4.80	4.20	17.86							

注：考察指标"$Loss_{Al_2O_3}$"中的"−"指铝损为负值，即溶液中铝的增加量。

表 5-58 显示，各因素对脱硫率的影响程度大小顺序为脱硫剂添加量>脱硫温度>脱硫时间，最优条件为 $T_2\tau_1B_3$，即脱硫温度为 60℃，脱硫时间为 10min，脱硫剂添加量为 100%，正交实验脱硫结果的回归方程为

$$\eta_S = \overline{\eta}_S + \Phi(A) + \Phi(B) + \Phi(C) = -0.111T^2 + 13.761T + 0.0288\tau^2$$
$$- 1.205333\tau + 0.00934B^2 - 1.03691667B - 316.353 \tag{5-60}$$

代入极差分析最佳条件，脱硫率为 90.22%，验证实验脱硫率为 88.14%。

根据表 5-58 计算，当温度为 55℃、60℃和 65℃时，平均脱碳率分别为 52.16%、57.74%和 58.16%，铝损分别为 1.48%、1.69%和 2.59%；时间为 10min、20min 和 30min 时，平均脱碳率分别为 59.14%、54.09%和 54.83%，铝损分别为 2.15%、1.85%和 1.76%；脱硫剂添加量为 60%、80%和 100%时，平均脱碳率分别为 62.26%、58.6%和 47.2%，铝损分别为 1.4%、1.81%和 2.55%。温度和时间对脱碳率影响的差别不明显，脱硫剂添加量的影响较大，尤其是当脱硫剂添加量大于 80%以后，影响更为明显，相比于硫含量低于 1.8%的矿石，铝损有所增加。

表 5-58　S1.8–A/S6.5 矿样种分母液氢氧化钡脱硫正交实验结果（溶出 N_k=168g/L）

实验号	净化条件			溶液成分/(g/L)				评价指标/%		
	T/℃	τ/min	B/%	Al_2O_3	Na_2O_K	Na_2O_C	Na_2O_S	η_S	$\eta_{Na_2O_C}$	$Loss_{Al_2O_3}$
原液	—	—	—	79.85	145.00	22.45	9.37	—	—	—
1	55	10	60	78.32	157.85	8.51	2.98	68.20	62.09	1.92

实验号	净化条件			溶液成分/(g/L)				评价指标/%		
	$T/℃$	τ/min	$B/\%$	Al_2O_3	Na_2O_K	Na_2O_C	Na_2O_S	η_S	$\eta_{Na_2O_C}$	$Loss_{Al_2O_3}$
2	55	20	80	79.35	159.42	10.72	3.07	67.24	52.25	0.63
3	55	30	100	78.34	158.73	12.99	1.44	84.63	42.14	1.89
4	60	10	80	78.45	159.95	8.21	2.08	77.80	63.43	1.75
5	60	20	100	77.48	161.80	11.77	1.12	88.05	47.57	2.97
6	60	30	60	79.58	157.35	8.48	2.89	69.16	62.23	0.34
7	65	10	100	77.62	160.89	10.80	1.13	87.94	51.89	2.79
8	65	20	60	78.29	157.26	8.43	2.96	68.41	62.45	1.95
9	65	30	80	77.42	158.96	8.95	2.16	76.95	60.13	3.04
均值 1	73.35	77.98	68.59							
均值 2	78.34	74.56	74.00							
均值 3	77.77	76.91	86.87							
极差	4.98	3.42	18.29							

4）$S_{混1}$–A/S6.0 的配矿原料

$S_{混1}$–A/S6.0 矿样的种分母液脱硫结果见表 5-59～表 5-62。

表 5-59 显示，对 $S_{混1}$–A/S6.0 矿样，种分母液全碱浓度为 155g/L 所得种分母液采用铝酸钡脱硫时，各因素对脱硫率的影响程度大小顺序为脱硫剂添加量>脱硫温度>脱硫时间，最优条件为 $T_3\tau_2B_3$，即脱硫温度为 65℃，脱硫时间为 20min，脱硫剂添加量为 100%，正交实验脱硫结果的回归方程为

$$\eta_S = \overline{\eta}_S + \Phi(A) + \Phi(B) + \Phi(C) = -0.1819T^2 + 22.756T + 0.0116\tau^2$$
$$+ 0.358\tau + 0.008B^2 - 0.65375B - 655.8967 \tag{5-61}$$

代入极差分析最佳条件，脱硫率为 81.58%，验证实验脱硫率为 81.72%。

表 5-59 还显示，当温度为 55℃、60℃和 65℃时，平均脱碳率分别为 59.55%、63.70%和 62.53%，时间为 10min、20min 和 30min 时，平均脱碳率分别为 63.39%、62.70%和 59.69%，脱硫剂添加量为 60%、80%和 100%时，平均脱碳率分别为 67.25%、67.38%和 51.16%。温度和时间对脱碳率影响的差别不明显，脱硫剂添加量的影响较大，尤其是当脱硫剂添加量大于 80%以后，影响更为明显，而此时种分母液中铝的增加量高达 9.21%。

表 5-59　$S_{混1}$–A/S6.0 矿样种分母液铝酸钡脱硫正交实验结果(溶出 N_k=155g/L)

实验号	净化条件			溶液成分/(g/L)				评价指标/%		
	$T/℃$	τ/min	$B/\%$	Al_2O_3	Na_2O_K	Na_2O_C	Na_2O_S	η_S	$\eta_{Na_2O_C}$	$Loss_{Al_2O_3}$
原液	—	—	—	77.62	135.5	20.65	6.76	—	—	—

实验号	净化条件			溶液成分/(g/L)				评价指标/%		
	$T/℃$	τ/min	$B/\%$	Al_2O_3	Na_2O_K	Na_2O_C	Na_2O_S	η_S	$\eta_{Na_2O_C}$	$Loss_{Al_2O_3}$
1	55	10	60	80.26	144.32	7.21	3.74	44.67	65.08	−3.40
2	55	20	80	83.24	146.75	6.55	3.11	53.99	68.28	−7.24
3	55	30	100	84.47	143.77	11.30	2.24	66.86	45.28	−8.83
4	60	10	80	82.14	147.25	6.33	2.45	63.76	69.35	−5.82
5	60	20	100	84.77	145.50	9.82	1.33	80.33	52.45	−9.21
6	60	30	60	79.46	146.75	6.34	3.18	52.96	69.30	−2.37
7	65	10	100	84.52	144.28	9.14	1.24	81.66	55.74	−8.89
8	65	20	60	80.47	145.34	6.74	2.97	56.07	67.36	−3.67
9	65	30	80	82.67	144.33	7.33	2.44	63.91	64.50	−6.51
均值1	55.18	63.36	51.23							
均值2	65.68	63.46	60.55							
均值3	67.21	61.24	76.28							
极差	12.03	2.22	25.05							

注：考察指标"$Loss_{Al_2O_3}$"中的"−"指铝损为负值，即溶液中铝的增加量。

表 5-60 显示，各因素对脱硫率的影响程度大小顺序为脱硫剂添加量>脱硫温度>脱硫时间，最优条件为 $T_3\tau_2B_3$，即脱硫温度为 65℃，脱硫时间为 20min，脱硫剂添加量为 100%，正交实验脱硫结果的回归方程为

$$\eta_S = \overline{\eta}_S + \Phi(A) + \Phi(B) + \Phi(C) = -0.2426T^2 + 30.354T - 0.00735\tau^2 \\ + 0.2792\tau + 0.00906B^2 - 0.78768B - 880.36 \tag{5-62}$$

代入极差分析最佳条件，脱硫率为 82.14%，验证实验脱硫率为 81.34%。

根据表 5-60 计算，当温度为 55℃、60℃和 65℃时，平均脱碳率分别为 60.05%、63.82%和 62.78%，铝损分别为 2.52%、3.62%和 2.24%；时间为 10min、20min 和 30min 时，平均脱碳率分别为 63.97%、62.47%和 60.21%，铝损分别为 2.52%、3.86%和 2.02%；脱硫剂添加量为 60%、80%和 100%时，平均脱碳率分别为 67.33%、67.83%和 51.49%，铝损分别为 2.91%、2.42%和 3.05%。温度和时间对脱碳率影响的差别不明显，脱硫剂添加量的影响较大，尤其是当脱硫剂添加量大于 80%以后，影响更为明显，铝损较高。

表 5-60 $S_{混1}$–A/S6.0 矿样种分母液氢氧化钡脱硫正交实验结果（溶出 N_k=155g/L）

实验号	净化条件			溶液成分/(g/L)				评价指标/%		
	$T/℃$	τ/min	$B/\%$	Al_2O_3	Na_2O_K	Na_2O_C	Na_2O_S	η_S	$\eta_{Na_2O_C}$	$Loss_{Al_2O_3}$
原液	—	—	—	77.62	135.5	20.65	6.76	—	—	—

实验号	净化条件			溶液成分/(g/L)				评价指标/%		
	$T/℃$	$\tau/\min$	$B/\%$	Al_2O_3	Na_2O_K	Na_2O_C	Na_2O_S	η_S	$\eta_{Na_2O_C}$	$Loss_{Al_2O_3}$
1	55	10	60	76.12	145.47	7.14	3.84	43.20	65.42	1.93
2	55	20	80	75.44	146.75	6.45	3.21	52.51	68.77	2.81
3	55	30	100	75.42	143.67	11.16	2.12	68.64	45.96	2.83
4	60	10	80	74.67	145.24	6.23	2.41	64.35	69.83	3.80
5	60	20	100	74.12	143.77	9.94	1.18	82.54	51.86	4.51
6	60	30	60	75.63	146.75	6.24	3.09	54.29	69.78	2.56
7	65	10	100	76.21	144.41	8.95	1.27	81.21	56.66	1.82
8	65	20	60	74.32	145.47	6.86	3.01	55.47	66.78	4.25
9	65	30	80	77.11	144.38	7.25	2.37	64.94	64.89	0.66
均值 1	54.78	62.92	50.99							
均值 2	67.06	63.51	60.60							
均值 3	67.21	62.62	77.47							
极差	12.43	0.89	26.48							

表 5-61 显示，对 $S_{混1}$–A/S6.0 矿样，种分母液全碱浓度为 168g/L 所得种分母液采用铝酸钡进行脱硫时，各因素对脱硫率的影响程度大小顺序为脱硫剂添加量>脱硫温度>脱硫时间，最优条件为 $T_3\tau_2B_3$，即脱硫温度为 65℃，脱硫时间为 20min，脱硫剂添加量为 100%，正交实验脱硫结果的回归方程为

$$\eta_S = \overline{\eta}_S + \Phi(A) + \Phi(B) + \Phi(C) = -0.1642T^2 + 20.70367T - 0.00155\tau^2 \\ + 0.0688\tau + 0.005475B^2 - 0.18867B - 605.289 \tag{5-63}$$

代入极差分析最佳条件，脱硫率为 83.34%，验证实验脱硫率为 82.13%。

根据表 5-61 计算，当温度为 55℃、60℃ 和 65℃ 时，平均脱碳率分别为 49.78%、55.75% 和 55.56%，时间为 10min、20min 和 30min 时，平均脱碳率分别为 56.47%、51.52% 和 53.11%，脱硫剂添加量为 60%、80% 和 100% 时，平均脱碳率分别为 60.26%、56.06% 和 44.77%。温度和时间对脱碳率影响的差别不明显，脱硫剂添加量的影响较大，添加量越大，脱碳率越低，尤其是当脱硫剂添加量大于 80% 以后，影响更为明显，此时种分母液中铝的增加量高达 8.99%。

表 5-61　$S_{混1}$–A/S6.0 矿样种分母液铝酸钡脱硫正交实验结果（溶出 N_k=168g/L）

实验号	净化条件			溶液成分/(g/L)				评价指标/%		
	$T/℃$	$\tau/\min$	$B/\%$	Al_2O_3	Na_2O_K	Na_2O_C	Na_2O_S	η_S	$\eta_{Na_2O_C}$	$Loss_{Al_2O_3}$
原液	—	—	—	80.24	146.50	21.34	7.47	—	—	—
1	55	10	60	82.33	157.45	8.66	4.02	46.18	59.42	−2.60

实验号	净化条件			溶液成分/(g/L)				评价指标/%		
	$T/℃$	τ/min	$B/\%$	Al_2O_3	Na_2O_K	Na_2O_C	Na_2O_S	η_S	$\eta_{Na_2O_C}$	$\text{Loss}_{Al_2O_3}$
2	55	20	80	85.74	156.34	10.75	3.27	56.22	49.63	−6.85
3	55	30	100	87.28	153.77	12.74	1.95	73.90	40.30	−8.77
4	60	10	80	85.77	156.47	8.34	2.47	66.93	60.92	−6.89
5	60	20	100	82.32	153.78	11.75	1.27	83.00	44.94	−2.59
6	60	30	60	85.24	155.78	8.24	3.46	53.68	61.39	−6.23
7	65	10	100	87.45	154.67	10.87	1.35	81.93	49.06	−8.99
8	65	20	60	82.34	155.88	8.54	3.25	56.49	59.98	−2.62
9	65	30	80	84.85	153.73	9.04	2.40	67.87	57.64	−5.75
均值1	58.77	65.02	52.12							
均值2	67.87	65.24	63.68							
均值3	68.76	65.15	79.61							
极差	9.99	0.22	27.49							

注：考察指标"$\text{Loss}_{Al_2O_3}$"中的"−"指铝损为负值，即溶液中铝的增加量。

表 5-62 显示，各因素对脱硫率的影响程度大小顺序为脱硫剂添加量>脱硫温度>脱硫时间，最优条件为 $T_3\tau_3B_3$，即脱硫温度为 65℃，脱硫时间为 30min，脱硫剂添加量为 100%，正交实验脱硫结果的回归方程为

$$\eta_S = \overline{\eta}_S + \Phi(A) + \Phi(B) + \Phi(C) = -0.1686T^2 + 21.19T + 0.004\tau^2 \\ - 0.09767\tau + 0.005525B^2 - 0.2313B - 613.7859 \tag{5-64}$$

代入极差分析最佳条件，脱硫率为 84%，验证实验脱硫率为 82.74%。

根据表 5-62 计算，当温度为 55℃、60℃和 65℃时，平均脱碳率分别为 50.24%、55.75% 和 55.62%，铝损分别为 2.31%、2.72% 和 2.09%；时间为 10min、20min 和 30min 时，平均脱碳率分别为 56.06%、51.95% 和 53.59%，铝损分别为 2.30%、1.61% 和 3.21%；脱硫剂为 60%、80% 和 100% 时，平均脱碳率分别为 60.47%、55.72% 和 45.42%，铝损分别为 1.80%、3.09% 和 2.22%。温度和时间对脱碳率影响的差别不明显，脱硫剂添加量的影响较大，尤其是当脱硫剂添加量大于 80% 以后，影响更为明显。

表 5-62　$S_{混1}$–A/S6.0 矿样种分母液氢氧化钡脱硫正交实验结果（溶出 N_k=168g/L）

实验号	净化条件			溶液成分/(g/L)				评价指标/%		
	$T/℃$	τ/min	$B/\%$	Al_2O_3	Na_2O_K	Na_2O_C	Na_2O_S	η_S	$\eta_{Na_2O_C}$	$\text{Loss}_{Al_2O_3}$
原液	—	—	—	80.24	146.5	21.34	7.47	—	—	—
1	55	10	60	79.24	158.25	8.56	3.94	47.26	59.89	1.25
2	55	20	80	78.24	157.44	10.75	3.19	57.30	49.63	2.49

实验号	净化条件			溶液成分/(g/L)				评价指标/%		
	$T/℃$	τ/min	$B/\%$	Al_2O_3	Na_2O_K	Na_2O_C	Na_2O_S	η_S	$\eta_{Na_2O_C}$	$Loss_{Al_2O_3}$
3	55	30	100	77.68	155.34	12.55	1.86	75.10	41.19	3.19
4	60	10	80	77.38	159.42	8.65	2.42	67.60	59.47	3.56
5	60	20	100	79.12	155.47	11.47	1.3	82.60	46.25	1.40
6	60	30	60	77.67	158.74	8.21	3.25	56.49	61.53	3.20
7	65	10	100	78.57	154.67	10.92	1.35	81.93	48.83	2.08
8	65	20	60	79.48	158.87	8.54	3.17	57.56	59.98	0.95
9	65	30	80	77.65	158.72	8.95	2.32	68.94	58.06	3.23
均值 1	59.88	65.60	53.77							
均值 2	68.90	65.82	64.61							
均值 3	69.48	66.85	79.88							
极差	9.60	1.25	26.11							

5）$S_{清}$的脱硫正交实验

$S_{清}$矿样的种分母液脱硫实验结果见表 5-63～表 5-66。

表 5-63 显示，对 $S_{清}$ 矿样，各因素对脱硫率的影响程度大小顺序为脱硫剂添加量>脱硫温度>脱硫时间，最优条件为 $T_2\tau_2B_3$，即脱硫温度为 60℃，脱硫时间为 20min，脱硫剂添加量为 100%，正交实验脱硫结果的回归方程为

$$\eta_S = \overline{\eta}_S + \Phi(A) + \Phi(B) + \Phi(C) = -0.233T^2 + 29.10567T - 0.0162\tau^2$$
$$+ 0.515\tau + 0.00866B^2 - 0.76B - 840.5468 \tag{5-65}$$

代入极差分析最佳条件，脱硫率为 81.4%，验证实验脱硫率为 81.56%。

根据表 5-63 计算，当温度为 55℃、60℃ 和 65℃时，平均脱碳率分别为 59.07%、63.24% 和 62.02%，时间为 10min、20min 和 30min 时，平均脱碳率分别为 62.92%、62.20% 和 59.21%，脱硫剂添加量为 60%、80% 和 100% 时，平均脱碳率分别为 66.69%、66.96% 和 50.68%。温度和时间对脱碳率影响的差别不明显，脱硫剂添加量的影响较大，添加量越大，脱碳率越低，尤其是当脱硫剂添加量大于 80% 以后，影响更为明显。

表 5-63　$S_{清}$矿样种分母液铝酸钡脱硫正交实验结果（溶出 N_k=155g/L）

实验号	净化条件			溶液成分/(g/L)				评价指标/%		
	$T/℃$	τ/min	$B/\%$	Al_2O_3	Na_2O_K	Na_2O_C	Na_2O_S	η_S	$\eta_{Na_2O_C}$	$Loss_{Al_2O_3}$
原液	—	—	—	78.48	137.25	20.65	6.78	—	—	—
1	55	10	60	80.38	147.32	7.35	3.75	44.69	64.41	-2.42
2	55	20	80	83.47	147.58	6.64	3.12	53.98	67.85	-6.36
3	55	30	100	85.46	142.75	11.37	2.26	66.67	44.94	-8.89

实验号	净化条件			溶液成分/(g/L)				评价指标/%		
	$T/℃$	τ/min	$B/\%$	Al_2O_3	Na_2O_K	Na_2O_C	Na_2O_S	η_S	$\eta_{Na_2O_C}$	$Loss_{Al_2O_3}$
4	60	10	80	82.14	148.24	6.38	2.38	64.90	69.10	-4.66
5	60	20	100	84.77	145.50	9.94	1.25	81.56	51.86	-8.01
6	60	30	60	81.21	146.75	6.45	3.15	53.54	68.77	-3.48
7	65	10	100	85.42	144.75	9.24	1.28	81.12	55.25	-8.84
8	65	20	60	80.77	146.21	6.84	2.98	56.05	66.88	-2.92
9	65	30	80	83.42	145.78	7.45	2.54	62.54	63.92	-6.29
均值 1	55.11	63.57	51.43							
均值 2	66.67	63.86	60.47							
均值 3	66.57	60.91	76.45							
极差	11.56	2.96	25.02							

注：考察指标"$Loss_{Al_2O_3}$"中的"-"指铝损为负值，即溶液中铝的增加量。

表 5-64 显示，对 $S_{清}$ 矿样的种分母液，采用氢氧化钡脱硫时各因素对脱硫率的影响程度大小顺序为脱硫剂添加量>脱硫温度>脱硫时间，最优条件为 $T_3\tau_2B_3$，即脱硫温度为 65℃，脱硫时间为 20min，脱硫剂添加量为 100%，正交实验脱硫结果的回归方程为

$$\eta_S = \overline{\eta}_S + \Phi(A) + \Phi(B) + \Phi(C) = -0.2202T^2 + 27.5643T - 0.0211\tau^2 \\ + 0.67166\tau + 0.0089125B^2 - 0.75358B - 797.041416 \tag{5-66}$$

代入极差分析最佳条件，脱硫率为 83.05%，验证实验脱硫率为 82.71%。

根据表 5-64 计算，温度为 55℃、60℃和 65℃时，平均脱碳率分别为 58.93%、62.92%和 61.55%，铝损分别为 2.26%、2.32%和 2.21%；时间为 10min、20min 和 30min 时，平均脱碳率分别为 63.00%、61.65%和 58.76%，铝损分别为 2.32%、1.94%和 2.53%；脱硫剂添加量为 60%、80%和 100%时，平均脱碳率分别为 66.43%、66.75%和 50.23%，铝损分别为 1.13%、2.89%和 2.77%。温度和时间对脱碳率影响的差别不明显，脱硫剂添加量的影响较大，尤其是当脱硫剂添加量大于 80%以后，影响更为明显。

表 5-64　$S_{清}$矿样种分母液氢氧化钡脱硫正交实验结果（溶出 N_k=155g/L）

实验号	净化条件			溶液成分/(g/L)				评价指标/%		
	$T/℃$	τ/min	$B/\%$	Al_2O_3	Na_2O_K	Na_2O_C	Na_2O_S	η_S	$\eta_{Na_2O_C}$	$Loss_{Al_2O_3}$
原液	—	—	—	78.48	137.25	20.65	6.78	—	—	—
1	55	10	60	77.24	148.45	7.25	3.77	44.40	64.89	1.58
2	55	20	80	76.45	147.58	6.74	3.08	54.57	67.36	2.59

实验号	净化条件			溶液成分/(g/L)				评价指标/%		
	$T/℃$	τ/min	$B/\%$	Al_2O_3	Na_2O_K	Na_2O_C	Na_2O_S	η_S	$\eta_{Na_2O_C}$	$Loss_{Al_2O_3}$
3	55	30	100	76.42	143.65	11.45	2.18	67.85	44.55	2.62
4	60	10	80	76.45	147.85	6.34	2.34	65.49	69.30	2.59
5	60	20	100	76.21	142.87	10.05	1.16	82.89	51.33	2.89
6	60	30	60	77.33	148.57	6.58	3.25	52.06	68.14	1.47
7	65	10	100	76.28	144.05	9.33	1.18	82.60	54.82	2.80
8	65	20	60	78.21	147.87	6.97	2.97	56.19	66.25	0.34
9	65	30	80	75.74	147.27	7.52	2.56	62.24	63.58	3.49
均值 1	55.60	64.16	50.88							
均值 2	66.81	64.55	60.77							
均值 3	67.01	60.72	77.78							
极差	11.41	3.83	26.89							

表 5-65 显示，对 $S_清$ 矿样的种分母液，采用铝酸钡脱硫时各因素对脱硫率的影响程度大小顺序为脱硫剂添加量>脱硫温度>脱硫时间，最优条件为 $T_3\tau_2B_3$，即脱硫温度为 65℃，脱硫时间为 20min，脱硫剂添加量为 100%，正交实验脱硫结果的回归方程为

$$\eta_S = \overline{\eta}_S + \varPhi(A) + \varPhi(B) + \varPhi(C) = -0.113267T^2 + 14.451T - 0.0022167\tau^2 \\ + 0.084168\tau + 0.00362B^2 + 0.1162167B - 425.8183 \tag{5-67}$$

代入极差分析最佳条件，脱硫率为 83.56%，验证实验脱硫率为 82.81%。

表 5-65 还显示，当温度为 55℃、60℃和 65℃时，平均脱碳率分别为 48.81%、54.08%和 53.77%，时间为 10min、20min 和 30min 时，平均脱碳率分别为 54.94%、49.80%和 51.92%，脱硫剂添加量为 60%、80%和 100%时，平均脱碳率分别为59.06%、54.25%和 43.34%。温度和时间对脱碳率影响的差别不明显，脱硫剂添加量的影响较大，添加量越大，脱碳率越低，尤其是当脱硫剂添加量大于 80%以后，影响更为明显，此时种分母液中铝的增加量高达 8.98%。

表 5-65　$S_清$矿样种分母液铝酸钡脱硫正交实验结果 (溶出 N_k=168g/L)

实验号	净化条件			溶液成分/(g/L)				评价指标/%		
	$T/℃$	τ/min	$B/\%$	Al_2O_3	Na_2O_K	Na_2O_C	Na_2O_S	η_S	$\eta_{Na_2O_C}$	$Loss_{Al_2O_3}$
原液	—	—	—	78.62	147.5	20.52	7.49	—	—	—
1	55	10	60	80.24	157.45	8.56	3.92	47.66	58.28	-2.06
2	55	20	80	83.15	156.44	10.77	3.12	58.34	47.51	-5.76
3	55	30	100	85.41	153.68	12.18	1.85	75.30	40.64	-8.64

实验号	净化条件			溶液成分/(g/L)				评价指标/%		
	$T/℃$	τ/min	$B/\%$	Al_2O_3	Na_2O_K	Na_2O_C	Na_2O_S	η_S	$\eta_{Na_2O_C}$	$Loss_{Al_2O_3}$
4	60	10	80	82.97	156.78	8.24	2.46	67.16	59.84	−5.53
5	60	20	100	86.04	153.47	11.76	1.29	82.78	42.69	−9.44
6	60	30	60	80.77	156.47	8.27	3.54	52.74	59.70	−2.73
7	65	10	100	85.58	154.21	10.94	1.34	82.11	46.69	−8.85
8	65	20	60	81.04	156.78	8.37	3.27	56.34	59.21	−3.08
9	65	30	80	83.11	155.24	9.15	2.35	68.62	55.41	−5.71
均值1	60.44	65.64	52.25							
均值2	67.56	65.82	64.71							
均值3	69.03	65.55	80.06							
极差	8.59	0.27	27.81							

注：考察指标" $Loss_{Al_2O_3}$ "中的"−"指铝损为负值，即溶液中铝的增加量。

表 5-66 显示，对 $S_清$ 矿样的种分母液，采用氢氧化钡脱硫时各因素对脱硫率的影响程度大小顺序为脱硫剂添加量>脱硫温度>脱硫时间，最优条件为 $T_3\tau_2B_3$，即脱硫温度为 65℃，脱硫时间为 20 min，脱硫剂添加量为 100%，正交实验脱硫结果的回归方程为

$$\eta_S = \overline{\eta}_S + \Phi(A) + \Phi(B) + \Phi(C) = -0.1157T^2 + 14.81T - 0.00423\tau^2 \\ + 0.1805\tau + 0.00245B^2 + 0.3089B - 445.8485$$　　(5-68)

代入极差分析最佳条件，脱硫率为 84.6%，验证实验脱硫率为 82.47%。

表 5-66 还显示，脱碳率与脱硫率成互补关系，脱硫率高时，脱碳率较低，反之亦然。当温度为 55℃、60℃和 65℃时，平均脱碳率分别为 48.94%、54.56%和 53.38%，铝损分别为 1.97%、1.69%和 1.88%；时间为 10min、20min 和 30min 时，平均脱碳率分别为 54.63%、49.90%和 52.36%，铝损分别为 2.28%、1.52%和 1.85%；脱硫剂添加量为 60%、80%和 100%时，平均脱碳率分别为 59.02%、54.42%和 43.45%，铝损分别为 0.68%、1.65%和 3.21%。温度和时间对脱碳率影响的差别不明显，脱硫剂添加量的影响较大，尤其是当脱硫剂添加量大于 80%以后，影响更为明显，铝损也随之升高。

表 5-66　$S_清$矿样种分母液氢氧化钡脱硫正交实验结果(溶出 N_k=168g/L)

实验号	净化条件			溶液成分/(g/L)				评价指标/%		
	$T/℃$	τ/min	$B/\%$	Al_2O_3	Na_2O_K	Na_2O_C	Na_2O_S	η_S	$\eta_{Na_2O_C}$	$Loss_{Al_2O_3}$
原液	—	—	—	78.62	147.5	20.52	7.49	—	—	—
1	55	10	60	77.65	157.35	8.55	3.95	47.26	58.33	1.23

续表

实验号	净化条件			溶液成分/(g/L)				评价指标/%		
	$T/℃$	τ/min	$B/\%$	Al_2O_3	Na_2O_K	Na_2O_C	Na_2O_S	η_S	$\eta_{Na_2O_C}$	$Loss_{Al_2O_3}$
2	55	20	80	77.21	156.47	10.87	3.10	58.61	47.03	1.79
3	55	30	100	76.34	153.24	12.01	1.75	76.64	41.47	2.90
4	60	10	80	77.45	156.77	8.14	2.33	68.89	60.33	1.49
5	60	20	100	76.58	153.44	11.56	1.25	83.31	43.66	2.59
6	60	30	60	77.84	156.74	8.27	3.54	52.74	59.70	0.99
7	65	10	100	75.37	154.24	11.24	1.33	82.24	45.22	4.13
8	65	20	60	78.75	156.47	8.41	3.14	58.08	59.02	0.17
9	65	30	80	77.31	155.63	9.05	2.27	69.69	55.90	1.67
均值 1	60.84	66.13	52.69							
均值 2	68.31	66.67	65.73							
均值 3	70.00	66.36	80.73							
极差	9.16	0.54	28.04							

4. 脱硫单耗计算

根据上述各矿种分脱硫的较佳条件进行计算，5 种矿石脱硫成本的核算见表 5-67、表 5-68。

表 5-67　种分母液脱硫单耗(溶出 N_k=155g/L)

矿样	脱硫剂	溶液体积/mL	硫含量/(g/L)	脱硫剂添加量/g	脱硫率/%	脱掉的硫的质量/g	1kg硫需要的脱硫剂的质量/kg
S1.2–A/S6.5	BaO·Al_2O_3	100	3.46	12.11	82.39	0.2851	42
	Ba(OH)_2	100	3.46	13.73	84.11	0.2910	47
S1.5–A/S6.5	BaO·Al_2O_3	100	3.97	12.01	84.45	0.3353	36
	Ba(OH)_2	100	3.97	13.62	83.44	0.3313	41
S1.8–A/S6.5	BaO·Al_2O_3	100	4.32	12.03	86.14	0.3721	32
	Ba(OH)_2	100	4.32	13.64	85.66	0.3701	37
$S_{堆1}$–A/S6.0	BaO·Al_2O_3	100	3.49	12.64	81.72	0.2852	44
	Ba(OH)_2	100	3.49	14.34	81.34	0.2839	51
$S_{精}$	BaO·Al_2O_3	100	3.50	12.65	81.56	0.2855	44
	Ba(OH)_2	100	3.50	14.35	82.71	0.2895	50

表 5-68 种分母液脱硫单耗（溶出 N_k=168g/L）

矿样	脱硫剂	溶液体积/mL	硫含量/(g/L)	脱硫剂添加量/g	脱硫率/%	脱掉的硫的质量/g	1kg硫需要的脱硫剂的质量/kg
S1.2–A/S6.5	BaO·Al$_2$O$_3$	100	3.82	12.76	83.11	0.3175	40
	Ba(OH)$_2$	100	3.82	14.47	84.21	0.3217	45
S1.5–A/S6.5	BaO·Al$_2$O$_3$	100	4.42	14.80	86.47	0.3822	39
	Ba(OH)$_2$	100	4.42	16.79	86.84	0.3838	44
S1.8–A/S6.5	BaO·Al$_2$O$_3$	100	4.84	14.70	87.02	0.4212	35
	Ba(OH)$_2$	100	4.84	16.68	88.14	0.4266	39
S$_{混1}$–A/S6.0	BaO·Al$_2$O$_3$	100	3.86	13.30	82.13	0.3170	42
	Ba(OH)$_2$	100	3.86	15.08	82.74	0.3194	47
S$_{精}$	BaO·Al$_2$O$_3$	100	3.87	12.93	82.81	0.3205	40
	Ba(OH)$_2$	100	3.87	14.67	82.47	0.3192	46

从表 5-67 和表 5-68 可知，在种分母液中脱硫，每脱除 1kg 硫，需消耗 35～50kg 脱硫剂。

5.4.7 强化排盐脱硫

蒸发排盐过程中，当母液中的硫和有机物含量较高时，蒸发使母液黏度增加，过滤难度增大，使得排盐难以顺利进行，尤其是两者同时存在时，影响更大。因此，需要采用强化排盐的方式，在解决生产问题的同时，使得铝酸钠溶液中硫进入排盐渣，降低系统中的硫含量，从而达到脱硫的目的。

强化排盐过程的析出率是蒸发工序盐析的主要指标，是铝酸钠溶液中碳酸钠、硫酸钠等盐类的析出量占分解前碳酸钠、硫酸钠等初始含量的百分比。由于蒸发过程中铝酸钠溶液浓度和体积发生变化，因此，直接按照溶液中的碳碱和硫浓度计算误差较大，而蒸发后排盐渣较为稳定，可以作为内标，利用排盐渣的碳碱、硫和草酸钠含量与溶液蒸发前比较计算 Na$_2$CO$_3$、硫盐、Na$_2$C$_2$O$_4$、NaAlO$_2$ 析出率和总排盐率，计算方式如下：

$$\text{Na}_2\text{CO}_3 \text{ 析出率 } \omega_C = \frac{N_C V}{N_{C0} V_0} \times 100\% \tag{5-69}$$

$$\text{硫盐析出率 } \omega_S = \frac{N_{ST} V}{N_{S0} V_0} \times 100\% \tag{5-70}$$

$$\text{Na}_2\text{C}_2\text{O}_4 \text{ 析出率 } \omega_草 = \frac{N_草 V}{N_{草0} V_0} \times 100\% \tag{5-71}$$

$$NaAlO_2 \text{ 析出率 } \omega_{AO} = \frac{N_{AO}V}{N_{AO0}V_0} \times 100\% \tag{5-72}$$

$$\text{排盐率 } \omega = \frac{N_C V \dfrac{106}{62} + \sum\left(\dfrac{N_{S^i}VM_{S^i}}{32}\right) + N_{\text{草}}V}{m_{C0} + m_{S0} + m_{\text{草}0}} \times 100\% \tag{5-73}$$

式中，N_{S^i}——渣中各价态硫化物浓度（i 为 S 的价态），g/L；

　　　N_{C0}——种分母液中碳碱的浓度，g/L；

　　　N_{S0}——种分母液中单质硫的浓度，g/L；

　　　$N_{\text{草}0}$——种分母液中草酸钠的浓度，g/L；

　　　N_{AO0}——种分母液中 Al_2O_3 的浓度，g/L；

　　　V_0——种分母液体积，L；

　　　V——排盐渣溶解液体积，L；

　　　m_{C0}——种分母液中 Na_2CO_3 添加剂质量，g；

　　　$m_{\text{草}0}$——种分母液中 $Na_2C_2O_4$ 添加剂质量，g；

　　　m_{S0}——种分母液中硫添加剂质量，g；

　　　M_{S^i}——各价态硫化物的摩尔质量，g/mol。

对取自贵州某氧化铝厂的高硫种分母液 1#和山东某氧化铝厂的高有机物种分母液 2#，其成分见表 5-69。采用添加 H_2O_2 和晶种的方式进行强化排盐，将一定量的种分母液加热并搅拌，蒸发浓缩至 N_k 约为 305g/L，液固分离，将排盐渣溶解，定容后分析 N_k、N_T、N_{AO}、$N_{\text{草}}$、N_S，计算各成分的析出率及总体排盐率，并对排盐渣进行物相分析。

表 5-69　种分母液原液成分

母液	N_k	N_C	N_T	N_{AO}	$N_{\text{草}}$	N_{ST}	$N_{S^{-2}}$	$N_{S^{+2}}$	$N_{S^{+4}}$	$N_{S^{+6}}$
1#	150	30	180	75.5	3.6	4.012	2.4168	0.0798	0.6567	0.8587
2#	150	30	180	77.5	7.5	0.0467	—	—	—	—

1. 添加 H_2O_2 强化排盐

表 5-70 为 H_2O_2（30%）添加量对高硫种分母液强化排盐的析出率和排盐率，图 5-11 分别是相应的析出率和排盐率的关系曲线图。析出率和排盐率均随着 H_2O_2 添加量的增加而提高，最后趋于稳定。

表 5-70 和图 5-11 显示，种分母液在不加 H_2O_2 时，Na_2CO_3、硫盐、$Na_2C_2O_4$ 的析出率均较低，排盐率也较低。其中，1#高硫种分母液在不加 H_2O_2 蒸发时，溶液呈胶着乳状，黏度大，难过滤，Na_2CO_3、硫盐、$Na_2C_2O_4$ 的析出率分别为 59.74%、58.16%、50.63%，排盐率为 59.23%，而 $NaAlO_2$ 的析出率可达 10.49%。

2#高有机物种分母液在不加 H_2O_2 蒸发时，析出率较高硫种分母液更低，Na_2CO_3、$Na_2C_2O_4$ 的析出率分别为 53.68%、50.71%，排盐率为 52.28%，溶液胶着程度更大，黏度也更大，难过滤，蒸发排盐效果较差，$NaAlO_2$ 的析出率也高达 9.87%。主要由于高价硫含量较低，未能达到饱和，结晶析出少，与碳酸钠结晶形成的复盐更少，导致碳酸钠和硫盐析出率低；溶液中的有机物也是导致析出率低的重要原因，蒸发过程中，草酸钠结晶析出较少，析出率低，同时由于黏度较大，使得溶液中 Na_2CO_3 和 Na_2SO_4 的复盐结晶析出扩散受到阻碍，晶体难以附聚长大，晶粒弥散分布在溶液中，成胶着溶液，过滤难度大。

表 5-70　H_2O_2 添加量 V(mL) 对种分母液强化排盐析出率和排盐率的影响

母液	析出率和排盐率/%	H_2O_2 添加量/mL						
		0	2	4	6	12	18	24
1#	ω_{C1}	59.74	65.02	68.54	70.16	70.43	71.75	72.05
	ω_{S1}	58.16	59.25	59.98	61.21	67.07	70.64	71.45
	$\omega_{草1}$	50.63	48.42	50.14	50.76	50.88	51.05	51.11
	ω_{AO1}	10.49	10.08	10.24	10.32	10.38	10.53	10.61
	ω_1	59.23	62.65	66.54	67.96	69.13	70.75	71.72
2#	ω_{C2}	53.68	52.52	54.66	56.69	57.84	58.47	59.36
	ω_{S2}	—	—	—	—	—	—	—
	$\omega_{草2}$	50.71	51.48	52.85	53.72	54.19	55.29	55.52
	ω_{AO2}	9.87	9.75	9.51	9.49	9.56	9.63	9.67
	ω_2	52.28	51.72	53.06	54.79	56.55	57.11	57.86

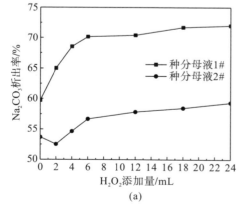

(a)

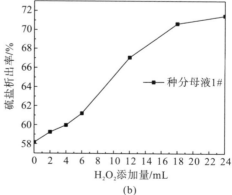

(b)

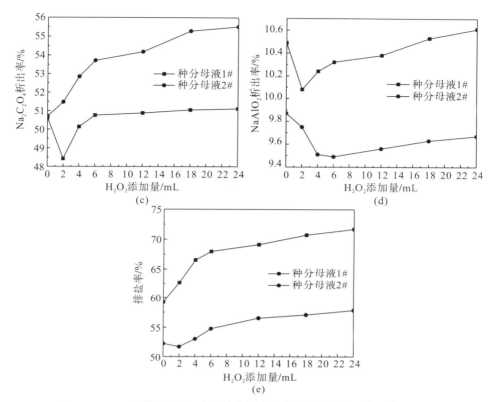

图 5-11　H_2O_2 添加量 $V(mL)$ 对种分母液强化排盐析出率和排盐率的影响

(a)Na_2CO_3 析出率；(b)硫盐析出率；(c)$Na_2C_2O_4$ 析出率；(d)$NaAlO_2$ 析出率；(e)种分母液排盐率

　　向 1#、2#种分母液蒸发中添加 H_2O_2 使低价硫氧化为硫酸钠，还会改变草酸钠的结构，降低溶液黏度，促使 Na_2CO_3 和 Na_2SO_4 以复盐的形式析出。添加 H_2O_2 时，种分母液中各盐析出率均有相应程度的增加，且随 H_2O_2 添加量的增加，Na_2CO_3、硫盐和草酸钠等盐析出率均增加。

　　从图 5-11(a)可知，对于 1#高硫种分母液，添加 H_2O_2 时 Na_2CO_3 析出率明显增加，尤其是当 H_2O_2 添加量大于 6mL 后，析出率大于 70%，远高于 2#高有机物种分母液 Na_2CO_3 析出率。这是由于 1#种分母液中硫被氧化成高价态，有利于形成 $Na_2CO_3 \cdot 2Na_2SO_4$ 的结晶复盐而析出，而 2#种分母液不含硫，Na_2CO_3 仅因过饱和而析出，故析出率较低。当继续增加 H_2O_2 时，Na_2SO_4 的析出率会大幅增加(图 5-11)。

　　从图 5-11(c)可知，1#高硫种分母液添加 H_2O_2 时，由于草酸钠含量较低，析出率先降低后缓慢升高，且析出率均较低，仅为 51%左右，而 2#种分母液草酸钠含量较高，添加 H_2O_2 后草酸钠析出率有所升高，整体析出率明显较 1#种分母液高。随 H_2O_2 添加量增加，种分母液黏度明显降低，蒸发浓缩过程，草酸钠浓度增加并结晶析出，同时，$Na_2CO_3 \cdot 2Na_2SO_4$ 的结晶析出会附带一定量的草酸钠，使得草酸钠析出率有所升高。

从图 5-11（d）可知，添加 H_2O_2 对 $NaAlO_2$ 析出率也有影响。对于 1#种分母液，$NaAlO_2$ 析出率先降低后略有升高并达到稳定水平，这是由于添加少量 H_2O_2 时，使溶液黏度减小，析出率降低，继续添加 H_2O_2，Na_2SO_4 与 Na_2CO_3 形成复盐的量增加，附带 $NaAlO_2$ 粒子析出，增加了 $NaAlO_2$ 析出率。对于 2#种分母液，添加 H_2O_2 时，$NaAlO_2$ 析出率略降低后达到稳定值，由于没有复盐析出，使得 $NaAlO_2$ 的析出率较 1#种分母液低。

从图 5-11（e）可知，添加 H_2O_2 对种分母液排盐率产生明显影响，排盐率随 H_2O_2 添加量的增大而增大，且 1#种分母液的排盐率明显大于 2#，当 H_2O_2 添加量大于 6ml 后，排盐率增加趋势平缓。因此。随 H_2O_2 添加量增加，对各盐析出率的影响逐渐减小，适量添加 H_2O_2 使盐析出率增大，而过量 H_2O_2 对盐析出率的作用不明显；对高硫种分母液而言，添加适量 H_2O_2 能有效促进盐析出率增加，强化排盐效果更好。

图 5-12、图 5-13 是添加不同量的 H_2O_2 后排盐渣的 XRD 图谱。可以明显看出 H_2O_2 含量对种分母液蒸发盐析的结晶形式产生明显影响，尤其是高硫种分母液。

从图 5-12 和图 5-13 可知，蒸发排盐渣中均存在 Na_2CO_3 和 $NaAlO_2$ 及其水合物，说明种分母液蒸发结晶析出 Na_2CO_3 和 $NaAlO_2$ 与铝酸钠溶液蒸发结晶析出 Na_2CO_3 和 $NaAlO_2$ 的情况一致。对于 1#高硫种分母液原液蒸发，排盐渣主要为 Na_2SO_4、Na_2SO_3、$Na_2S_2O_3$、Na_2S 和 $Na_2C_2O_4$ 等产物。当添加 6mL 和 18mL H_2O_2 时，排盐渣中出现 $Na_6CO_3(SO_4)_2$ 结晶复盐，但仍然存在 Na_2S、$Na_2S_2O_3$、Na_2SO_3 等硫化合物，说明低价硫的氧化还不够彻底，这与 H_2O_2 的添加方式有关。对于 2#高有机物种分母液，原液蒸发排盐渣和添加 6mL H_2O_2 的排盐渣的物相基本一致，均为 $NaAlO_2$ 水合物、Na_2CO_3、$Na_2C_2O_4$。由于 2#种分母液不含硫，没有形成 $Na_6CO_3(SO_4)_2$ 的复盐。

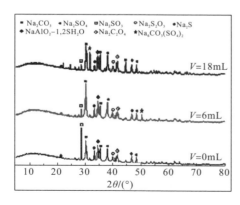

图 5-12　1#高硫种分母液排盐渣 XRD 图谱

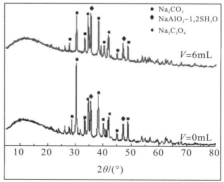

图 5-13　2#种分母液排盐渣 XRD 图谱

对高硫和高有机物种分母液添加 H_2O_2，能有效降低母液黏度，降低 $NaAlO_2$ 析出率，且随 H_2O_2 添加量增加，Na_2CO_3、硫盐、$Na_2C_2O_4$ 的析出率及排盐率均有上升趋势，其中高硫种分母液强化排盐效果明显较好，当 H_2O_2 添加量为 6mL 时，高硫种分母液排盐率可达 68%，高有机物排盐率仅为 55%，当 H_2O_2 添加量大于 6mL 时，各盐析出率和排盐率趋于平衡。因此，对于高硫种分母液可以通过添加 6mL H_2O_2 获得较好的强化排盐效果，而高有机物种分母液仅通过添加 H_2O_2 不能达到强化排盐的目的。

2. 添加晶种和 H_2O_2 强化排盐

由上述研究结果可知，添加 H_2O_2 对高硫种分母液的强化排盐较为明显，对高有机物种分母液的强化排盐影响较小。此外，对高硫和高有机物的种分母液还可以在蒸发过程中，适量添加某种或多种排盐渣晶种以及晶种和 H_2O_2 同时添加，达到更好地强化排盐的目的。因此，根据前面的结论，以 N_S=4.5g/L、$N_草$=6g/L、$V_{H_2O_2}$ =6mL 为标准向母液中添加相应晶种和 H_2O_2。

表 5-71 是添加不同晶种或同时添加晶种和 H_2O_2 时的种分母液强化排盐的析出率和排盐率，图 5-14(a)～图 5-14(e)分别是相应的析出率和排盐率的曲线图。从表 5-71 和图 5-14(a)～图 5-14(e)可以看出，针对 1#、2#种分母液在原液蒸发时，Na_2CO_3、硫盐、$Na_2C_2O_4$、$NaAlO_2$ 的析出率均较低，排盐率也很低的情况，在母液中适量添加晶种+H_2O_2，对强化排盐的影响非常明显。

表 5-71　添加晶种或 H_2O_2 时种分母液强化排盐的析出率和排盐率

母液	析出率和排盐率/%	蒸发原液	硫酸钠晶种	硫酸钠晶种+H_2O_2	草酸钠晶种	草酸钠+硫酸钠晶种
1#	ω_C	59.74	74.65	79.83	62.33	75.12
	ω_S	58.16	71.47	78.68	63.08	73.56
	$\omega_草$	50.63	55.56	59.11	57.39	61.65
	ω_{AO}	10.49	14.53	12.16	13.33	14.84
	ω	59.23	73.07	78.26	61.86	74.21
2#	ω_C	53.68	74.96	78.35	—	—
	ω_S	—	70.78	76.47	—	—
	$\omega_草$	50.71	62.42	61.27	—	—
	ω_{AO}	9.87	13.81	12.26	—	—
	ω	52.28	72.55	76.79	—	—

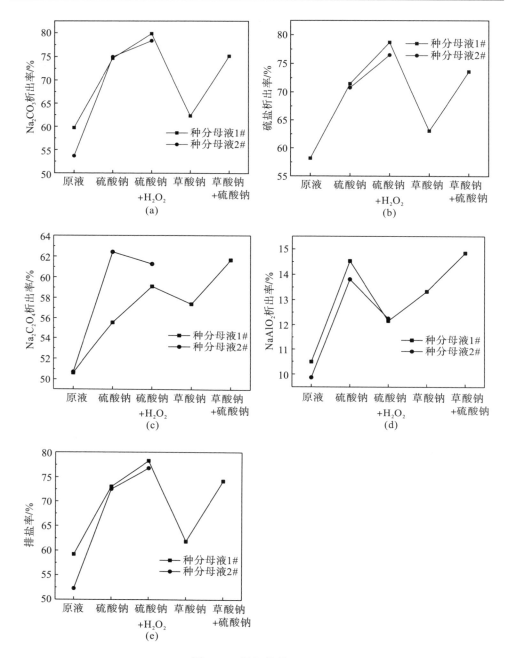

图 5-14　添加晶种+H₂O₂

（a）对种分母液 Na₂CO₃ 析出率的影响；（b）对种分母液硫盐析出率的影响；（c）对种分母液 Na₂C₂O₄ 析出率的影响；（d）对种分母液 NaAlO₂ 析出率的影响；（e）对种分母液排盐率的影响

　　对于 1#高硫种分母液，当添加硫酸钠晶种使 N_S=4.5g/L 时，各析出率和排盐率较原液蒸发均有很大幅度的增加，排盐率可达 73%。硫酸钠排盐渣作为晶种，不仅提高了溶液中硫酸钠的浓度，促进 $Na_6CO_3(SO_4)_2$ 等复盐的结晶析出，并附带草酸钠和 $NaAlO_2$ 析出，提高了盐析出率和排盐率，还直接增加了附聚的结晶晶核，促进盐类结晶形核、长大析出，有较好的强化排盐效果；当同时添加硫酸钠晶种和 6mL H_2O_2 使 N_S=4.5g/L 时，Na_2CO_3、硫盐、$Na_2C_2O_4$ 的析出率和排盐率均较高，排盐率可达 78.26%，溶液黏度降低，使得 $NaAlO_2$ 析出率明显降低。由于添加硫酸钠排盐渣作为晶种，提高盐析出率和排盐率，添加 H_2O_2 既促进低价硫化合物氧化为硫酸钠，增加硫酸钠浓度，增加 $Na_6CO_3(SO_4)_2$ 等复盐的结晶析出，又有效降低溶液黏度，降低 $NaAlO_2$ 析出率，强化排盐效果明显。当添加草酸钠晶种后，Na_2CO_3、硫盐、$Na_2C_2O_4$、$NaAlO_2$ 的析出率和排盐率仅比原液蒸发时略有增加，溶液黏度降低不明显，这是其他复杂有机物导致的，难以达到强化排盐的效果。当同时添加硫酸钠和草酸钠晶种后，Na_2CO_3、硫盐、$Na_2C_2O_4$、$NaAlO_2$ 的析出率和排盐率也很高，既增加 $Na_6CO_3(SO_4)_2$ 等复盐的结晶析出，提高碳酸钠和硫盐的析出率，又有效提高草酸钠的浓度，析出率均增加，仅小于同时添加硫酸钠晶种和 6mL H_2O_2 的强化效果，总体强化排盐效果也较好。因此，对于高硫种分母液，同时添加硫酸钠晶种和 H_2O_2 时，强化排盐效果最为明显，使得系统中硫的脱除率升高。

　　对于 2#高有机物种分母液，由于草酸钠浓度大于 6g/L，且草酸钠在母液中溶解度较高，故不再添加草酸钠晶种。以硫酸钠排盐渣作为晶种，当添加硫酸钠晶种使 N_S=4.5g/L 时，各析出率和排盐率增大，排盐率可达 72.55%，并有 $Na_6CO_3(SO_4)_2$ 结晶复盐析出，有较好的强化排盐效果；当同时添加硫酸钠晶种和 6mL H_2O_2 使 N_S=4.5g/L 时，Na_2CO_3、硫盐、$Na_2C_2O_4$ 的析出率和排盐率进一步增大，排盐率约为 76%，$NaAlO_2$ 析出率有所减小，促进 $Na_6CO_3(SO_4)_2$ 等复盐结晶析出，提高盐析出率和排盐率，降低母液黏度，有利于实现过滤。因此，对于高有机物种分母液，同时添加硫酸钠晶种和 H_2O_2 时，可以达到很好的强化排盐效果。

　　综上所述，种分母液的盐析出率随晶种类型的变化而变化，添加硫酸钠晶种明显比添加草酸钠晶种析出率和排盐率高；而添加 H_2O_2 能有效降低母液黏度，控制 $NaAlO_2$ 的析出。因此，对高硫种分母液和高有机物种分母液，均可通过同时添加硫酸钠晶种和 H_2O_2，增加盐析出率，达到强化排盐的效果。添加各类晶种和 H_2O_2 进行强化排盐，Na_2CO_3、硫盐、$Na_2C_2O_4$、$NaAlO_2$ 的析出率及排盐率均有不同程度的增加，影响顺序为原液<草酸钠<硫酸钠<硫酸钠加草酸钠<硫酸钠+H_2O_2，高硫种分母液强化排盐率分别为 61.86%、73.07%、74.21%和 78.26%。图 5-15 为添加晶种和 H_2O_2 强化排盐渣的 XRD 图谱。

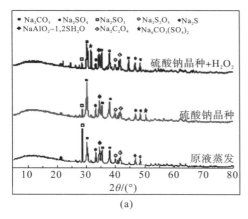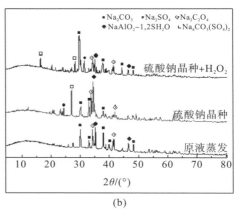

(a)   (b)

图 5-15   添加晶种和 H_2O_2 强化排盐渣的 XRD 图谱

(a)1#高硫种分母液；(b)2#高有机物种分母液

从图 5-15 可知，蒸发排盐渣中均存在 Na_2CO_3、$NaAlO_2$ 及其水合物和 $Na_2C_2O_4$ 等。1#高硫种分母液原液蒸发，无 $Na_6CO_3(SO_4)_2$ 结晶复盐析出，当添加硫酸钠晶种时，排盐渣主要为 Na_2SO_4、Na_2SO_3、$Na_2S_2O_3$、Na_2S 及 $Na_6CO_3(SO_4)_2$ 等产物，当同时添加硫酸钠晶种和 H_2O_2 时，排盐渣主要为 Na_2SO_4、Na_2SO_3 和 $Na_6CO_3(SO_4)_2$ 等产物，未见 Na_2S 的衍射峰，明显提高了硫的析出率。2#高有机物种分母液原液蒸发，排盐渣中存在 $Na_2C_2O_4$ 结晶，当添加硫酸钠晶种时，排盐渣中还存在 Na_2SO_4 和 $Na_6CO_3(SO_4)_2$ 等形式的结晶复盐，当同时添加硫酸钠晶种和 H_2O_2 时，溶液黏度降低，减少 $NaAlO_2$ 的析出，更加有利于强化排盐，同时达到高硫种分母液脱硫的目的。

5.4.8   苛化后液脱硫

高硫种分母液经过强化排盐后，大部分硫以硫酸钠和 $Na_6CO_3(SO_4)_2$ 复盐的形态进入排盐渣，排盐渣苛化过程中，部分硫会以硫酸钙晶体的形式析出，更多的硫仍然会进入苛化后的溶液中。因此，需要对苛化后液进行脱硫处理，而苛化后液的碱浓度较低，根据前面的研究结果，碱浓度低会更有利于脱硫效果。因此，对苛化后液脱硫是较好选择，有望大幅提升脱硫效果。

1. 排盐及苛化实验

取贵州某氧化铝厂高硫种分母液(Al_2O_3 为 79.54g/L，N_T 为 181.13g/L，N_k 为 148.75g/L，S_T 为 3.14g/L)并分为 3 组，每组 8L，分别配入一定量的 Na_2SO_4，使母液全硫含量(S_T)分别为 4g/L(1#)、6g/L(2#)和 8g/L(3#)。由于 1#溶液的排盐渣量较少，对其进行补充配制(1#补)，添加一定量的晶种及 H_2O_2，对 3 组溶液进行蒸发排盐，排盐渣的主要成分硫含量分析结果见表 5-72。

表 5-72　排盐渣中主要成分及脱硫情况（质量分数，%）

母液配硫/(g/L)	Na_2CO_3	Na_2SO_4	NaOH	S_T
4(1#)	77.73	18.12	4.15	4.07
4(1#补)	85.02	10.06	4.02	2.39
6(2#)	63.28	31.50	5.22	7.09
8(3#)	61.42	33.31	5.27	7.50

表 5-72 显示，排盐渣的主要成分为 Na_2CO_3 和 Na_2SO_4，含有部分附着碱，排盐渣中 Na_2SO_4 随着母液中硫含量的增加而增加，补充配制母液的排盐渣硫含量相对较低。

按 Na_2CO_3 为 160g/L 计算，每次分别称取硫含量为 4g/L、6g/L 和 8g/L 的排盐渣，溶解于 250mL 蒸馏水中进行苛化实验。苛化温度为 95℃，苛化时间为 2h，根据碳酸根和硫酸根理论消耗石灰 120%的量添加石灰。苛化后溶液仍然定容到 250mL，其中 50mL 用于测溶液成分，计算苛化率及脱硫率，另外 200mL 用于脱硫。苛化实验结果见表 5-73。

表 5-73　排盐渣苛化实验结果

母液配硫/(g/L)	蒸发渣量/g	石灰添加量/g	温度/℃	时间/min	苛化率/%	苛化过程脱硫率/%
4(1#)	48.8	33.0	95	120	72.5	4.2
4(1#补)	44.7	25.6	95	120	82.1	4.8
6(2#)	58.4	37.8	95	120	74.6	5.1
8(3#)	60.0	38.7	95	120	79.9	5.5

表 5-73 显示，苛化率为 72.5%~82.1%，整体偏低（小于 85%），这是由于苛化后过滤时没有对滤渣进行洗涤，苛化渣会带走部分附着碱。由于补充配制母液的排盐渣硫含量较低，溶液黏度相应较低，使得苛化渣量减少，苛化率较高。苛化过程为强碱环境，仅有少量的硫形成硫酸钙沉淀，使得苛化脱硫率仅为 5%左右。

2. 苛化后钡盐液脱硫

分别利用铝酸钡和氢氧化钡对苛化后液进行脱硫，考察脱硫率及脱硫剂的利用率。

其中，脱硫率的表征如下式所示：

$$\eta_{\text{S}} = \frac{(S_{脱硫前} - S_{脱硫后})}{S_{脱硫前}} \times 100\% \qquad (5\text{-}74)$$

式中，η_{S}——苛化后液硫的脱除率，%；

$S_{脱硫前}$——苛化后液脱硫前的硫含量，g/L；

$S_{脱硫后}$——苛化后液脱硫后的硫含量，g/L。

脱硫剂利用率的表征如下式所示：

$$\eta_{\text{l}} = \frac{S_{脱除硫量}}{S_{理论脱硫量}} \times 100\% \qquad (5\text{-}75)$$

式中，η_{l}——脱硫剂的利用率，%；

$S_{脱除硫量}$——苛化后液脱除的硫含量，g/L；

$S_{理论脱硫量}$——所添加的脱硫剂的理论脱硫量，g/L。

将上述苛化后的 200mL 溶液用于脱硫，脱硫温度为 65℃，脱硫时间为 20min，脱硫剂的加入量分别按照溶液中硫理论消耗量的 60%、80%、100%、120% 计算。其中氢氧化钡对苛化后液的脱硫结果如表 5-74 和图 5-16 所示，铝酸钡对苛化后液脱硫仅考虑母液为 8g/L 的排盐渣，脱硫结果如表 5-75 和图 5-17 所示。对苛化后液进行脱硫，脱硫率和脱硫剂的利用率均较高，脱硫效果较为显著。

表 5-74　氢氧化钡对苛化后液的脱硫效果

排盐渣	脱硫剂/%	脱硫剂加入量/g	脱硫前含量/(g/L)	脱硫后含量/(g/L)	理论脱硫量/(g/L)	脱硫率/%	脱硫剂利用率/%	1kg 硫需要的脱硫剂的质量/kg
1#	60	4.60	7.39	3.55	4.44	51.97	86.62	11.97
	80	5.95	7.39	1.56	5.91	78.90	98.63	10.21
	100	7.62	7.39	0.89	7.39	87.96	87.96	11.72
	120	8.92	7.39	0.25	8.87	96.67	80.56	12.49
1#补	60	2.60	4.376	1.87	2.63	57.26	95.43	10.38
	80	3.47	4.376	1.21	3.50	72.48	90.60	10.96
	100	4.34	4.376	0.72	4.38	83.53	83.53	11.87
	120	5.21	4.376	0.53	5.25	87.86	73.21	13.55
2#	60	8.95	14.83	10.38	8.90	30.01	50.01	20.11
	80	11.93	14.83	6.47	11.86	56.36	70.45	14.27
	100	14.92	14.83	5.87	14.83	60.43	60.43	16.65
	120	17.44	14.45	4.23	17.34	70.73	58.94	17.06
3#	60	10.56	17.49	9.61	10.49	45.03	75.06	13.40
	60	13.87	17.24	6.19	13.79	64.09	80.11	12.55
	80	10.40	17.24	7.72	10.34	55.21	92.02	10.92
	80	14.08	17.24	4.83	13.99	72.37	90.46	11.12
	100	17.59	17.49	3.22	17.49	81.60	81.6	12.33

续表

排盐渣	脱硫剂/%	脱硫剂加入量/g	脱硫前硫含量/(g/L)	脱硫后硫含量/(g/L)	理论脱硫量/(g/L)	脱硫率/%	脱硫剂利用率/%	1kg 硫需要的脱硫剂的质量/kg
	100	17.34	17.24	3.15	17.24	81.74	81.74	12.31
3#	120	21.11	17.49	0.16	20.99	99.10	82.58	12.18
	120	20.81	17.24	0.31	20.68	98.22	81.85	12.29

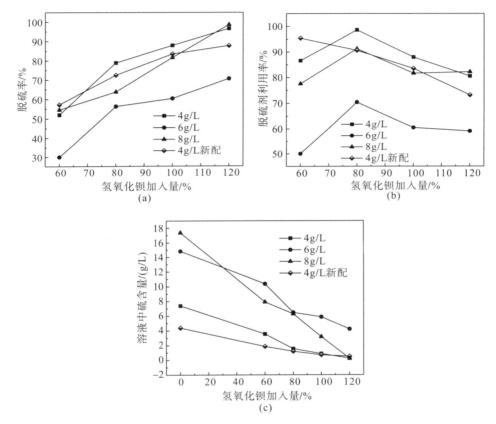

图 5-16　氢氧化钡加入量的影响

(a)脱硫率；(b)脱硫剂利用率；(c)溶液中硫含量

　　氢氧化钡脱硫：表 5-74 和图 5-16(a)、图 5-16(b)显示，脱硫率随着脱硫剂添加量的增大而提高，脱硫剂的利用率在达到峰值后，呈逐渐降低的趋势，而补充配制的苛化渣由于硫含量较低，脱硫剂利用率随添加量的增加而降低。6g/L(2#)蒸发渣的苛化后液，脱硫效果相对较差，脱硫率与脱硫剂利用率也能达到 70%以上，实验发现苛化后液的颜色较深，黏度较大，可考虑适当提高脱硫温度和延长时间。当添加理论量 80%的氢氧化钡时,1#和 3#排盐渣的脱硫剂利用率均达到 90%

以上，但脱硫率相对较低，不足 80%；当添加理论量 120%的氢氧化钡时，脱硫率达到 96%以上，但脱硫剂利用率仅为 81%左右。因此，考虑到脱硫剂单耗，将溶液中硫含量降低到 1g/L 以下作为考察指标，确定不同溶液中脱硫剂的加入量。

结合表 5-74 和图 5-16(c)，增加脱硫剂，溶液中硫含量明显降低。对于 1#蒸发渣，当添加 100%的脱硫剂时，溶液中硫含量从 7.39g/L 降到 0.89g/L，脱除 1kg 硫需耗费氢氧化钡 11.72kg，当添加 120%的脱硫剂时，溶液中硫含量可降到 0.25g/L，硫的脱除率可达 96%以上，脱硫剂耗费仅增加至 12.49kg。对于 3#蒸发渣，当添加 120%的脱硫剂时，溶液中硫含量从 17.24g/L 降到 0.31g/L，硫的脱除率可达 98%以上，脱除 1kg 硫需要氢氧化钡 12.29kg，单耗相差不大。因此，为了提高脱硫率，添加 120%理论量的脱硫剂较为适宜。

铝酸钡脱硫：基于氢氧化钡的脱硫结果，选择高硫(3#蒸发渣)溶液用于铝酸钡脱硫实验。表 5-75 和图 5-17 显示，脱硫率随脱硫剂的增加而提高，但脱硫效果不如氢氧化钡显著。当添加 80%理论量的脱硫剂时，脱硫剂利用率最高，达到 81.52%，但脱硫率仅为 65.21%，脱硫后溶液中硫含量还有 5.88g/L，未能达到脱硫的目的。当脱硫剂增加到理论量的 160%时，脱硫率可达 92.51%，但脱硫剂利用率仅为 57.82%，溶液中硫含量从 16.17g/L 降到 1.21g/L，脱除 1kg 硫需要铝酸钡 15.33kg。

比较种分母液脱硫与苛化后液脱硫：种分母液脱硫时脱硫剂利用率低，增加脱硫剂费用，但脱硫的同时具有脱碳功能，在适宜条件下，脱硫后溶液中硫和碳含量均满足生产要求时，可以减少排盐及苛化工序的费用；苛化后液脱硫时脱硫剂利用率高，降低脱硫费用，但必须进行蒸发排盐及苛化工序，同时蒸发原液中硫含量高，对蒸发系统带来的腐蚀危害也值得考虑。

表 5-75　铝酸钡对苛化后液的脱硫效果

蒸发渣	脱硫剂/%	脱硫剂加入量/g	脱硫前硫含量/(g/L)	脱硫后硫含量/(g/L)	理论脱硫量/(g/L)	脱硫率/%	脱硫剂利用率/%	1kg 硫需要的脱硫剂的质量/kg
3#	60	9.0	16.90	9.77	10.14	42.16	70.27	12.62
	80	11.98	16.90	5.88	13.52	65.21	81.52	11.89
	100	14.98	16.90	6.17	16.90	63.46	63.46	13.98
	120	17.99	16.90	4.65	20.28	72.50	60.42	14.69
	140	20.07	16.17	2.41	22.64	85.08	60.77	14.59
	160	22.94	16.17	1.21	25.87	92.51	57.82	15.33

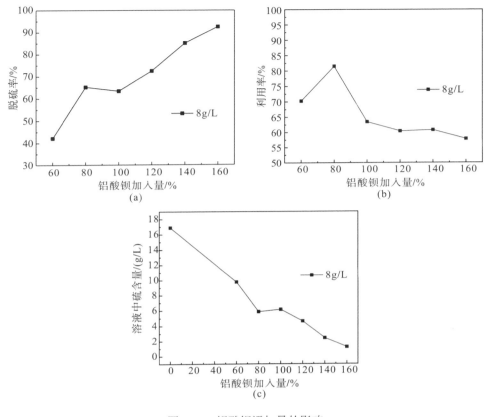

图 5-17　铝酸钡添加量的影响

(a)脱硫率；(b)脱硫剂利用率；(c)溶液硫含量

5.5　脱硫渣的回收利用

为了实现资源的循环利用，进一步降低脱硫成本，对脱硫渣进行回收利用，可为高硫铝土矿的规模应用奠定更坚实的基础。

种分母液脱硫渣的主要成分为硫酸钡和碳酸钡，可采用 5.3 节所述的火法制备方式，将脱硫渣（$BaCO_3$、$BaSO_4$）与氢氧化铝按一定比例进行充分混合，在一定温度下焙烧获得铝酸钡（$BaO \cdot Al_2O_3$）。而苛化后液的脱硫渣成分主要为硫酸钡（少量碳酸钡），由于硫酸钡的分解温度高于碳酸钡，若采用上述方式制备铝酸钡，所需温度会增高，能耗增加，同时会产生含硫气体。因此，采用"还原焙烧+湿法"的处理方式，制备脱硫效果更好的氢氧化钡产品。

5.5.1 脱硫渣回收方法及原理

1. 回收方法

由于苛化后液脱硫渣中含有少量碳酸钡，碳热还原过程 $BaCO_3$ 分解速率慢，焙烧前需利用稀盐酸将其分离，在搅拌加热条件下，分离 $BaCO_3$ 后获得 $BaCl_2$ 溶液，其浓度达到 18g/mL，经浓缩结晶后获得 $BaCl_2 \cdot 2H_2O$ 产品，$BaCl_2 \cdot 2H_2O$ 可做分析试剂、脱水剂，或用于电子、仪表、冶金等行业。分离后的渣主要为 $BaSO_4$，含量达 98%以上，将其加碳(CO 气体)还原焙烧获得 BaS，BaS 水解并氧化可获得 $Ba(OH)_2$，该方法不会产生含硫气体，对环境友好，实验流程如图 5-18 所示。

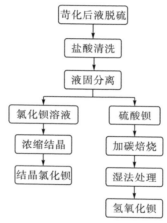

图 5-18　湿法回收脱硫渣的工艺流程图

苛化后液脱硫渣的较佳的分离条件：温度为 65℃，时间为 40min，盐酸浓度为 30%时，$BaCO_3$ 的分解率为 98.30%，分离后渣的物相及含量见表 5-76。

表 5-76　脱硫渣分离后的物相及含量

物相	$BaSO_4$	方钠石	$Na_2S_2O_3$	杂相
含量/%	98	微量	<1	<0.5

称取分离渣与碳粉混合均匀，置于箱式电阻炉中焙烧，焙烧结束后，冷却并称重，分析其硫化钡含量，具体分析方法如下：称取焙烧后样品 10.00g 于 250mL 锥形瓶中，加水 50mL，在电炉上加热至沸腾 1min。待可溶物溶解后，移入 500mL 容量瓶，流水冷却至室温后定容。在另一个 250mL 锥形瓶中加入醋酸溶液(2%体积分数)20.00mL，再加入 25.00mL 碘标准溶液，然后吸取滤液 10.00mL，慢慢注

入 250mL 锥形瓶中，加入滤液并搅拌，使其充分反应。以硫代硫酸钠标准溶液滴定至溶液呈淡黄色时，加淀粉指示剂(5g/L)1mL，继续滴定至溶液蓝色刚刚消失即为终点。计算公式如下：

$$X = \frac{(c_1 v_1 - c_2 v_2) \times 0.084695 \times 5000}{10.00} \tag{5-76}$$

式中，X——硫化钡质量分数，%；

c_1——碘标液滴定溶液的物质的量浓度，mol/L；

v_1——硫代硫酸钠标准滴定溶液的物质的量浓度，mol/L；

c_2——碘标液滴定溶液体积，mL；

v_2——滴定时消耗硫代硫酸钠标准滴定溶液体积，mL；

0.084695——与 1.00mL 碘标准滴定溶液[$c(I/2I_2)$=1.000mol/L]相当，以克表示的硫化钡的质量，g/mmol；

其中，所用碘标液浓度为 $c(I/2I_2)$=0.097065mol/L；硫代硫酸钠标准溶液为 $c(Na_2S_2O_3)$=0.1016mol/L。

2. 分离后脱硫渣的回收原理

将分离后的脱硫渣与过量碳粉(碳质还原剂)混合，高温焙烧的主要反应式如下：

$$BaSO_4 + 4C \xrightarrow{1200℃} BaS + 4CO \tag{5-77}$$

$$BaSO_4 + 2C \xrightarrow{1200℃} BaS + 2CO_2 \tag{5-78}$$

$$BaSO_4 + 4CO \xrightarrow{1200℃} BaS + 4CO_2 \tag{5-79}$$

$$BaCO_3 + C \xrightarrow{1200℃} BaO + 2CO \tag{5-80}$$

水解反应：

$$BaO + H_2O \xrightarrow{\pm 60℃} Ba(OH)_2 \tag{5-81}$$

$$2BaS + 2H_2O \xrightarrow{\pm 60℃} Ba(OH)_2 + Ba(HS)_2 \tag{5-82}$$

氧化反应：

$$Ba(HS)_2 + 2H_2O_2 \longrightarrow Ba(OH)_2 + 2H_2O + 2S \tag{5-83}$$

5.5.2 硫化钡的制备

1. 焙烧温度的影响

当反应时间为 60min、配碳比为 1.2 时，焙烧温度对合成硫化钡的影响的实验结果见表 5-77。随着反应温度的升高，硫化钡生成率在 1150℃时达到峰值，温度继续升高，硫化钡生成率急剧下降，这是由于物料出现黏结现象。因此，后续实验确定温度为 1150℃。

表 5-77　焙烧温度对硫化钡生成率的影响

温度/℃	反应时间/min	配碳比	硫化钡生成率/%
1000	60	1.2	80.13
1050	60	1.2	81.05
1100	60	1.2	82.27
1150	60	1.2	84.94
1200	60	1.2	79.84

2. 焙烧时间的影响

当焙烧温度为 1150℃、配碳比为 1.2 时，焙烧时间（40min、60min、80min、100min、120min）对合成硫化钡的影响的实验结果见表 5-78。

表 5-78　焙烧时间对硫化钡生成率的影响

温度/℃	反应时间/min	配碳比	硫化钡生成率/%
1150	40	1.2	58.79
1150	60	1.2	84.94
1150	80	1.2	83.52
1150	100	1.2	75.52
1150	120	1.2	47.81

由表 5-78 可知，硫化钡生成率在 60min 时达到峰值，随着时间延长呈下降趋势，当焙烧时间超过 80min 后，硫化钡生成率急剧下降。这是由于实验室采用箱式电阻炉进行焙烧，真空度不够高，还原过程同时存在一定的氧化趋势，延长焙烧时间，反应程度更为严重，不利于焙烧，还会增加能耗。因此，根据实验数据变化趋势，焙烧时间定在 60min 较为适宜。

3. 配碳比的影响

焙烧温度为 1150℃、时间为 60min 时，配碳比（1.0、1.1、1.2、1.3、1.4）对合成硫化钡的影响的实验结果见表 5-79。

表 5-79　配碳比对硫化钡生成率的影响

温度/℃	反应时间/min	配碳比	硫化钡生成率/%
1150	60	1.0	80.63
1150	60	1.1	82.79
1150	60	1.2	84.94
1150	60	1.3	85.05
1150	60	1.4	85.16

表 5-79 显示，硫化钡生成率随着配碳比的提高逐渐增加，当配碳比提高到 1.2 以后，增加的趋势变缓。配碳比提高，有利于碳与硫酸钡颗粒之间的接触，增加碳热还原反应的动力学条件。

4. 正交实验结果

四因素三水平的正交实验结果见表 5-80。

表 5-80　正交实验结果

序号	温度(℃)A	时间(min)B	配碳比 C	其他 D	硫化钡生成率/%
1	1(1100)	1(40)	1(1.1)	1	81.78
2	1(1100)	2(60)	2(1.2)	2	82.27
3	1(1100)	3(80)	3(1.3)	3	80.72
4	2(1150)	1(40)	2(1.2)	3	58.79
5	2(1150)	2(60)	3(1.3)	1	85.05
6	2(1150)	3(80)	1(1.1)	2	56.87
7	3(1200)	1(40)	3(1.3)	2	64.76
8	3(1200)	2(60)	1(1.1)	3	64.27
9	3(1200)	3(80)	2(1.2)	1	47.39
均值1	81.59	66.44	67.64		
均值2	66.90	77.20	62.82		
均值3	58.81	61.66	76.84		
极差	22.78	15.54	14.03		

由上述结果可知，影响硫化钡生成率的顺序为 $\Delta A > \Delta B > \Delta C$，获得焙烧的最佳工艺条件为 $A_1B_2C_3$，焙烧温度为 1100℃，时间为 60min，配碳比为 1.3。对正交实验数据进行回归拟合，相关系数为 0.99，回归性好，获得回归方程式：

$$\eta = 4890.407 + 0.00269A^2 - 6.4148A - 0.0217B^2 + 2.434B + 770.33C^2 - 1822.49C \tag{5-84}$$

式中，A——焙烧温度，℃；

　　　B——反应时间，min

　　　C——配碳比；

　　　η——硫化钡生成率，%。

根据回归方程，代入极差分析最佳条件，硫化钡生成率为 89.56%，验证实验结果为 88.19%，对焙烧产物进行物相检测，结果见表 5-81。

表 5-81　最佳条件下焙烧产物的物相及含量

物相	硫化钡	重晶石	BaK_xSO_4	$BaSi_2$	石英	$Ca_5Si_2O_7(CO_3)_2$	杂相
含量/%	88.19	3.1	2.8	1.5	1	1	1

表 5-81 显示，产物主要为硫化钡，存在重晶石和 BaK_xSO_4，表明部分硫酸钡未及还原，同时含有 Ca、Si 等杂质（由脱硫渣带入）。

因此，利用盐酸强化处理脱硫渣，并在配入碳粉的同时通入一定的 CO 气体进行焙烧，焙烧条件为温度 1150℃、时间 60min、配碳比 1.2，焙烧产物中硫化钡含量达到 96% 以上，杂质主要为含硅物相。

5.5.3　氢氧化钡的制备

根据反应式(5-77)和反应式(5-78)，在 BaS 水解获得 $Ba(OH)_2$ 和 $Ba(HS)_2$ 的基础上，添加双氧水使得 $Ba(HS)_2$ 转变为 $Ba(OH)_2$。因此，本节只考察水解温度、时间及液固比等因素。

1. 水解温度的影响

当时间为 60min、液固比为 3:1 时，水解温度对生成氢氧化钡的影响的实验结果见表 5-82。

表 5-82　水解温度对生成氢氧化钡的影响

温度/℃	反应时间/min	液固比	氢氧化钡质量分数/%
80	60	3:1	85.61
85	60	3:1	86.34
90	60	3:1	90.32
95	60	3:1	93.54
100	60	3:1	93.52

由表 5-82 可知，水解温度对生成氢氧化钡产生显著的影响，在 95℃ 时达到峰值，温度过高，会加重水分的蒸发现象，故后续实验确定温度为 95℃。

2. 水解时间的影响

当温度为 95℃、液固比为 3:1 时，时间对生成氢氧化钡的影响的实验结果见表 5-83 所示。

表 5-83　水解时间对生成氢氧化钡的影响

温度/℃	反应时间/min	液固比	氢氧化钡质量分数/%
95	40	3∶1	90.33
95	50	3∶1	92.95
95	60	3∶1	93.54
95	70	3∶1	93.48
95	80	3∶1	92.63

由表 5-83 可知，水解时间对生成氢氧化钡产生一定的影响，没有水解温度影响那么明显，当水解时间在 60min 时达到峰值，水解时间延长，蒸发现象加重，降低液固比，影响水解效果。

3. 液固比的影响

当水解温度为 95℃、时间为 60min 时，液固比对生成氢氧化钡的影响的实验结果见表 5-84。

表 5-84　液固比对生成氢氧化钡的影响

温度/℃	反应时间/min	液固比	氢氧化钡质量分数/%
95	60	2∶1	88.92
95	60	3∶1	93.54
95	60	4∶1	94.95
95	60	5∶1	97.86
95	60	6∶1	98.01

由表 5-84 可知，液固比对生成氢氧化钡产生明显的影响，当液固比达到 5∶1 以后，氢氧化钡含量增加的趋势变缓。总体来说，在较佳的条件下，生成氢氧化钡的量可达到 98%。

5.6　脱硫经济性初步分析

根据 5.4 节所述，脱硫效果较佳的工序为种分母液脱硫、苛化后液脱硫(蒸发后硫进入排盐渣，苛化过程排盐渣中硫转入溶液)。因此，分两种情况进行脱硫经济性评价。

5.6.1 种分母液脱硫经济性分析

行业中普遍认为，当铝土矿中硫含量大于 0.7%时为高硫矿，常规生产过程并不需要进行脱硫处理，也就是说，当矿石中硫含量小于 0.7%时，可以进行正常生产，不需考虑脱硫。根据第 4 章中的溶出性能结果显示，矿石硫含量越低，硫的溶出率也越低，硫转入铝酸钠的量越少，蒸发过程可以通过排盐处理脱掉一部分硫，累积的量很少，不会影响正常生产。因此，高硫铝土矿脱硫经济性仅考虑超出 0.7%这一部分硫的脱除，由于已经考虑蒸发排盐情况，故选择种分母液脱硫结果进行核算。

根据第 4 章所述，在优化溶出共性条件下，当铝土矿中硫含量为 1.13%时，硫的溶出率 15.4%，当矿石硫含量为 1.47%时，硫的溶出率为 23.4%。通过拟合计算得出，当矿石硫含量为 1.24%(S1.2-A/S6.5 矿样)时，硫的溶出率为 18.51%；当矿石硫含量为 1.62%(S1.5-A/S6.5 矿样)时，硫的溶出率为 25.79%。

当排除 0.7%硫含量后，1t 矿石转入种分母液硫的净重如下。

硫含量为 1.128%的矿样：$1000 \times (1.128\% - 0.7\%) \times 15.4\% = 0.66(kg)$。

硫含量为 1.24%的矿样：$1000 \times (1.24\% - 0.7\%) \times 18.51\% = 1(kg)$。

硫含量为 1.62%矿样：$1000 \times (1.62\% - 0.7\%) \times 25.79\% = 2.37(kg)$。

当种分母液苛性碱浓度为 168g/L 时（表 5-68），硫含量为 1.24%的矿样的脱硫单耗如下：1kg 硫需 40kg 铝酸钡脱硫剂、45kg 氢氧化钡脱硫剂；硫含量为 1.62%的矿样的脱硫单耗如下：1kg 硫需 39kg 铝酸钡脱硫剂、44kg 氢氧化钡脱硫剂；硫含量为 1.128%的矿样的脱硫单耗参照 S1.2-A/S6.5 矿样核算。根据目前的市场情况，合成铝酸钡的价格为 1800 元/t，工业氢氧化钡价格为 3600 元/t，不同硫含量的高硫矿种分母液脱硫，每吨矿石脱硫剂消耗量及脱硫成本评价见表 5-85。

表 5-85   不同硫含量吨矿石种分母液脱硫成本核算结果

矿样硫含量/%	铝酸钡脱硫		氢氧化钡脱硫	
	添加量/kg	成本/元	添加量/kg	成本/元
1.13	26.4	47.5	29.7	106.9
1.24	40.0	72.0	45.0	162.0
1.62	92.4	166.4	104.3	375.4

表 5-85 显示，脱硫成本随着矿石硫含量的增加而大幅增加，铝酸钡脱硫剂单耗相对较低，由于其价格远低于氢氧化钡，采用铝酸钡脱硫，吨矿石的脱硫成本可大幅降低，其中硫含量为 1.13%的矿石脱硫成本仅为 47.5 元，具有工业价值。

对种分母液进行脱硫，脱硫率达到 80%以上，同时能脱除 50%以上的碳，可减轻或免除排盐脱碳负担。采用铝酸钡对硫含量为 1.24%的矿石进行脱硫，需要进行综合核算来确定是否具有工业价值。

5.6.2　苛化后液脱硫经济性分析

针对苛化后液脱硫，为了获得考察蒸发过程中硫进入排盐渣的指标，对取自某铝厂不同批次的种分母液，分别进行蒸发排盐，分析蒸发排盐前后的硫含量，计算得出蒸发过程脱硫率、吨矿石脱除硫的净重，蒸发过程脱硫效果见表 5-86。

表 5-86　某铝厂蒸发过程脱硫情况表

种分母液硫含量/(g/L)	蒸发母液硫含量/(g/L)	蒸发后体积变化/%	1L 溶液蒸发脱硫率/%	1m³ 溶液处理矿石量/kg	折算 1t 矿石蒸发脱硫/kg
2.8	2.0	83.7	40.21	300	3.73
3	1.8	83.7	49.67	300	4.98
3	1.85	83.7	48.33	300	4.84
3.25	1.85	83.7	52.31	300	5.67

表 5-86 显示，蒸发过程脱硫率随种分母液中硫含量的增加而提高，当蒸发母液中硫含量降低到 2g/L 以下时，硫的脱除率为 50%左右。根据该厂的生产实际，利用硫含量为 2g/L 左右的蒸发母液进行拜耳循环，吨矿石在蒸发过程有 3.73～5.67kg 的硫进入排盐渣。根据溶出共性优化条件的硫溶出率，可计算不同硫含量吨矿石转入种分母液硫的净重如下。

硫含量为 1.13%的矿样：$1000 \times 1.13\% \times 15.4\% = 1.74(kg)$。

硫含量为 1.24%的矿样：$1000 \times 1.24\% \times 18.51\% = 2.30(kg)$。

硫含量为 1.62%的矿样：$1000 \times 1.62\% \times 25.79\% = 4.18(kg)$。

苛化过程会脱除 5%的硫，剩余 95%的硫进入溶液，则吨矿石中进入溶液的硫的净重分别为 1.65kg、2.19kg、3.97kg，根据苛化后液的脱硫单耗（表 5-74、表 5-75），当脱硫率达到 90%以上时，1kg 硫需消耗 15kg 铝酸钡脱硫剂、12kg 氢氧化钡脱硫剂。吨矿石脱硫剂消耗量及脱硫成本评价结果见表 5-87。

表 5-87　不同硫含量吨矿石苛化后液脱硫成本核算结果

矿样硫含量/%	铝酸钡脱硫		氢氧化钡脱硫	
	添加量/kg	成本/元	添加量/kg	成本/元
1.13	24.75	44.55	19.80	71.28
1.24	32.85	59.13	26.28	94.61
1.62	59.55	107.19	47.64	171.50

表 5-87 显示，脱硫成本随着矿石硫含量的增加而大幅增加，相对于铝酸钡，氢氧化钡的脱硫单耗更高，由于两者的价格差异，氢氧化钡的脱硫成本高于铝酸

钡。苛化后液碱浓度低，不含碳碱，使得整体脱硫率及脱硫剂的利用率均高达 90%
以上，降低脱硫单耗。采用铝酸钡脱硫，硫含量为 1.13%的吨矿石脱硫成本仅为
44.55 元，具有较好的工业价值，而氢氧化钡的吨矿石脱硫成本为 71.28 元。

　　综上所述，种分母液与苛化后液脱硫各有优缺点。种分母液脱硫兼备脱碳功
能，可减少蒸发能耗，处理吨矿石需要 3.33m³ 母液，根据硫含量为 1.128%和 1.24%
矿石硫的溶出率，溶出矿浆中硫浓度分别增加 0.52g/L、0.69g/L，低于脱硫前的种
分母液硫含量。因此，只需分流部分种分母液进行脱硫处理，进一步降低脱硫成
本。而苛化后液脱硫，脱硫率及脱硫剂利用率均较高，脱硫单耗降低，尤其是氢
氧化钡脱硫剂消耗量远低于种分母液脱硫。针对硫含量较低的两种矿石，溶出过
程硫转入矿浆中的净重低于转入排盐渣中的净重，也只需分流部分溶液进行脱硫
处理，可降低脱硫成本。

参 考 文 献

[1] Chai W , Huang Y , Peng W , et al. Enhanced separation of pyrite from high-sulfur bauxite using 2-mercaptobenzimidazole as chelate collector: Flotation optimization and interaction mechanisms[J]. Minerals Engineering, 2018, 129:93-101.

[2] 党殿原. 高硫高硅铝土矿浮选分离工艺研究[D].郑州: 郑州大学,2018.

[3] Wu H F, Chen C Y. Digestion mechanism and crystal simulation of roasted low-grade high-sulfur bauxite[J]. Transactions of Nonferrous Metals Society of China, 2020, 30（6）:1662-1673.

[4] 金会心,吴复忠,李军旗,等.高硫铝土矿微波焙烧脱除黄铁矿硫[J].中南大学学报（自然科学版）,2020,51（10）: 2707-2718.

[5] Liu Z W, Ma W H, Yan H W, et al. Sulfur removal with active carbon supplementation in digestion process[J]. Hydrometallurgy, 2018, 179:118-124.

[6] Liu Z , Li D , Ma W , et al. Sulfur removal by adding aluminum in the bayer process of high-sulfur bauxite[J]. Minerals Engineering, 2018, 119:76-81.

[7] Zhou X J, Yin J Q, Chen Y L , et al. Simultaneous removal of sulfur and iron by the seed precipitation of digestion solution for high-sulfur bauxite[J]. Hydrometallurgy, 2018, 181:7-15.

[8] 彭欣，金立业. 高硫铝土矿生产氧化铝的开发与应用[J]. 轻金属，2010(11):14-17.

[9] 刘诗华. 湿法氧化法脱除工业铝酸钠溶液中负二价硫离子的研究[M]. 长沙: 中南大学，2011.

[10] Liu Z W, Ma W H, Yin Z L, et al. Conversion of sulfur by wet oxidation in the bayer process[J]. Metallurgical and Materials Transaction B, 2015,46（4）:1702-1708.

[11] 陈文汨, 刘诗华. 用 MnO_2 脱除工业铝酸钠溶液中 S^{2-} 的研究[J]. 轻金属, 2011(10):20-24.

[12] Liu Z , Yan H , Ma W , et al. Digestion behavior and removal of sulfur in high-sulfur bauxite during bayer process[J]. Minerals Engineering, 2020, 149:106237.

[13] 李军旗, 韦钰. 碳酸钡与氢氧化铝合成铝酸钡[J]. 冶炼部分, 2011(11):49-50.

[14] 张念炳, 黎志英, 丁彤. 铝酸钡脱硫过程机理探讨[J]. 有色金属工程, 2012, 2(3):43-46.

[15] 兰军. 石灰拜耳法生产氧化铝脱硫及其热力学研究[D]. 贵阳: 贵州大学,2009.

第6章 高硫铝土矿焙烧脱硫

焙烧脱硫是通过将高硫铝土矿进行焙烧，使矿石中的硫在空气中氧的作用下转化为二氧化硫气体而脱除。同时，在高温条件下，一水硬铝石容易发生分解，使其中的含水基团脱水，导致一水硬铝石晶体的链状结构被切断，转化为不完整的刚玉，铝土矿的溶出性能同时得到显著的改善。

目前，焙烧法不仅能有效脱除硫，改善矿石的溶出性能，还可消除有机物带来的危害，是较为有效的适用的脱硫方法。本章主要研究及探讨了静态焙烧、气态悬浮焙烧、微波焙烧3种焙烧脱硫工艺的影响规律及机理。

6.1 焙烧脱硫研究现状

铝土矿中的硫主要以黄铁矿的形式存在，焙烧脱硫就是利用氧化剂在一定的温度下与铝土矿中的黄铁矿发生氧化还原反应，使黄铁矿中的硫转变为二氧化硫气体，实现铝土矿中硫的脱除。

早在20世纪40年代，德国的劳塔厂通过焙烧来处理高硅铝土矿[1]，将铝土矿磨细后进行高温焙烧，再经10%苛性碱溶出液溶出，得到铝酸钠溶液。随后我国对焙烧脱硅进行了研究[2]。1982年，郑州轻金属研究所对平果矿焙烧后的可磨性和溶出性能进行了研究[3]，结果表明，矿石经过焙烧后可磨性和赤泥的沉降性能均得到提高。梁春来等[4]对山西一水硬铝石进行活化焙烧增浓溶出实验，实验结果表明，高硫铝土矿经过高温焙烧后，矿石中氧化铝活性和可磨性均得到改善。吕国志等[5-7]提出一水硬铝石型高硫铝土矿焙烧脱硫预处理及综合利用，分别研究了高硫铝土矿马弗炉、旋转管式炉和硫态化焙烧脱硫，结果表明，马弗炉、旋转管式炉在焙烧条件为750℃、30min，流态化焙烧条件为800℃、10min时，硫含量均降至工业生产要求0.7%以下，且溶出性能均高于原矿。胡小莲等[8]发现在高硫铝土矿焙烧过程中添加氧化钙可以达到固硫作用，而降低焙烧过程中产生的二氧化硫散于空气中。陈延信等[9]对高硫铝土矿分散态焙烧脱硫进行研究，实验结果表明，分散态焙烧不仅可以高效脱硫，而且脱硫时间较短，脱硫率达到80%左右。陈咏梅等[10]提出降低焙烧温度、延长反应时间来提高脱硫率工艺，结果表明，当焙烧温度为460～470℃，焙烧时间为15～20min时，对铝土矿进行焙烧脱硫，焙烧矿硫含量低于0.5%。

综上所述，焙烧预处理不仅可以有效脱硫，而且还可以提高矿石溶出性能和可磨性。从研究结果看，预焙烧有良好的发展前景，但是实际生产中，当高硫铝土矿处于静态焙烧脱硫时，容易出现表面"过烧"和内部"欠烧"的现象，导致矿的脱硫不完全；硫化焙烧预处理，会产生大量的粉尘，导致生产成本偏高和环境污染。焙烧过程容易导致铝土矿颗粒产生细化现象，且焙烧矿过于细化不利于溶出，溶出赤泥严重细化导致赤泥沉降性能降低。

20 世纪 40 年代开始，预焙烧工艺就作为矿石预脱硅及铝土矿活化预处理手段，在国外进行了深入的研究及工业试验。德国的劳塔厂利用焙烧工艺来处理匈牙利、奥地利和南斯拉夫的高硅铝土矿。磨细的铝土矿置于 700～1000℃下焙烧，并用 10%的苛性碱溶液在 90℃下进行溶出。苏联研究者曾把粒径小于 5mm 的红十月矿区的矿石置于间歇作业的沸腾炉中焙烧。在工业条件下制得的三水铝石被放置在 650℃下焙烧 5min 之后产生了结晶状态不好的 β-Al$_2$O$_3$。国外研究主要是关于高硅三水铝石矿或高硅一水软铝石矿。

我国也开展了铝土矿的焙烧预脱硅研究。不论是用鞍山式竖炉焙烧铝土矿，还是改用流态化床焙烧粉矿都没有达到预期的效果，因而中断了试验。20 世纪 80 年代开始，研究者认识到我国一水硬铝石型铝土矿的独有特点，又开始了一系列的预焙烧研究。1982 年，郑州轻金属研究所对平果矿焙烧后的可磨性及溶出性能进行了研究，研究表明预焙烧工艺可以改善矿石的可磨性和赤泥的沉降性能。李小斌等[11-13]通过对广西平果矿的大量研究发现，在保证其他条件相同的情况下，选取适当的条件焙烧铝土矿，可使焙烧矿在 225℃时 Al$_2$O$_3$ 的溶出率等于原矿在 260℃时的溶出率。梁春来等[4]对山西一水硬铝石进行活化焙烧增浓溶出试验发现，活化焙烧后，明显提高了铝土矿中 Al$_2$O$_3$ 的碱溶活性，并改善了可磨性。陈文汨等[14]利用预焙烧工艺，在源头上控制了有机物进入拜耳法工艺流程，从而得到了去除有机物的焙烧工艺。

近年来，随着世界范围内高品位铝土矿的日趋匮乏，我国科学家们重新采用这一传统的方法处理含硫的高品位铝土矿。吕国志等[7]提出了高硫一水硬铝石型铝土矿焙烧脱硫预处理及综合利用的新工艺，他们分别研究了高硫铝土矿在马弗炉、旋转管式炉、流态化焙烧过程中的脱硫效果。廖友常等[15]利用焙烧—湿法预脱硅工艺处理贵州务川大竹园铝土矿区高硫低铝硅比矿石，试验结果发现利用预焙烧工艺不仅能提高铝硅比，同时还解决了用高硫铝土矿石生产氧化铝过程中存在的碱耗过高、经济性差、利用难度大等问题。胡小莲等[8]在实验中发现，在焙烧高硫铝土矿时，添加氧化钙可以起到固硫的作用从而降低焙烧过程中进入空气中的 SO$_2$ 的量，并获得了很好的除脱硫效果。

微波是一种波长在 0.1～100cm、频率在 300MHz～300GHz 范围内的电磁波，具有改善反应条件、加快反应速度、实现不同矿物选择性加热的特点，微波加热正逐渐发展成为一种有应用前景的焙烧方法[16-19]。铝土矿是一种矿物组成十分复杂的原料，微波加热铝土矿时，由于不同矿物的介电常数不同，对微波的吸收性能不同,从而实现矿物的选择性加热。黄铁矿(FeS_2)是高硫铝土矿中的主要含硫矿物,其介电常数高达 33.7～81,而一水硬铝石($Al_2O_3 \cdot H_2O$)和高岭石($Al_2O_3 \cdot 2SiO_2 \cdot 2H_2O$)的介电常数仅为 6.5 和 11.8[20],微波加热时,黄铁矿的吸波性能明显优于一水硬铝石和高岭石的吸波性能,从而实现黄铁矿的快速加热脱硫。

由于铝土矿的矿物组成复杂,除以上 3 种矿物外,可能还有其他含铁矿物(如赤铁矿、磁铁矿、褐铁矿、针铁矿等)、含钛矿物(如锐钛矿、金红石、板钛矿等)、含硅矿物(如石英、伊利石、云母等及其他铝硅酸盐矿物)以及方解石、白云石等碳酸盐矿物。根据文献[21]和文献[22],大多数硅酸盐、碳酸盐矿物、锐钛矿等含钛矿物吸波性能差,石英几乎不吸收微波,而赤铁矿、褐铁矿、磁铁矿、针铁矿等含铁矿物除磁铁矿有较强的吸波性外,其他矿物均比黄铁矿的吸波能力弱。

目前,有关微波加热应用于铝土矿预处理的研究较多,如张念炳等[23]对贵州某矿区的铝土矿进行微波焙烧预处理,当焙烧温度为 400℃,焙烧时间为 2min 时,可使铝土矿的全硫含量从 1.39%降低到 0.7%以下;梁佰战等[24]对重庆某矿区的铝土矿进行微波脱硫以及溶出试验,结果表明,微波加热温度为 650℃,微波加热时间为 5min,矿物粒度为 0.095～0.076mm 时,高硫铝土矿的硫含量可以从 4.15%降低到 0.37%,在溶出条件下,可以使氧化铝的溶出率从 80.4%提高到 98.7%。另外,黎氏琼春[25]针对铝土矿在添加 NaOH、$Ca(OH)_2$ 等添加剂的情况下,研究了微波焙烧条件下复杂多相体系在微波场中的物相转变规律。Le 等[26,27]研究了微波焙烧对一水硬铝石–碳酸钠–氢氧化钙混合物中铝提取的影响、不同微波焙烧条件下烧结矿的相组成和浸出性能。矿石在微波焙烧过程中会发生各种复杂的矿相转变[28,29],同时还伴随着微观形貌、粒度分布、比表面积改变等现象,以上研究大多关注微波焙烧条件对铝土矿脱硫效果、溶出效果、物相变化等方面的研究,缺乏微波焙烧条件对焙烧产物的微观形貌、粒度分布、比表面积、介孔分析等方面影响的系统的研究。

6.2　焙烧脱硫热力学和动力学

6.2.1　焙烧脱硫过程热力学

高硫铝土矿经焙烧后,矿石中氧化铝、黄铁矿等物质均转变为其他形态或新的物质,同时,矿石的晶相结构、形貌也发生了变化。黄铁矿焙烧预处理过程中可能发生的一系列反应如式(6-1)～式(6-10)所示,计算使用的各物质不同温度下的 ΔG^0 值列于表 6-1。

$$2FeS_2 == 2FeS + S_2 \qquad (6-1)$$

$$FeS_2+O_2 \!\!=\!\!=\!\! FeS+SO_2 \tag{6-2}$$

$$4FeS_2+3O_2 \!\!=\!\!=\!\! 2Fe_2O_3+8S \tag{6-3}$$

$$2FeS_2+5O_2 \!\!=\!\!=\!\! 2FeO+4SO_2 \tag{6-4}$$

$$4FeS_2+11O_2 \!\!=\!\!=\!\! 2Fe_2O_3+8SO_2 \tag{6-5}$$

$$4FeS+7O_2 \!\!=\!\!=\!\! 2Fe_2O_3+4SO_2 \tag{6-6}$$

$$S+O_2 \!\!=\!\!=\!\! SO_2 \tag{6-7}$$

$$6FeO+O_2 \!\!=\!\!=\!\! 2Fe_3O_4 \tag{6-8}$$

$$4Fe_3O_4+O_2 \!\!=\!\!=\!\! 6Fe_2O_3 \tag{6-9}$$

$$4FeO+O_2 \!\!=\!\!=\!\! 2Fe_2O_3 \tag{6-10}$$

表 6-1   各物质不同温度下的 ΔG^0 值

组分	ΔG^0 /(kJ/mol)				
	650℃	700℃	750℃	800℃	850℃
FeS$_2$	−250.13	−256.75	−263.36	−269.98	−276.60
FeS	−187.17	−194.33	−201.49	−208.65	−215.81
S$_2$	−96.95	−110.47	−123.99	−137.52	−151.04
O$_2$	−202.79	−214.95	−227.11	−235.95	−251.43
SO$_2$	−545.58	−560.82	−576.06	−591.30	−605.54
S	114.72	104.99	95.25	85.52	75.78
Fe$_2$O$_3$	−961.78	−974.33	−986.88	−999.43	−1011.98
FeO	−350.56	−356.57	−362.86	−369.47	−376.08

根据 FactSage 热力学软件计算,这些反应的吉布斯自由能随温度的变化曲线如图 6-1 所示。

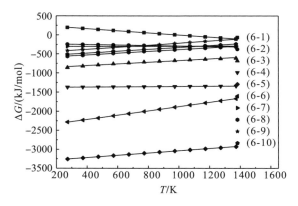

图 6-1   黄铁矿脱硫反应的 ΔG-T 关系

可以看出，除反应式(6-1)以外，这些反应的吉布斯自由能均小于零，反应均可自发进行，且以式(6-4)~式(6-6)的反应最易自发进行，生成的不稳定的中间相 FeO，在一定条件下会与 O_2 继续反应生成 Fe_3O_4 或 Fe_2O_3，即高硫铝土矿经焙烧后，其中的硫可以以 SO_2 气体的形式挥发，从而达到焙烧脱硫的目的。

6.2.2 焙烧脱硫过程动力学

实验用 1#高硫铝土矿的化学成分见表 6-2。由表 6-2 可知，实验用铝土矿中氧化铝含量大于 60%，A/S 较高，且硫含量大于 0.7%，属于较高品位的高硫型铝土矿。

表 6-2 实验用铝土矿的主要化学成分

编号	Al_2O_3/%	SiO_2/%	Fe_2O_3/%	TiO_2/%	S/%	A/S
1#	69.28	8.65	3.14	2.8	2.3	8.01

在 650℃、700℃条件下分别对球磨的两种粒度及盘磨的两种粒度高硫矿进行焙烧实验，得到反应时间与硫含量的关系，并根据焙烧矿中硫含量与反应时间的关系进行曲线拟合，拟合结果如图 6-2 所示。

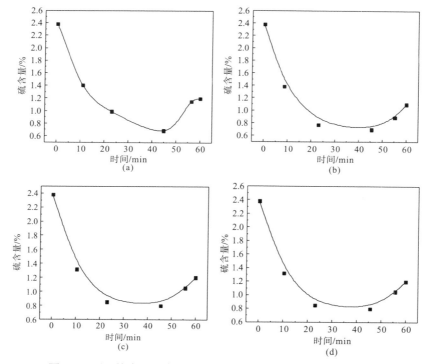

图 6-2 不同粒度 1#矿样焙烧矿中硫含量与焙烧时间的拟合曲线

(a)盘磨矿—650℃；(b)盘磨矿—700℃；(c)球磨矿—650℃；(d)球磨矿—700℃

在上述每条拟合曲线上任取 4 点作切线，计算其切线斜率及斜率对数，并将计算结果列于表 6-3 中。

设焙烧脱硫反应的速率为

$$v = -\frac{dS}{dt} = kS^n \tag{6-11}$$

两边取对数有

$$\lg v = \lg k + n \lg S \tag{6-12}$$

因此，以 $\lg S$ 为横坐标、$\lg v$ 为纵坐标将表 6-3 中的数据拟合成一条直线，该直线的斜率即为反应级数 n，截距即为反应速率常数 k 的对数。拟合结果如图 6-3 所示。

表 6-3　焙烧矿硫含量与切线斜率及其对数的计算结果

焙烧条件	取点编号	时间/min	硫含量(S)/%	$\lg S$	切线斜率	脱硫速度(v)/min^{-1}	$\lg v$
盘磨矿 650℃	1	10.90	1.40	0.147765	−0.05335	0.05335	−1.272865
	2	23.03	0.98	−0.005185	−0.01982	0.01982	−1.702896
	3	44.84	0.68	−0.162556	0.01061	0.01061	−1.974284
	4	56.36	1.15	0.0611809	0.03365	0.03365	−1.473014
盘磨矿 700℃	1	8.48	1.37	0.1397972	−0.07414	0.07414	−1.129947
	2	23.03	0.77	−0.112140	−0.02014	0.02014	−1.695940
	3	45.45	0.69	−0.158346	0.01151	0.01151	−1.938924
	4	55.15	0.89	−0.049761	0.03123	0.03123	−1.505428
球磨矿 650℃	1	10.30	1.50	0.1769849	−0.05255	0.05255	−1.279427
	2	23.03	1.07	0.0317517	−0.01894	0.01894	−1.722620
	3	45.45	1.02	0.0091788	0.01325	0.01325	−1.877784
	4	54.54	1.21	0.0848264	0.03083	0.03083	−1.511026
球磨矿 700℃	1	10.30	1.31	0.1191964	−0.06062	0.06062	−1.217384
	2	23.03	0.84	−0.071783	−0.01955	0.01955	−1.708853
	3	45.45	0.79	−0.098956	0.01392	0.01392	−1.856360
	4	55.75	1.04	0.0208831	0.03788	0.03788	−1.421590

阿伦尼乌斯公式定义了速率常数与温度的关系：

$$\frac{d\ln k}{dT} = \frac{E}{RT^2} \tag{6-13}$$

其中，E 称为反应活化能。假设 E 与反应温度无关，则对上式积分得

$$\ln \frac{k_2}{k_1} = -\frac{E}{R}\left(\frac{1}{T_2} - \frac{1}{T_1}\right) \tag{6-14}$$

将 650℃、700℃时的反应速率常数代入上式，即可得出不同粒度下反应的活

化能，并将计算结果列入表 6-4 中。

在 650～700℃温度范围内，盘磨矿及球磨矿焙烧脱硫过程的反应活化能分别为 60.697kJ/mol 及 112.656kJ/mol。

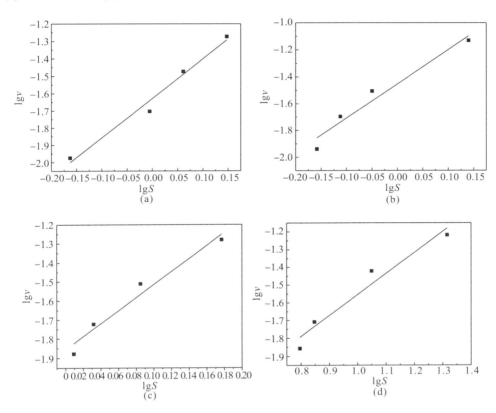

图 6-3　不同粒度清镇 1#焙烧矿中硫含量与脱硫速率对数的关系

(a)盘磨矿—650℃；(b)盘磨矿—700℃；(c)球磨矿—650℃；(d)球磨矿—700℃

表 6-4　不同粒度焙烧矿的脱硫动力学参数

矿石种类	温度/℃	$\lg k$	k/min^{-1}	E/(kJ/mol)
盘磨矿	650	−1.62914	0.0234887551	60.697
	700	−1.45262	0.0352679324	
球磨矿	650	−1.85674	0.0139078501	112.656
	700	−1.52911	0.0295726334	

6.3　静态焙烧脱硫

在静态焙烧方式下，通过对矿样焙烧前后的宏观形貌、物相结构、微观形貌、化学成分、粒度的变化进行分析，得到矿石粒度、硫含量及焙烧温度、焙烧时间等焙烧条件对焙烧脱硫效果的影响，找出静态条件下静态焙烧脱硫变化规律及焙烧机理。

以不同粒度 2#矿样（S_T=2.03%）及 3#矿样（S_T=1.5%）为原料经过破碎，盘磨及球磨分别磨细至 20 目、40 目、60 目、100 目、160 目、200 目（筛过率为 70%～80%），分别称取 50g 平铺于同种瓷盘中，同时放入电阻炉中进行焙烧（焙烧条件为 750℃，30min，空气流量为 600mL/min）。矿样的化学元素分析结果见表 6-5，铝土矿的矿物相分析结果如图 6-4 所示。

表 6-5　实验用铝土矿主要化学成分

编号	Al_2O_3/%	SiO_2/%	Fe_2O_3/%	TiO_2/%	S_T/%	A/S
2#	49.26	12.43	5.56	2.13	2.03	3.96
3#	70.6	8.04	2.59	2.66	1.5	8.78

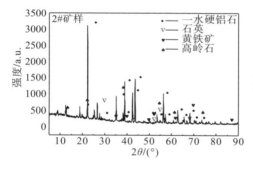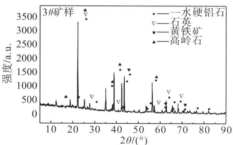

图 6-4　铝土矿样品 XRD 谱图

由图 6-4 可知，2#矿样、3#矿样矿物相结构相似，主要成分有一水硬铝石、石英、黄铁矿、高岭石等，其中含铝矿物主要为一水硬铝石，部分微量铝元素主要赋存于高岭石等铝硅酸盐矿物中，硫主要以黄铁矿（FeS_2）的形式存在，硅主要以石英的形式存在，少量以高岭石的形式存在。

6.3.1 矿石粒度的影响

1. 硫含量的变化

对不同粒度矿石经过 750℃、30min 焙烧后进行硫含量分析,其实验结果如图 6-5 及图 6-6 所示。由图 6-5 和图 6-6 可知,随着矿石粒度的增大,脱硫效果先增大后减小,当矿石经过 750℃、30min 焙烧后,粒度为 40 目(筛过率为 70%～80%)的 2#矿样和 3#矿样硫含量(质量分数)分别由 2.03%、1.5%降至 0.541%、0.43%,脱硫率分别为 73.35%、71.33%,脱硫效果较佳。同时,不同的矿样在相同的条件下脱硫率变化不大。

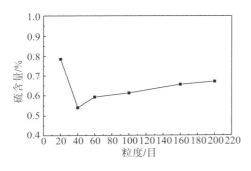

图 6-5　粒度对 2#矿样脱硫的影响

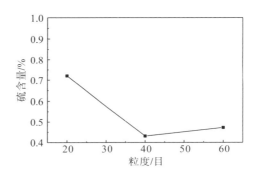

图 6-6　粒度对 3#矿样脱硫的影响

对焙烧后矿样中硫的存在形态进行分析,见表 6-6。

表 6-6　矿石中硫的存在形态分布

矿样	硫相	原矿	焙烧矿(20 目)	焙烧矿(40 目)	焙烧矿(60 目)
2#矿样	硫化物型硫/%	1.71	0.396	0.181	0.12
	硫化物型脱硫率/%	—	76.84	89.42	92.98
	硫酸盐型硫/%	0.32	0.39	0.36	0.473
	全硫/%	2.03	0.786	0.541	0.593
3#矿样	硫化物型硫/%	1.27	0.35	0.17	0.14
	硫化物型脱硫率/%	—	72.44	86.61	89
	硫酸盐型硫/%	0.23	0.37	0.26	0.33
	全硫/%	1.5	0.72	0.43	0.47

当粒度为 20 目时,焙烧后的矿样中硫化物型硫含量要高于 40 目和 60 目的焙烧后矿样,这是因为矿石颗粒粒径较大,为 830μm,单颗矿石难以烧透,因此脱

硫效果较差；当粒度为 40、60 目时，硫化物型的硫含量降低至 0.2%以下，其脱除率明显提升，这是由于颗粒度降低，比表面积增加所致。

2. 形貌及物相变化

图 6-7 为粒度为 20 目、40 目、60 目(筛过率为 70%～80%)的 2#矿样高硫铝土矿经过 750℃、30min 焙烧前后宏观形貌变化对比。

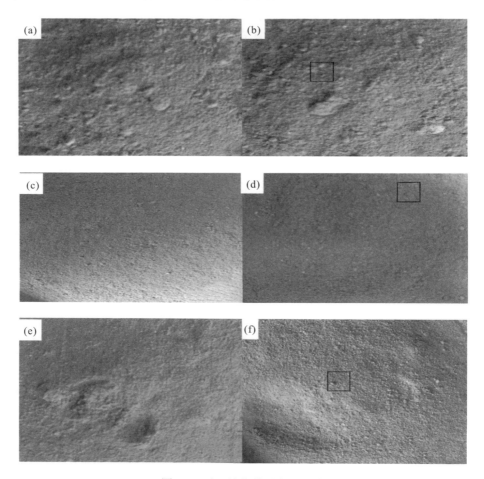

图 6-7　矿石焙烧前后宏观形貌

(a)20 目焙烧前；(b)20 目焙烧后；(c)40 目焙烧前；(d)40 目焙烧后；(e)60 目焙烧前；(f)60 目焙烧后

从图 6-7 可以看出，矿石由灰色转变为砖红色，盘磨矿焙烧后，还附有部分红褐色的颗粒。对 2#原矿、20 目及 60 目焙烧矿进行 XRD 分析，如图 6-8 所示。

由图 6-8 可知，焙烧矿颜色的变化，主要是黄铁矿与 O_2 反应生成了 Fe_2O_3 和 SO_2 气体，主要反应方程为

$$4FeS_2(s)+11O_2(g)=\!=\!=2Fe_2O_3(s)+8SO_2(g)$$

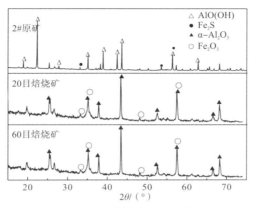

图 6-8　焙烧矿 XRD 图

3. 粒度分析

矿石经过高温焙烧后，粒度会发生变化，因此，对 2#矿样 20 目、40 目及 60 目矿石焙烧前后粒度变化进行分析。结果如图 6-9 所示。

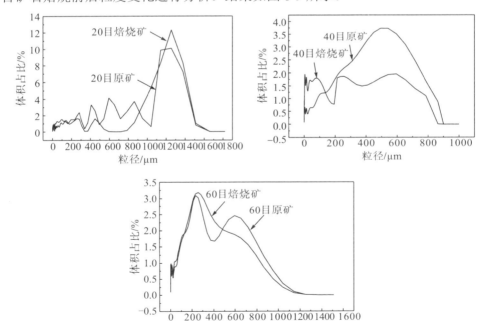

图 6-9　焙烧前后矿石粒径分布

结果表明，矿石经过高温焙烧后，矿石粒径分布发生了明显变化，且焙烧矿颗粒粒径小于原矿；当粒度为 40 目（筛过率为 70%～80%）矿石经过焙烧后，粒径为 500μm 的比重从 3.75%降至 1.75%。其主要原因是一水硬铝石型高硫铝土矿具有硬度大、致密度高及矿石晶体完整等特点，经过 750℃高温焙烧后，矿石结构发生变化，且矿石表面因脱水而形成不同程度的孔隙和裂纹，破坏了矿物颗粒之间的共生体，提高了矿物颗粒表面的开裂度，使矿石粒度发生了一定程度的细化。

6.3.2 焙烧温度的影响

以不同粒度 2#矿样（S_T=2.03%）及 3#矿样（S_T=1.5%）为原料进行不同温度的焙烧实验，考察在相同时间下，焙烧温度对焙烧脱硫效果的影响。其实验条件如下：焙烧时间为 30min，焙烧温度为 600℃、650℃、700℃、750℃及 800℃，空气流量为 600mL/min。

1. 硫含量的变化

对不同温度下焙烧 30min 后铝土矿中硫含量进行分析，其实验结果如图 6-10 及图 6-11 所示。

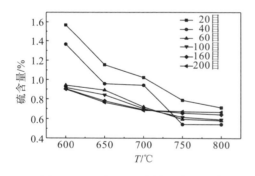

图 6-10　温度对 2#矿样脱硫的影响

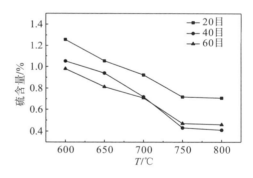

图 6-11　温度对 3#矿样脱硫的影响

由图 6-10 和图 6-11 可知，随着焙烧温度的增加，矿石脱硫率提高，当焙烧温度从 600℃升高至 750℃时，焙烧矿脱硫速率较快，继续升温，脱硫速率减小；当焙烧温度为 750℃时，除粒度为 20 目（筛过率为 70%～80%）的焙烧矿样外，其他不同粒度 2#矿样和 3#焙烧矿硫含量均降至 0.7%以下，符合氧化铝工业生产要求，当粒度为 40 目（筛过率为 70%～80%）时，2#矿样和 3#矿样焙烧矿脱硫率最高，分别为 73.35%、71.3%。

2. 形貌及物相变化

矿石经过高温焙烧后，其形貌发生了变化，因此，对粒度为 40 目的 3#矿样在不同温度下的形貌进行分析，如图 6-12 所示。

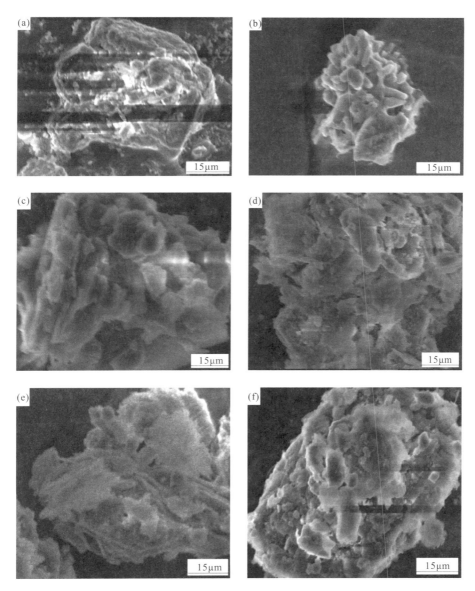

图 6-12 3#矿样原矿和不同温度下焙烧矿的 SEM 图

(a)3#矿样原矿；(b)600℃；(c)650℃；(d)700℃；(e)750℃；(f)800℃

　　由图 6-12 可知，原矿结构较为致密，经过高温焙烧后结构变得疏松，并出现了许多裂纹和细小孔洞。在焙烧温度为 600℃时，一水硬铝石的晶面纵向致密结构遭到破坏，温度升高到 750℃时，一水硬铝石的晶面纵纹消失，晶体结构完全破坏，转变为片状，其表面孔隙和裂纹明显增多，继续升温，其表面孔隙和裂纹逐渐减少，主要原因是焙烧温度过高，导致铝土矿烧结，矿物表面也逐渐致密。矿石表面孔隙和裂纹的出现，可以增加矿石在溶出过程中与碱液的接触面积，从而改善矿石溶出性能。

对粒度为 40 目的 3#矿样原矿及不同温度焙烧矿进行 XRD 分析，其结果如图 6-13 所示。

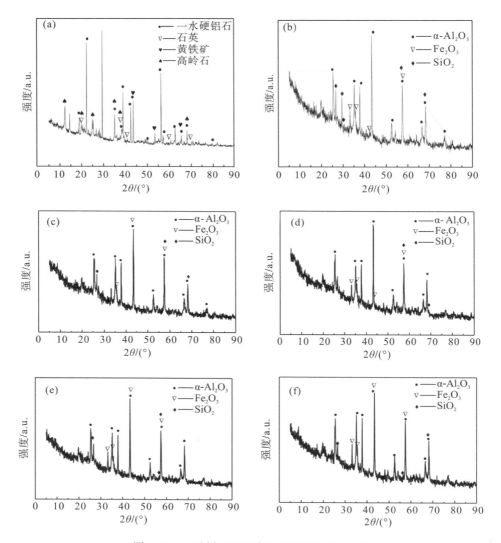

图 6-13　3#矿样不同温度焙烧矿的 XRD 分析

(a)3#矿样原矿；(b)600℃；(c)650℃；(d)700℃；(e)750℃；(f)800℃

　　由图 6-13 可知，矿石中的 Fe_2S 衍射峰消失，而此时有 Fe_2O_3 的衍射峰产生，说明 Fe_2S 与空气中的氧气反应转化为 Fe_2O_3 和 SO_2，其中 SO_2 扩散到空气中，其反应方程如热力学分析中式(6-1)～式(6-4)所示。

　　随着焙烧温度的上升，其晶体结构遭到较大破坏，过渡形态氧化铝逐渐向稳定刚玉形态转变，形成过烧；研究表明，当焙烧温度高于 500℃ 时，一水硬铝石开始脱水，导致一水硬铝石晶体的链状结构被切断，此时，$Al(O，OH)^6$ 配位八面体处于悬空状态，这种结构使得晶体的反应活性更强；同时，八面体顶角 OH^- 和 O^{2-} 的脱除导致八面体中心的 Al^{3+} 裸露出来，一水硬铝石的晶体结构遭到了破坏。当焙烧温度高于 1000℃ 时，氧化铝会转变为稳定的无水刚玉，而此时的焙烧温度远远没有达到，所以焙烧矿中会一直存在中间态氧化铝，而过渡态的氧化铝与刚玉结构的氧化铝相比具有较强活性，有利于一水硬铝石的溶出性能的改善。

　　根据 3#矿样原矿和 3#矿样焙烧矿的 XRD 分析结果计算不同活化态含铝矿物晶胞的点阵常数，其结果见表 6-7。

表 6-7　3#矿样焙烧温度与晶体结构参数的关系

焙烧温度	物相	a/nm	b/nm	c/nm	c/a
常温（原矿）	一水硬铝石	0.44013	0.9415	0.28451	0.6464
600℃	刚玉	4.7879	4.7879	13.0710	2.73001
650℃	刚玉	4.7901	4.7901	13.0770	2.73000
700℃	刚玉	4.7923	4.7923	13.0829	2.72998
750℃	刚玉	4.7944	4.7944	13.0888	2.73002
800℃	刚玉	4.7966	4.7966	13.0947	2.73000
	标准一水硬铝石	4.410	9.40	2.84	0.6440
	标准刚玉	4.7602	4.7602	12.9933	2.730

　　由表 6-7 可知，矿石经过焙烧后点阵常数 a、b、c 均发生变化，晶胞参数 c/a 从一水硬铝石的 0.6464 变化为刚玉 600℃ 的 2.73001，说明一水硬铝石的结构发生了畸变。当焙烧温度高于 600℃ 时，矿石中氧化铝相完全转化为刚玉相。晶胞也由正交晶系的 $Al(O，OH)^6$ 八面体变成三方晶系 R3c 的 AlO_6^- 八面体，即由结构完整的一水硬铝石转变为结构不完整的刚玉。

6.3.3　焙烧时间的影响

　　以不同粒度 2#矿样（S_T=2.03%）及 3#矿样（S_T=1.5%）为原料进行不同时间的焙烧实验，考察在相同温度下，焙烧时间对焙烧脱硫效果的影响。其实验条件如下：焙烧温度为 750℃，焙烧时间为 20min、30min、40min、50min 及 60min，空气流量为 600mL/min。

1. 硫含量的变化

分别对在 750℃、不同焙烧时间下铝土矿中硫含量进行分析，其实验结果如图 6-14 及图 6-15 所示。根据实验结果可知，2#矿样和 3#矿样硫含量随焙烧时间变化呈现一样的规律性。在焙烧前 20min，焙烧脱硫速率较快，当达到 30min 时，脱硫效果达到最佳。当粒度分别为 40 目、60 目（筛过率为 70%～80%）的 2#矿样和 3#矿样矿经过 750℃、30min 焙烧后，硫含量均降至 0.7%以下，符合低硫矿标准。随着焙烧时间的延长，理论上矿石焙烧进行越充分，脱硫效果越好，当焙烧时间超过 30min 后，矿石中硫含量均有缓慢增长，这与实验中所采用的密封电阻炉有关，本实验采用封闭的筒式电阻炉，矿石中黄铁矿与空气中的氧气发生反应，生成密度较大的 SO_2 气体沉积在炉内下方，并与矿石继续反应生产分解度较高的硫酸盐。

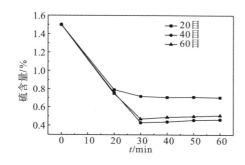

图 6-14　焙烧时间对 2#矿样硫含量的影响　　图 6-15　焙烧时间对 3#矿样硫含量的影响

2. 物相变化

对粒度为 40 目的 3#矿样在 750℃下焙烧 20min、30min、40min 后进行 XRD 分析，其结果如图 6-16 所示。由图 6-16 可知，当矿石经过高温焙烧一段时间后，原矿中一水硬铝石几乎全部转化为过渡态氧化铝（$\alpha\text{-}Al_2O_3$），同时，黄铁矿（FeS_2）的衍射峰消失，生成赤铁矿（Fe_2O_3）的衍射峰。焙烧 30min 后，生成的 SO_2 继续与矿石反应生成分解温度较高的硫酸盐，由于其分布分散难成晶体，未能形成衍射峰。因此，在 XRD 图谱上未能找到其衍射峰。

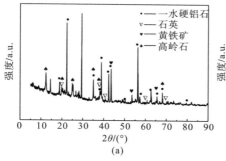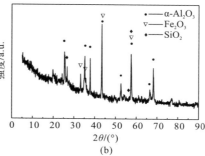

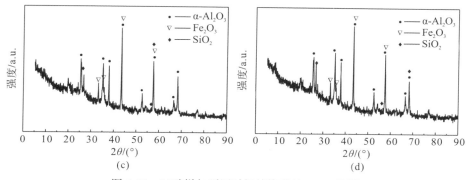

图 6-16　3#矿样与不同时间焙烧矿的 XRD 分析

(a)3#矿样原矿；(b)20mm；(c)30min；(d)40min

　　此外，控制焙烧时间为 90s，采用 550℃、600℃、650℃焙烧温度，分析焙烧过程中铝土矿含铝物相的分解及一水铝石的转变规律，得到相应的 XRD 谱图，如图 6-17 所示。

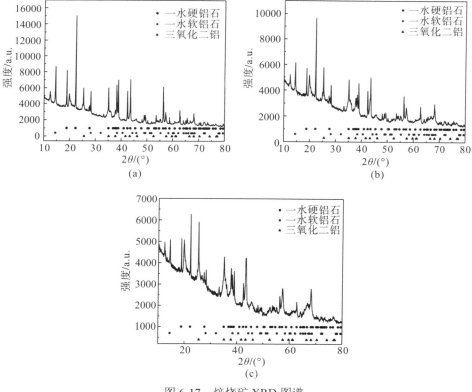

图 6-17　焙烧矿 XRD 图谱

(a)550℃；(b)600℃；(c)650℃

通过对 550℃、600℃、650℃焙烧产物的物相检索后进行精修计算，得到表 6-8 及表 6-9 数据。

表 6-8　焙烧温度对一水铝石晶胞体积的影响（精修）

温度/℃	一水软铝石/10^6pm³	一水硬铝石/10^6pm³
550	129.64	118.08
600	130.10	118.16
650	129.16	117.96

表 6-9　精修后氧化铝晶体的参数（$\alpha=\beta=90°$，$\gamma=120°$）

温度/℃	a/nm	b/nm	c/nm
550	4.6430	4.6430	12.7958
600	4.7567	4.7567	12.9535
650	4.7526	4.7526	12.9708

由表 6-8 可知，随着焙烧温度的升高其一水铝石晶胞体积先增大后减小，当焙烧温度为 600℃时一水铝石晶胞体积达到最大。焙烧过程中一水铝石脱水向氧化铝转变，因此一水铝石晶胞体积随着温度的升高而减小。由表 6-9 可知，氧化铝晶体在焙烧过程中，其晶格参数 a、b、c 呈先增大后减小的趋势，在 600℃时达到最大，与一水铝石晶胞体积在 600℃时达到最大相一致。因此综合考虑焙烧温度对脱硫效果的影响以及一水铝石脱水产物形成结晶不完整的过渡形态氧化铝，同时满足高岭石发生热分解生成活性的非晶态二氧化硅[30-32]。

在原矿及焙烧矿中氧化铝都是由 Al-O 键构成的 [AlO$_6$]八面体刚玉型结构，利用精修得到参数，通过 Materials Studio8.0 建立氧化铝模型。计算得到电荷布居数，其数据见表 6-10。由表 6-10 可知原矿及焙烧矿中 Al2O3 晶体的 Al-O 键具有两种不同键长[33]，这是由于在刚玉型结构中[AlO$_6$]八面体存在一定的畸变，这种变形结构会降低晶体的对称性导致原子键长及原子的电荷量发生变化。O—O 键之间的布居数为负值，表明 O—O 键存在较大排斥力，O 离子有向八面体外移动的趋势。焙烧矿 Al—O 键长大于原矿 Al—O 键，因此在反应过程中 Al—O 极易被破坏重组参与反应。由于原矿与焙烧矿 Al—O 键长不同，因此溶出过程中氧化铝与苛性碱结合需要的能量有差别，并且原矿与苛性碱的结合能高于焙烧矿，这与焙烧矿 Al—O 键长大于原矿容易被破坏相一致。键长与结合能不同，可能导致相同条件下氧化铝溶出过程中表观活化能有所差别。

表6-10　电荷布居分布

键名	原矿		键名	焙烧矿	
	布居数	键长/Å		布居数	键长/Å
Al—O	0.36	1.8406	Al—O	0.36	1.8481
	0.25	1.9752		0.25	1.9781
O—O	−0.16	2.6109	O—O	−0.16	2.6137
	−0.10	2.7114		−0.10	2.7196
Al—Al	−0.49	2.6775	Al—Al	−0.49	2.6689

综合以上分析可以得出在静态焙烧条件下，矿石颗粒之间的空隙较差，通透性较低，生成的二氧化硫气体无法即时散发到空气中，导致部分二氧化硫转变为硫酸盐。

一水硬铝石型铝土矿的结晶比较致密，界面纹理很明显，在高温焙烧预处理后，矿粉表面因脱水而形成不同程度的孔隙和裂纹。同时，一水硬铝石转化为无定型氧化铝或结晶很差的过渡态刚玉，其化学活性增强。随着焙烧温度的提高及焙烧时间的延长，矿石中一水硬铝石脱水生成无定型氧化铝或过渡态刚玉的反应趋于完全，刚玉的结晶也更趋完整，此时提高焙烧温度或延长焙烧时间都会促进刚玉的生成及其结晶的完善。

高硫铝土矿的反应机理如下：

600℃时一水硬铝石转化为 $\alpha\text{-Al}_2O_3$，铁和硫结合的黄铁矿转化成赤铁矿（Fe_2O_3）和磁铁矿（Fe_3O_4）。在 600℃焙烧过程中主要发生如下反应：

$$AlO(OH) \xrightarrow{517℃} \alpha' \text{-} Al_2O_3 + H_2O \tag{6-15}$$

$$\alpha' \text{-} Al_2O_3 \xrightarrow{\geqslant 650℃} \alpha \text{-} Al_2O_3 \tag{6-16}$$

$$FeS_2 + O_2 \xrightarrow{<600℃} Fe_2O_3 + Fe_3O_4 \tag{6-17}$$

在 700℃时高岭石晶体衍射峰消失，并且高岭石发生了分解反应，磁铁矿（Fe_3O_4）完全转变为赤铁矿（Fe_2O_3）。

$$Al_2Si_2O_5(OH)_4 \longrightarrow Al_2O_3 \cdot 2SiO_2 + 2H_2O \tag{6-18}$$

$$Al_2Si_2O_5(OH)_4 \longrightarrow Al_2O_3 + 2SiO_2 + 2H_2O \tag{6-19}$$

在 800～900℃矿中出现硅铁氧化物 $Fe_{2.45}Si_{0.55}O_4$，铁和硅的氧化物在高温焙烧过程中可以复合成结构相对稳定的复杂氧化物体结构 $Fe_{2.45}Si_{0.55}O_4$。

$$H_4Fe_2Al_9Si_4O_{24} \xrightarrow{900℃} Fe_2(Fe_{0.565}Si_{0.435})O_4 \tag{6-20}$$

$$H_4Fe_2Al_9Si_9O_{24} \xrightarrow{1000℃} Fe_{2.45}Si_{0.55}O_4 \tag{6-21}$$

6.3.4　焙烧矿的溶出效果

在原矿的最佳溶出条件下（即温度为 260℃，N_k 为 245g/L，石灰添加量为 8%，时间为 60min），对不同焙烧条件下的盘磨焙烧矿进行溶出实验，对比其氧化铝溶出率，得到焙烧条件对铝土矿溶出性能的影响，从而对焙烧条件进行优选。结果见表 6-11。

表 6-11　不同条件的盘磨焙烧矿在相同溶出条件下的溶出结果

矿样	编号	焙烧温度/℃	焙烧时间/min	$\eta_{Al相}$/%
	1	700	30	94.70
3#	2	700	60	93.22
	3	750	30	91.65

由焙烧矿在原矿相同溶出条件下的溶出实验结果可知，在一定的焙烧温度下，矿石的溶出性能有所改善。原矿矿经 700℃、30min 焙烧后，其氧化铝相对溶出率从 92.97%增长至 94.70%，增长了 1.73 个百分点。

由此可见，焙烧可以改善铝土矿的溶出性能。一水硬铝石型铝土矿的结晶比较致密，界面纹理很明显，只有较高的温度才能破坏这种致密的晶体结构，因此，一水硬铝石矿的溶出性能较差。在高温焙烧预处理后，矿粉表面因脱水而形成不同程度的孔隙和裂纹，使得矿石在溶出过程中与母液的接触面积增大，促进了溶出反应的进行。同时，一水硬铝石转化为无定型氧化铝或结晶很差的过渡态刚玉，其化学活性增强，氧化铝溶出率提高。

但是，随着焙烧温度的提高及焙烧时间的延长，矿石中一水硬铝石脱水生成无定型氧化铝或过渡态刚玉的反应趋于完全，刚玉的结晶也更趋完整，此时提高焙烧温度或延长焙烧时间都会促使刚玉的生成及其结晶的完善，导致矿石溶出性能恶化。由表 6-11 可知，当焙烧温度从 700℃提高至 750℃时，焙烧矿的溶出性能反而降低，个别焙烧矿的溶出性能甚至低于原矿。

综上所述，焙烧条件对矿石的溶出性能产生很大影响。焙烧可以改善铝土矿的溶出性能，但过高的焙烧温度和过长的焙烧时间均使焙烧矿的溶出性能下降。

6.4　气态悬浮焙烧脱硫

高硫型铝土矿样品经鄂破机破碎、振动磨粉磨至-75μm 占 75%±5%。对粉矿样品缩分取样，粉矿样品水分含量为 1.90%，样品的灼减量为 12.53%，矿样的化学元素分析结果见表 6-12。其中，S 元素含量采用硫酸钡重量法测定，三氧化二铝含量采用 EDTA 滴定法测定；二氧化硅含量采用钼蓝光度法测定。铝土矿的矿物相分析结果见表 6-13。

表 6-12　矿石化学组成及灼减量(质量分数，%)

Al$_2$O$_3$	SiO$_2$	Fe$_2$O$_3$	CaO	MgO	TiO$_2$	S$_T$	S^{2-}	灼减量	A/S
61.81	14.25	2.52	0.30	1.32	2.77	1.29	0.991	2.53	4.34

表 6-13　矿物组成(质量分数，%)

一水硬铝石	高岭石	锐钛矿	黄铁矿	其他
57.1	31.8	2.77	1.86	6.5

6.4.1　焙烧装置

实验室悬浮焙烧试验炉如图 6-18 所示。

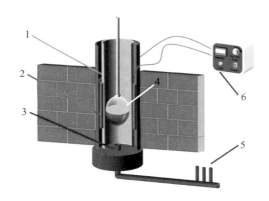

图 6-18　焙烧炉系统构成示意图

1—刚玉管；2—U 形硅碳棒；3—通气管；4—自制的装料斗；5—流量计；6—自动控温仪

该电阻炉主要由 3 部分构成，包括配气系统、焙烧系统及温度控制系统。配气系统可通过调节炉体外部的气体阀门和流量计来控制炉内气氛和气体流速；焙烧系统采用 U 形硅碳棒间接电加热刚玉管，四周用保温材料填充密实，刚玉管中下部为主要焙烧区域，最高温度可达 1200℃；温度控制系统可根据检测温度和设定温度的偏差实时调节加热功率，确保炉内温度稳定，控制精度为±0.5℃，炉体焙烧区设有热电偶，测点位置设在刚玉管中下部。采用具有耐高温耐腐蚀性能的筛网制作了装料斗，设置多层筛网以确保物料在每一层形成足够薄的料层，增大气固接触面积，以达到模拟悬浮态焙烧的效果，依据筛网放入刚玉管中的位置调节装料斗的长度，控制筛网中心与热电偶测点高度一致。尾气从炉子上部排出，

经 SO_2 吸收装置净化后排放到环境中。

高硫铝土矿高固气比悬浮态焙烧中试装置如图 6-19 所示。

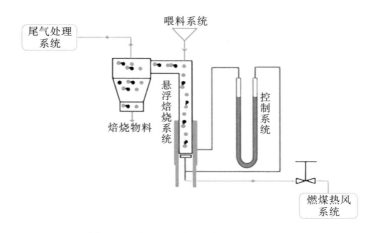

图 6-19　悬浮焙烧炉温度测点的布置图

该装置由喂料系统、悬浮预热系统、外循环式悬浮焙烧炉、旋风冷却系统、收尘器、引风机、喂煤系统和燃煤热风炉等组成，引风机为系统提供运行动力，整个系统在负压状态下运行。喂料和喂煤装置均为自制的回转式变频微粉给料机，粉煤经气力输送装置进入燃煤热风炉，热风炉产生的高温烟气经沉降除尘后进入悬浮炉。在悬浮焙烧炉进出口配以便携式烟气分析仪、在各预热器出口和悬浮煅烧炉关键工艺控制点安装压力变送器与一体化温度变送器，通过可编程控制器（programmable logical controller，PLC）实时监控整个系统的工况。悬浮炉内风速测定仪器为 S 形标准皮托管和 KIMO 手持式微差压计。

试验装置的料流路线：喂料装置将高硫铝土矿粉料送至高固气比悬浮预热系统中，粉料与上升热气流在换热管中迅速完成换热，粉料通过下料管进入悬浮焙烧炉底部，在热风炉高温烟气的携带下于炉中进行脱水和脱硫反应，高温焙烧矿最后进入分离器完成气固分离，焙烧矿进入产品料槽。

试验装置的气流路线：在炉尾引风机的作用下，热风炉产生的高温烟气进入悬浮焙烧炉中完成高硫铝土矿的焙烧，出炉烟气在尾气处理系统中完成气固分离后进入预热器系统，与热风炉产生的高温烟气汇合。

6.4.2　焙烧温度的影响

图 6-20 是相同焙烧时间下，焙烧温度对焙烧矿中全硫含量、脱硫率、氧化铝含量和 A/S 的影响趋势图。

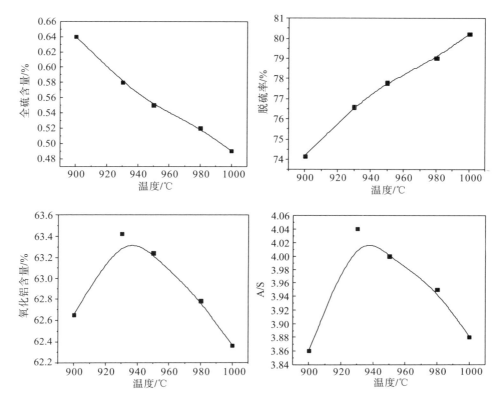

图 6-20 焙烧温度对全硫含量、脱硫率、氧化铝含量和 A/S 的影响趋势图(40s)

从图 6-20 可以看出,焙烧温度对脱硫率的升高都是正向影响。在 900~1000℃ 反应温度内,提高焙烧温度脱硫率明显增大。但在焙烧温度超过 930℃后,脱硫率随着温度的升高并没有大幅度地提高。在 930℃以前脱硫率的增加速度为 2.5%,930℃以后,温度提高之后脱硫率的增加速度为 1.2%左右,脱硫率的增加速度反而下降,这是因为焙烧温度提高时,粉料与 SO_2 之间吸附量随着焙烧时间的延长逐渐增大,焙烧时间相同时温度越高吸附量越大,所以全硫脱硫率才呈现上述变化规律。由于原矿中的硫主要是硫化物型硫,少量以硫酸盐的形式存在,焙烧过程中既存在硫化物型硫的氧化分解,也存在硫酸盐的分解过程,即原料中的部分硫酸盐在上述温度范围内易于分解,同时存在新生 SO_2 被吸附的过程。该高硫铝土矿既存在黄铁矿氧化和硫酸盐分解两个脱硫反应,又存在新生 SO_2 与铝土矿中酸活性组分(如铁的氧化物)的硫酸化过程,三类反应发生的温度区间交叉。

图 6-20 显示了焙烧温度对精矿 Al_2O_3 含量和 A/S 的影响规律。可以看出,随着温度的升高,脱羟反应深入进行,氧化铝的含量呈现增大的规律,在反应温度 900℃以前,提高焙烧温度,铝土矿烧失增加,氧化铝含量明显增大,随后增长减缓,氧化铝含量趋近 65%,焙烧矿的 A/S 由原矿的 3.76 提高至 4.00 左右。说明

该铝土矿矿样焙烧后获得的精矿 A/S 偏低。

所得焙烧矿中全硫含量低于 0.50%，基本消除了有害硫对氧化铝后续生产工艺的影响。

对焙烧矿样品进行了粒度分析，图6-21所示是焙烧温度对焙烧矿粒度的影响。

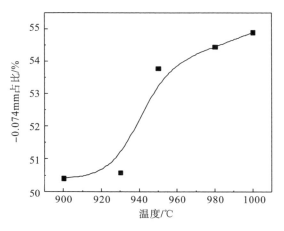

图 6-21　焙烧温度对焙烧矿粒度的影响

从分析结果可以看出，各焙烧矿样品-0.074mm 的粒度占比在 50.41%～56.91%，且随着焙烧温度升高，样品粒度有细化的趋势。焙烧矿样品-0.074mm的占比偏低，可能会影响到后续的脱硅或溶出过程。

图 6-22 为不同焙烧温度条件下矿样的外貌。可以看出，随着焙烧温度的升高，样品颜色由灰色变为棕色，且随着温度的升高，颜色加深。主要是铁氧化物的颜色(红色)和氧化铝的颜色(灰色)，也说明生成的铁氧化物增加。

原矿　　　　　　　　　　900℃-40s　　　　　　　　　930℃-40s

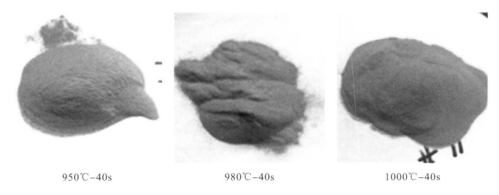

| 950℃-40s | 980℃-40s | 1000℃-40s |

图 6-22　不同焙烧温度条件下矿样外貌图

6.4.3　焙烧时间的影响

图 6-23 是不同焙烧温度下，焙烧时间对焙烧矿中全硫含量、脱硫率、氧化铝含量和 A/S 的影响趋势图。可以看出，随着焙烧时间的延长，930℃、950℃和 1000℃焙烧矿中全硫含量随之降低，在实验反应时间段内，延长焙烧时间全硫含量降低比较匀速，焙烧 40s 后，焙烧时间对焙烧矿中全硫含量的降低影响较小，在图示时间段内，焙烧后期的全硫含量逐渐趋于稳定，这是因为硫化物型硫在较高的温度下能快速氧化转变为二氧化硫从矿石中逸出，随着硫化物型硫含量的减少，全硫含量才会在焙烧后期呈现出趋于稳定的趋势。焙烧温度为 980℃时，随着焙烧时间的延长，全硫含量有一个小幅度的上升，这可能是因为该温度是铝土矿中氧化铝进行晶型转化的温度，此时脱硫反应新生成的 SO_2 易与铝土矿粉料发生吸附形成不稳定的亚硫酸盐而残留在矿中，进而影响了全硫含量；当焙烧时间延长到 60s 以后，焙烧矿中的 SO_2 解吸（抑或不稳定的亚硫酸盐分解），使得全硫含量表现为下降的趋势。

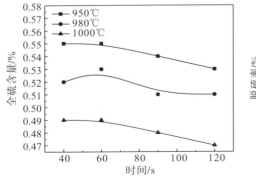

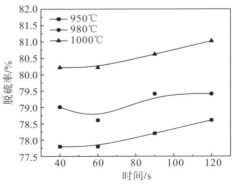

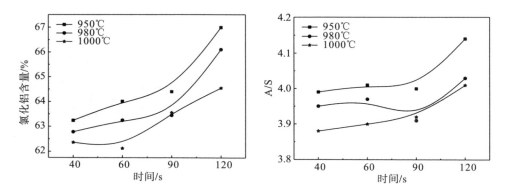

图 6-23　焙烧时间对焙烧矿中全硫含量、脱硫率、氧化铝含量和 A/S 的影响趋势图

停留时间对 Al_2O_3 含量的影响相对较为明显，相同焙烧温度条件下，延长停留时间，焙烧矿中 Al_2O_3 含量有所提高，尤其是停留时间大于 90s 后更为明显。同时，随着焙烧时间的延长，焙烧矿的 A/S 也得到了提高。

针对不同时间焙烧矿样品进行了粒度分析，如图 6-24 所示。

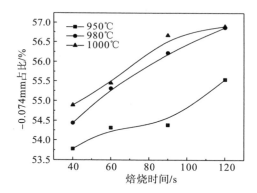

图 6-24　焙烧时间对焙烧矿粒度的影响

从分析结果可以看出，各焙烧矿样品-0.074mm 的粒度占比在 50.41%～56.91%，且随着焙烧停留时间延长，样品粒度有细化的趋势。焙烧矿样品-0.074mm 的占比偏低，可能会影响到后续的脱硅或溶出过程。

图 6-25 为不同焙烧温度条件下矿样的外貌。

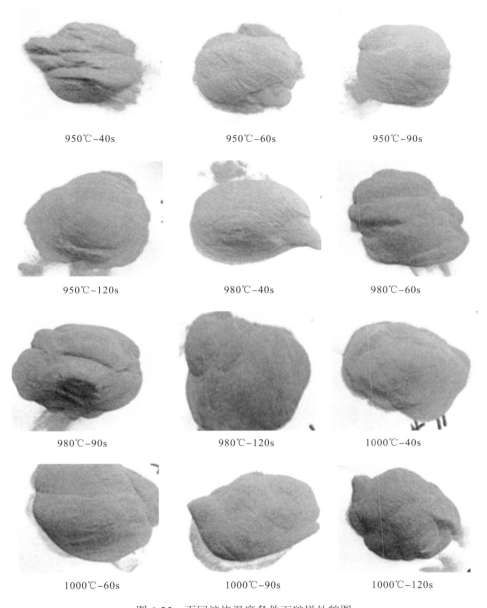

图 6-25　不同焙烧温度条件下矿样外貌图

由图 6-25 可以看出，950℃焙烧温度下，样品颜色都表现出棕色，且随着焙烧时间的延长，颜色加深，主要是铁氧化物的颜色(红色)和氧化铝的颜色(灰色)，说明生成的铁氧化物量随着时间的延长而增加。而 980℃和 1000℃焙烧温度下，随着时间的延长，颜色由棕色向灰色转化，这应该是温度高于 980℃后，硫化铁转化为铁氧化物的反应已基本完成，而 980℃是氧化铝转化晶型的温度，此时延长时间有利于结晶型氧化铝的生成，随着结晶型氧化铝的量的增加，其焙烧矿的颜色逐渐显示灰色。

6.4.4　焙烧产物物相分析

不同焙烧温度矿样的 XRD 分析谱图如图 6-26 所示。

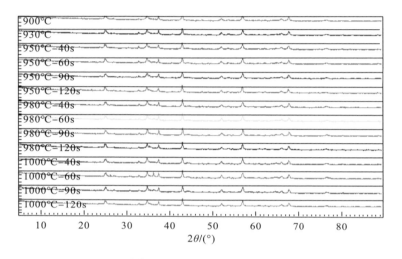

图 6-26　焙烧矿 XRD 谱图

根据 XRD 谱图分析的样品半定量含量见表 6-14。结果显示，焙烧矿的物相组成要复杂些，相同时间不同焙烧温度或相同焙烧温度不同焙烧时间下的焙烧矿物相组成均有一定差别。整体来说主要以刚玉（Al_2O_3）、锐钛矿（TiO_2）、赤铁矿（Fe_2O_3）、钛磁铁矿（$Fe_{2.75}O_4Ti_{0.25}$）、金红石（TiO_2）和方石英（SiO_2）为主，其次个别样品中会出现铁铝榴石[$Fe_3Al_2(SiO_4)_3$]、铁尖晶石（$FeAl_2O_4$）、磁铁矿（Fe_3O_4）、铝硅酸盐[$(Al_{3.18}Si_{9.61}O_{24})_{0.93}$]等物相，各物相的相对百分含量很相近，且在不同温度和停留时间下获得的各样品，各物相的相对百分含量不尽相同。这进一步说明铝土矿在不同焙烧制度下获得的焙烧矿的物相组成不同，对后续的溶出效果的影响也会有一定差别，因此稳定焙烧制度，减少焙烧矿的物相组成波动有利于后续脱硅和溶出过程的进行。

综合物相分析，高硫铝土矿经过焙烧，原料中的黄铁矿（FeS_2）脱硫生成赤铁矿（$\alpha\text{-}Fe_2O_3$），一水硬铝石和一水软铝石脱水生成 $\alpha\text{-}Al_2O_3$。焙烧矿中 $\alpha\text{-}Al_2O_3$ 的衍射峰（$2\theta=35.3°$、$37.8°$、$43.4°$、$57.4°$ 和 $68.2°$）宽阔而弥散，说明一水硬铝石脱水形成了晶粒细小或者晶格畸变的 $\alpha\text{-}Al_2O_3$，一水硬铝石在焙烧过程中发生脱水和晶型转变等反应，结构被破坏，这种转变提高了氧化铝的化学活性，有利于氧化铝的溶出。高岭土脱水生成的 $Al_2O_3 \cdot 2SiO_2$ 在焙烧矿衍射图谱中没有明显的衍射峰或者"非晶包"(2θ 介于 $15°\sim30°$ 之间），说明偏高岭石以结晶度很差的无序结构存在于焙烧矿中。在稀相悬浮态下，矿石脱水和焙烧矿冷却过程在数秒内连续完成，在这种闪速焙烧和快速冷却的热工环境中，α-Al_2O_3 难以形成具有完整结构的粗大晶体，使得其呈现晶粒细小、微观应力大的结晶状态；高岭石原有的铝氧八面体结构被破坏，闪速焙烧使得高岭石晶体转变形成结晶度很差的偏高岭石。

表 6-14　焙烧矿物相半定量分析（相对百分含量，%）

焙烧条件	Al_2O_3	TiO_2	Fe_2O_3	$Fe_{2.75}O_4Ti_{0.25}$	TiO_2	SiO_2	$Fe_2(SiO_4)$	$Fe_3Al_2(SiO_4)_3$	$FeAl_2O_4$	Fe_3O_4	$Fe_2Ti_3O_9$	$(Al_{3.18}Si_{9.61}O_{24})_{0.93}$	$NaFeO_2$
	α-Al_2O_3	锐钛矿	赤铁矿	钛磁铁矿	金红石	方石英	硅酸铁	铁铝榴石	铁尖晶石	磁铁矿	红钛铁矿	铝硅酸盐	铁酸钠
900℃-40s	57	10	—	5	2								
930℃-40s	67	6	—	14	—	5		10					
950℃-40s	69	5	7	11	3								2
950℃-60s	69	7	4	7	—	5	2					4	
950℃-90s	70	8	2	8	4	7							
950℃-120s	81		2			4	2					1	10
980℃-40s	70	6	2	9		6							1
980℃-60s	74	9	3	8		6							
980℃-90s	75	4	2		4	2	3		3				
980℃-120s	73	3	2	7	3		6	1	3				
1000℃-40s	66	4	5	6	4	4		5		3	1		1
1000℃-60s	70	2	4	6	2	3				5	1	2	
1000℃-90s	77	3	—	5	4	2				5			2
1000℃-120s	75	5	—	10				4		6	2		

注：符号"—"表示未检测到该物相。

比较静态焙烧，气态悬浮焙烧是一稀相的气-固系统，对于气-固系统而言，稀相输送床气固相对速度大，粉体颗粒能够相对充分地分散在气相当中，颗粒之间的堆积和相互挤压现象极大减弱，颗粒与气体的有效接触面积急剧增大，传热传质面扩大，更有利于传热传质速率的提高；在稀相悬浮体中，气相和颗粒湍流充分发展，混合体的雷诺系数增大，进而热量传递的温度边界层（附面层）和质量传递的边界层（附面层）厚度变小，温度梯度和浓度梯度变大，传递动力增大，传热传质速率得到极大提升，使得脱硫和脱水反应能够在极短的时间内完成。

对于气态悬浮焙烧法，提高焙烧温度或者延长焙烧时间都有利于硫化物型硫的脱除；在相对低温条件下，粉料与 SO_2 因吸附作用新生成的硫酸盐处于亚稳定状态，延长焙烧时间会发生解吸现象；在相对高温条件下，延长焙烧时间或者提高焙烧温度会加剧粉料与 SO_2 的吸附作用，使得焙烧矿中新生硫酸盐的量增加；焙烧温度在 550℃ 以上时悬浮态焙烧能够在 $1\sim2s$ 内实现高硫铝土矿的快速脱硫。

6.4.5 焙烧矿的溶出效果

1. 直接高压溶出

焙烧精矿选取具有代表性的 4 个焙烧温度下的样品进行直接高压溶出实验。溶出实验条件和实验结果见表 6-15。根据表中数据绘制焙烧温度和停留时间对 Al_2O_3 溶出率的影响规律，如图 6-27 所示。

表 6-15 焙烧矿直接溶出效果

焙烧条件	样品			条件					赤泥			$\eta_{实}$/%	$\eta_{相}$/%
	Al_2O_3/%	SiO_2/%	A/S	温度/℃	Na_2O_K/(g/L)	CaO/%	时间/min	配料 Rp	Al_2O_3/%	SiO_2/%	A/S		
900℃-40s	62.65	16.23	3.86	280	245	8	70	1.142	25.35	19.01	1.33	65.46	88.34
930℃-40s	63.42	15.70	4.04	280	245	8	70	1.142	26.35	18.35	1.44	64.46	85.66
950℃-40s	66.40	15.86	4.19	280	245	8	70	1.142	26.86	18.29	1.47	64.91	85.29
950℃-60s	63.11	15.95	3.96	280	245	8	70	1.142	26.35	18.68	1.41	64.35	86.11
950℃-90s	64.40	16.10	4.00	280	245	8	70	1.142	25.75	18.85	1.37	65.86	87.80
950℃-120s	66.99	16.16	4.14	280	245	8	70	1.142	26.68	18.54	1.44	65.28	86.04
980℃-40s	62.78	15.88	3.95	280	245	8	70	1.142	25.14	19.05	1.32	66.61	89.17
980℃-60s	63.25	15.91	3.97	280	245	8	70	1.142	26.33	19.01	1.39	65.15	87.05
980℃-90s	63.45	16.23	3.91	280	245	8	70	1.142	26.13	17.98	1.45	62.83	84.42
980℃-120s	66.11	16.42	4.03	280	245	8	70	1.142	25.35	18.93	1.34	66.74	88.79
1000℃-40s	62.36	16.09	3.88	280	245	8	70	1.142	26.13	18.63	1.40	63.82	86.00
1000℃-60s	62.12	15.94	3.90	280	245	8	70	1.142	25.23	18.56	1.36	65.13	87.60
1000℃-90s	63.56	16.21	3.92	280	245	8	70	1.142	27.12	18.77	1.44	63.15	84.77
1000℃-120s	64.55	16.09	4.01	280	245	8	70	1.142	26.33	17.98	1.46	63.49	84.58

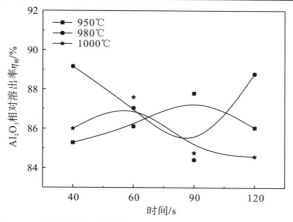

图 6-27 焙烧温度和停留时间对 Al_2O_3 溶出率的影响

可以看出，焙烧温度为 950℃时，适当延长停留时间，Al_2O_3 溶出率有所提高，但提高的幅度不大，停留时间超过 90s 则不利于 Al_2O_3 溶出率的提高；焙烧温度提高到 980℃和 1000℃，停留时间短(40s)，Al_2O_3 溶出率相对要高一些，继续延长停留时间，则不利于 Al_2O_3 溶出率的提高。

焙烧矿直接高压溶出实验结果表明，由于焙烧矿的 A/S 较低，基本在 4 左右，在与现有实际拜尔法生产相近的溶出条件下，焙烧矿直接溶出均很难获得理想的溶出率，氧化铝溶出率均难达到 90%，因此对焙烧矿进行脱硅处理后的精矿再进行高压溶出，以降低含硅组分对氧化铝溶出率的影响，可获得较好的溶出效果。

2. 焙烧矿脱硅后高压溶出

对焙烧矿进行脱硅后获得的 A/S>7 的精矿样品进行高压溶出实验，实验条件及结果见表 6-16，溶出条件对 Al_2O_3 相对溶出率的影响规律如图 6-28 所示。

结果表明，与前面焙烧矿溶出效果相似，焙烧矿脱硅后精矿溶出比焙烧矿直接溶出的 Al_2O_3 相对溶出率有所提高，并且平均提高了 4 个百分点，但通过探索焙烧温度和停留时间、CaO 添加量、溶出时间、苛性碱浓度等因素对 Al_2O_3 溶出率的影响，获得的结果是脱硅后精矿溶出，Al_2O_3 相对溶出率仍未能提高到 95%，最高仅达到 92.95%。

表 6-16　焙烧矿碱浸脱硅后精矿溶出效果

焙烧条件	样品			条件					赤泥			$\eta_实$/%	$\eta_相$/%
	Al_2O_3/%	SiO_2/%	A/S	温度/℃	Na_2O_K/(g/L)	CaO/%	时间/min	配料Rp	Al_2O_3/%	SiO_2/%	A/S		
焙烧温度和停留时间													
900℃-40s-精矿	63.34	8.97	7.06	280	245	8	70	1.142	21.68	13.54	1.60	77.32	90.08
930℃-40s-精矿	63.21	8.765	7.21	280	245	8	70	1.142	19.74	13.73	1.44	80.06	92.95
950℃-40s-精矿	62.98	8.09	7.78	280	245	8	70	1.142	21.99	13.46	1.63	79.01	90.66
950℃-60s-精矿	63.94	7.98	8.01	280	245	8	70	1.142	21.68	14.14	1.53	80.86	92.40
950℃-90s-精矿	65.33	8.47	7.71	280	245	8	70	1.142	22.68	13.54	1.68	78.28	89.94
950℃-120s-精矿	66.55	8.44	7.89	280	245	8	70	1.142	23.32	14.54	1.60	79.66	91.23
980℃-40s-精矿	62.77	8.41	7.46	280	245	8	70	1.142	22.68	14.23	1.59	78.65	90.81
980℃-60s-精矿	63.89	8.81	7.25	280	245	8	70	1.142	22.62	13.98	1.62	77.69	90.11

焙烧条件	样品			条件					赤泥			$\eta_{实}$/%	$\eta_{相}$/%
	Al_2O_3/%	SiO_2/%	A/S	温度/℃	Na_2O_K/(g/L)	CaO/%	时间/min	配料 Rp	Al_2O_3/%	SiO_2/%	A/S		
焙烧温度和停留时间													
980℃–90s–精矿	63.72	8.26	7.71	280	245	8	70	1.142	23.28	14.14	1.65	78.66	90.37
980℃–120s–精矿	64.13	8.02	8.00	280	245	8	70	1.142	20.94	13.17	1.59	80.12	91.57
1000℃–40s–精矿	63.94	8.88	7.20	280	245	8	70	1.142	22.68	14.54	1.56	78.34	90.97
1000℃–60s–精矿	63.29	8.21	7.71	280	245	8	70	1.142	22.13	13.44	1.65	78.64	90.36
1000℃–90s–精矿	63.76	8.39	7.60	280	245	8	70	1.142	21.98	13.67	1.61	78.84	90.79
1000℃–120s–精矿	64.98	8.99	7.23	280	245	8	70	1.142	22.39	13.66	1.64	77.32	89.74
CaO 添加量													
930℃–40s–精矿	63.88	8.27	7.72	280	245	8	70	1.142	20.81	13.63	1.53	80.23	92.17
930℃–40s–精矿	63.88	8.27	7.72	280	245	10	70	1.142	25.37	13.45	1.89	75.58	86.82
930℃–40s–精矿	63.88	8.27	7.72	280	245	12	70	1.142	25.05	13.73	1.82	76.38	87.74
950℃–60s–精矿	62.71	8.04	7.80	280	245	8	70	1.142	21.48	13.74	1.56	79.96	91.72
950℃–60s–精矿	62.71	8.04	7.80	280	245	10	70	1.142	20.36	13.69	1.49	80.93	92.83
950℃–60s–精矿	62.71	8.04	7.80	280	245	12	70	1.142	25.55	13.57	1.88	75.86	87.02
溶出时间													
930℃–40s–精矿	63.88	8.27	7.72	280	245	8	45	1.142	25.77	13.23	1.95	74.45	85.69
930℃–40s–精矿	63.88	8.27	7.72	280	245	8	60	1.142	23.62	13.87	1.70	77.67	89.39
930℃–40s–精矿	63.88	8.27	7.72	280	245	8	70	1.142	20.69	13.63	1.52	80.09	92.18
950℃–60s–精矿	62.71	8.04	7.80	280	245	8	45	1.142	20.86	12.72	1.64	78.83	90.51
950℃–60s–精矿	62.71	8.04	7.80	280	245	8	60	1.142	21.96	13.55	1.62	79.08	90.80

续表

焙烧条件	样品			条件					赤泥			$\eta_{浆}$/%	$\eta_{相}$/%
	Al_2O_3/%	SiO_2/%	A/S	温度/℃	Na_2O_K/(g/L)	CaO/%	时间/min	配料 Rp	Al_2O_3/%	SiO_2/%	A/S		
950℃-60s-精矿	62.71	8.04	7.80	280	245	8	70	1.142	21.50	13.96	1.54	80.12	91.99
苛性碱浓度													
930℃-40s-精矿	63.88	8.27	7.72	280	235	8	70	1.142	23.37	13.07	1.79	76.55	88.10
930℃-40s-精矿	63.88	8.27	7.72	280	245	8	70	1.142	20.98	13.87	1.51	80.16	92.26
930℃-40s-精矿	63.88	8.27	7.72	280	255	8	70	1.142	21.69	13.63	1.59	79.13	91.07
950℃-60s-精矿	62.71	8.04	7.80	280	235	8	70	1.142	23.96	13.09	1.83	76.37	87.69
950℃-60s-精矿	62.71	8.04	7.80	280	245	8	70	1.142	21.06	13.68	1.54	80.12	92.00
950℃-60s-精矿	62.71	8.04	7.80	280	255	8	70	1.142	22.75	13.66	1.67	78.50	90.13

由图 6-28 各条件对氧化铝溶出率的影响规律可以看出，焙烧停留时间对脱硅后的精矿 Al_2O_3 溶出率的提高也并没有明显的效果,在 40～150s 停留时间范围内,脱硅后精矿溶出时 Al_2O_3 相对溶出率在 90%～92%波动;930℃-40s 和 950℃-60s 的样品溶出率要高一些,因此针对这两个样品进行了 CaO 添加量、溶出时间、苛性碱浓度等因素的溶出实验, 可以看出, 在溶出温度为 280℃, Na_2O_K 浓度为 245g/L, CaO 添加量为 8%, 溶出时间为 70min 的条件下, 两个样品 Al_2O_3 的相对溶出率均基本达到最大,且溶出率接近。

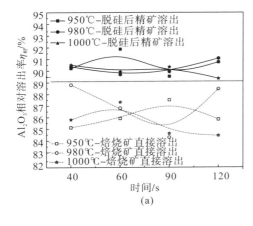

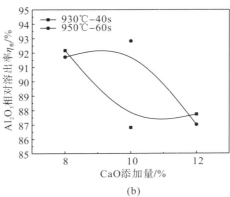

(a)　　　　　　　　　　　　　　(b)

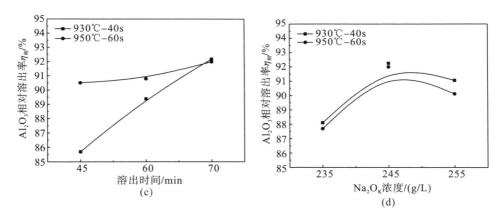

图 6-28　溶出条件对脱硅精矿 Al$_2$O$_3$ 溶出率的影响规律

　　950℃焙烧矿脱硅和溶出效果相对比其他样品要好一些，因此对 950℃条件下的 6 个脱硅精矿样品进行了物相分析，同时对 950℃-40s 和 950℃-120s 精矿溶出赤泥也进行了物相分析，各样品的 XRD 分析谱图如图 6-29 和图 6-30 所示，根据谱图分析的样品半定量含量见表 6-17。

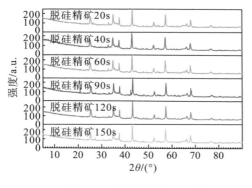

图 6-29　脱硅精矿 XRD 图

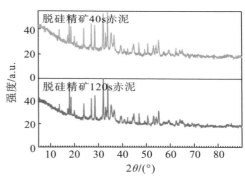

图 6-30　脱硅精矿溶出赤泥 XRD 图

表 6-17　脱硅精矿、赤泥物相半定量分析（950℃，相对百分含量，%）

样品	α-Al$_2$O$_3$	氢氧化钙	钠硅渣	水合铝酸钙	赤铁矿	石英	锐钛矿
脱硅精矿 20s	87	—	—	—	5	4	4
脱硅精矿 40s	79	—	—	—	9	4	9
脱硅精矿 60s	77	—	—	—	9	7	7
脱硅精矿 90s	77	—	—	—	7	12	5
脱硅精矿 120s	79	—	—	—	7	11	3
脱硅精矿 150s	81	—	—	—	7	9	3

样品	α–Al$_2$O$_3$	氢氧化钙	钠硅渣	水合铝酸钙	赤铁矿	石英	锐钛矿
脱硅精矿赤泥 40s	—	18	48	4	25	—	5
脱硅精矿赤泥 120s	—	11	60	3	20	—	6

注：钠硅渣的分子式为 Na$_3$Al$_6$Si$_6$O$_{24}$(OH)$_{1.4}$(CO$_3$)$_3$(H$_2$O)$_{6.35}$。

结果显示，精矿样品均以刚玉、赤铁矿、锐钛矿和石英为主，而赤泥中以钠硅渣、赤铁矿、水合铝酸钙、氢氧化钙和锐钛矿为主，并且赤泥中检测到的钠硅渣相的分子式为 Na$_3$Al$_6$Si$_6$O$_{24}$(OH)$_{1.4}$(CO$_3$)$_3$(H$_2$O)$_{6.35}$，水合铝酸钙的分子式为 Ca$_3$Al$_2$O$_6$(H$_2$O)$_6$，这两个相中的 Al 的摩尔分数均较高，造成的 Al$_2$O$_6$ 损失增多，这也进一步解释了脱硅精矿溶出率难以提高到95%以上的原因。

6.5　微波焙烧脱硫

6.5.1　实验材料及实验操作

实验所用的高硫铝土矿来自贵州某矿区，采集不同硫质量分数的铝土矿，经过磨矿、配矿后制备 5 个铝硅比(A/S)相近、全硫质量分数(w_T)不同的实验所需样品，其 Al$_2$O$_3$ 质量分数为 63.52%~68.25%，A/S 为 7.23~8.26，w_T 为 0.93%~6.32%，样品编号及主要化学元素分析结果见表 6-18。

表 6-18　高硫铝土矿的主要化学成分

样品	质量分数/%				w_T	A/S
	Al$_2$O$_3$	Fe$_2$O$_3$	SiO$_2$	TiO$_2$		
BS1	63.52	8.73	8.79	3.25	0.93	7.23
BS2	68.25	8.56	8.71	3.81	2.01	7.84
BS3	65.41	7.39	7.92	2.78	3.45	8.26
BS4	67.58	8.94	8.34	3.20	5.21	8.10
BS5	63.97	9.60	7.87	2.66	6.32	8.13

选取全硫质量分数分别为 2.01% 和 6.32% 的 BS2 和 BS5 样品进行 XRD 分析，结果如图 6-31 所示。结果表明，样品的主要物相为一水硬铝石[AlO(OH)]，其次含有伊利石[K$_{0.7}$Al$_2$(Si,Al)$_4$O$_{10}$(OH)$_2$]、云母类矿物[KAl$_3$Si$_3$O$_{10}$(OH)$_2$]、赤铁矿(Fe$_2$O$_3$)、石英(SiO$_2$)、锐钛矿(TiO$_2$)等，含硫矿物为黄铁矿(FeS$_2$)；BS5 样品中黄铁矿的质量分数达到 7%，要比 BS2 样品中黄铁矿的质量分数高 1 倍以上。实验所用样品属高品位、高铝硅比、高硫、一水硬铝石型铝土矿。

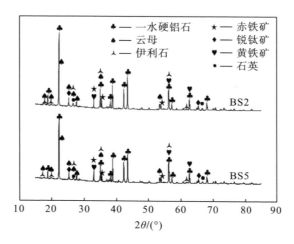

图 6-31　铝土矿样品 XRD 谱图

　　在微波辐射加热情况下分别考察焙烧温度、焙烧时间、矿样粒度、矿样硫质量分数等因素对样品脱硫效果的影响，并与马弗炉常规加热情况下的脱硫效果进行比较。在实验过程中，考察不同硫质量分数样品脱硫效果时采用表 6-18 中的 5 个样品，其他因素实验所用样品均采用全硫质量分数为 2.01%的 BS2 样品，样品中粒度-74μm 的颗粒质量分数为 85%～90%。将盛有 50g 样品的瓷坩埚置于微波炉内，设定焙烧温度和焙烧时间进行脱硫实验。实验结束后，取出样品，对焙烧产物冷却称质量，并进行相关分析，计算脱硫率。脱硫率是指铝土矿焙烧过程中实际脱除的全硫质量分数占铝土矿中总的全硫质量分数的比值。

6.5.2　微波焙烧温度的影响

　　微波焙烧温度对铝土矿脱硫效果的影响，焙烧温度的设定是通过调节微波辐射功率来实现的，在相同的时间范围，随微波辐射功率增大，焙烧温度提高。实验固定条件为样品全硫含量为 2.01%，样品粒度-74μm 所占比例约为 85%，焙烧时间为 10min。实验结果如图 6-32 所示。结果表明，微波焙烧温度对样品脱硫率的影响较显著，随着微波焙烧温度升高，脱硫率逐渐提高，焙烧后产物的全硫含量逐渐降低；焙烧温度从 400℃升高到 600℃，脱硫率从 69.22%提高到 79.55%，硫含量可从原矿的 2.01%降到 0.42%，满足了拜耳法生产氧化铝对铝土矿中硫含量的要求。

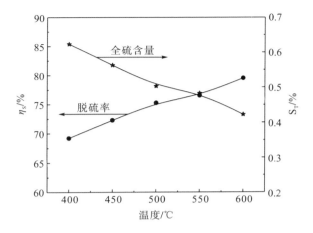

图 6-32　微波焙烧温度对样品脱硫率和全硫含量的影响

　　造成实验结果的主要原因是铝土矿中的含硫矿物黄铁矿的介电常数明显高于一水硬铝石和高岭石的介电常数(黄铁矿的为 33.7~81，一水硬铝石的为 6.5，高岭石的为 11.18)，黄铁矿优先吸收微波并升温，随焙烧温度提高，黄铁矿受微波辐射加热强度提高，其内部升温速率更快，在强的微波电磁场的极化作用下使得黄铁矿中 Fe—S 键快速断裂，并分离出大量的 S^{2-} 离子，这些 S^{2-} 离子不断地向表面扩散，与颗粒表面周围的氧气结合生成 SO_2 排除，从而使铝土矿中的全硫含量降低，脱硫率得以提高。

6.5.3　微波焙烧时间的影响

　　在一定的微波焙烧温度下，微波辐射加热时间的长短也会影响铝土矿的脱硫效果。实验选取微波焙烧温度 600℃，继续考察了微波焙烧时间对铝土矿脱硫效果的影响，实验结果如图 6-33 所示。实验用原料样品与前面考察焙烧温度因素时所用样品相同。

　　图 6-33 显示，微波焙烧时间对铝土矿脱硫效果影响也显著，在 600℃下焙烧 2min，样品脱硫率就可接近 70%，焙烧产物中的全硫含量降到 0.7%以下；继续延长焙烧时间至 15min，样品脱硫率达到 85%左右，焙烧产物中的全硫含量可降到 0.3%左右。根据彭金辉等学者的研究发现，不同矿物材料在微波场下的升温速率会有些许差异，但是大致都可分为两个阶段：初始的物料快速升温阶段和后期的物料缓慢升温阶段。本实验结果也进一步说明了微波辐射加热初始阶段，铝土矿中的黄铁矿吸收微波，在短时间内就可使黄铁矿内部获得较高能量，促使黄铁矿的 Fe—S 键断裂，使得样品中大部分硫被脱除掉。随着微波焙烧时间的延长，虽然能够继续提高脱硫率，但由于黄铁矿的数量减少，其他吸波弱的一水硬铝石、高岭石等矿物对微波的阻挡作用增强，导致黄铁矿脱硫反应速率下降，从而使脱

硫率提高的幅度减小。

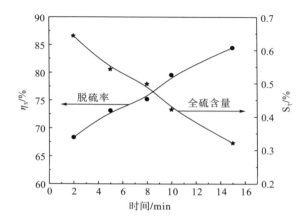

图 6-33   微波焙烧时间对样品脱硫率和全硫含量的影响

6.5.4   矿样粒度的影响

实验选取全硫含量为 2.01% 的 BS2 样品磨制不同粒度，矿样粒度粗细以通过 74μm 孔筛的样品质量占总样品质量的百分数表示，考察了微波焙烧温度为 600℃，焙烧时间为 10min 条件下不同矿样粒度对铝土矿脱硫效果的影响，实验结果如图 6-34 所示。图 6-34 的结果显示，矿样粒度的粗细对铝土矿中硫的脱除有一定影响，但影响不显著；矿样粒度从 -74μm 占 5.98% 提高到 100%，脱硫率从 76.08% 提高到 79.89%，提高幅度不足 4 个百分点。

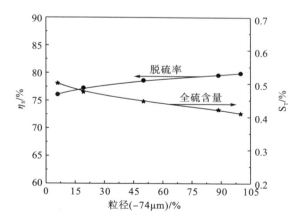

图 6-34   矿样粒度对样品脱硫率和全硫含量的影响

矿样粒度对脱硫效果产生影响的主要原因可从以下 3 个方面考虑：第一，矿样粒度不同，铝土矿颗粒温度分布均匀性不同，粒度越细，颗粒高温区域向低温区域传递的距离也越小，因此，小粒径铝土矿颗粒上的温度分布要比大粒径的颗粒更为均匀；第二，矿样粒度不同，颗粒之间的间距也不同，矿样粒度越细，颗粒相互之间的间距也越小，物料越密实，会降低 SO_2 的生成速率和扩散速率；第三，矿样粒度越细，比表面积越大，因此其散热能力越强。由此可见，3 种因素的共同作用决定了铝土矿颗粒内部能量积聚的快慢以及 SO_2 的生成速率和扩散速率的大小，从而影响铝土矿的脱硫效果。本组实验微波焙烧温度较高(600℃)，辐照时间长(10min)，虽然矿样粒度不同，但黄铁矿吸收微波颗粒内部能量的积聚以及表面热量的散失逐渐趋于平衡，对 SO_2 的生成速率和扩散速率的影响也会减弱，因此矿样粒度对铝土矿脱硫率的提高影响不显著。

6.5.5　矿样硫含量的影响

铝土矿中的硫含量也会不同程度地影响其脱除效果，实验配制不同硫含量的铝土矿样品，粒度均磨细到通过 74μm 孔筛的样品质量占到 85%～90%，在微波焙烧温度为 600℃，焙烧时间为 10min 的条件下进行脱硫实验，以考察样品中硫含量对脱硫率的影响，实验结果如图 6-35 所示。结果显示，在相同微波焙烧条件下，随着铝土矿中硫含量的升高，脱硫率也提高，矿石中硫含量高达 6.32%时，脱硫率接近 90%，焙烧产物中的硫含量可降到 0.7%以下，说明微波焙烧脱硫更适合硫含量高的铝土矿。

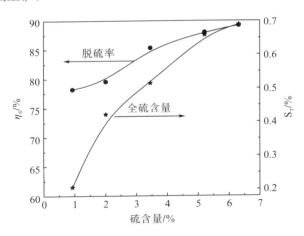

图 6-35　矿样硫含量对样品脱硫率和硫含量的影响

因为铝土矿中的硫主要以黄铁矿的形态存在，硫含量高，黄铁矿数量增多，其他矿物的相对比例就会减少，微波辐射加热过程，有更多的黄铁矿颗粒吸收微波，在内部积聚热量促使 Fe—S 键断裂的同时，黄铁矿颗粒表面温度升高，与周围其他吸波弱的矿物颗粒表面形成较大的温度梯度，加快矿物颗粒之间的热量传递，从而使物料整体的升温速率加快，有利于 SO_2 的脱除。总之，微波焙烧脱硫时对铝土矿的适应性较好，不论硫含量的高低均可将以黄铁矿形态存在的硫脱除，获得较好的脱硫效果。

6.5.6　焙烧方式的影响

实验比较了微波加热和传统加热方式下铝土矿的脱硫效果，传统加热采用马弗炉，原料均采用全硫含量为 2.01%、粒度−74μm 所占比例约为 85% 的 BS2 样品，实验结果如图 6-36 所示。结果显示，铝土矿微波焙烧脱硫率明显好于传统加热焙烧脱硫率，微波焙烧脱硫时，焙烧温度为 600℃，焙烧时间为 15min，脱硫率就可达到 85% 左右，而传统马弗炉加热温度为 800℃，焙烧时间为 60min，脱硫率仅达到 55% 左右。铝土矿微波焙烧脱硫时，黄铁矿等极性物质吸收微波，颗粒内部温度快速升高，促使黄铁矿中的 Fe—S 键断裂，硫离子被大量分离，并不断地向矿物表面扩散，与空气结合生成 SO_2 气体排除，在低温焙烧、较短时间内就可达到较高脱硫率。

而传统的加热方式是靠燃料燃烧放出的热量或电能转化成热能，通过辐射、对流、传导等方式传递热量实现物料温度从外到内的升高，黄铁矿颗粒表面温度高而内部温度低，在与炉气中的 O_2 接触时，颗粒表面易与 O_2 反应，即 $4FeS_2+11O_2 \longrightarrow 2Fe_2O_3+8SO_2$，在生成 SO_2 气体将硫脱除的同时，形成的 Fe_2O_3 膜层附着在黄铁矿颗粒表面，降低反应物和生成物的扩散作用，从而导致低的脱硫速率和脱硫率。提高温度有利于提高化学反应速率，因此铝土矿采用传统加热方式焙烧脱硫时，需要在更高温度下进行脱硫才能进一步提高脱硫率。

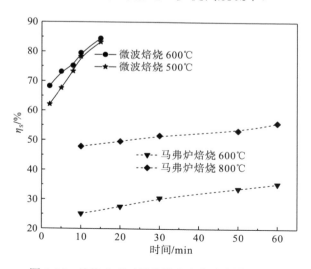

图 6-36　焙烧方式对样品脱硫率和硫含量的影响

6.5.7　微波焙烧产物的特性

1. 物相转化

高硫铝土矿微波焙烧产物样品的 XRD 分析谱图如图 6-37 所示。基于 XRD 分析的焙烧产物中物相半定量组成见表 6-19。

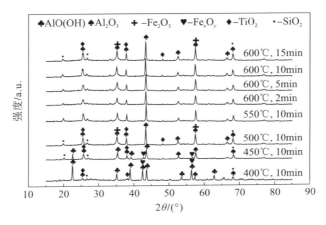

图 6-37　微波焙烧温度和时间下产物的 XRD 谱图

表 6-19　焙烧产物基于 XRD 分析的物相半定量组成

样品	一水硬铝石 PDF 卡片	含量/%	刚玉 PDF 卡片	含量/%	赤铁矿 PDF 卡片	含量/%	氧化铁 PDF 卡片	含量/%	锐钛矿 PDF 卡片	含量/%	石英 PDF 卡片	含量/%
400℃，10min	01-070-2138	45	01-089-3072	18	—	—	01-086-1357	21	01-073-1764	9	01-083-2468	7
450℃，10min	96-901-0883	26	01-071-1683	54	—	—	01-080-2186	7	01-073-1764	5	01-070-2535	9
500℃，10min	—	—	01-075-0782	81	01-079-0007	4	—	—	01-071-1166	8	01-082-0511	8
550℃，10min	—	—	01-074-1081	82	01-084-0307	4	—	—	01-089-4203	5	01-078-1254	9
600℃，2min	—	—	01-075-0782	79	01-079-1741	4	—	—	00-021-1272	10	01-086-1628	7
600℃，5min	—	—	01-088-0826	86	01-084-0307	3	—	—	00-021-1272	7	01-085-0794	4
600℃，10min	—	—	01-075-0782	83	01-089-0596	4	—	—	01-071-1168	8	01-089-1961	5
600℃，15min	—	—	01-083-2080	86	01-089-8103	4	—	—	01-083-2243	5	01-085-0794	5

注：400℃，10min 的样品中 Fe_xO_y 为 $Fe_{2.95}O_4$，450℃，10min 的样品中 Fe_xO_y 为 $Fe_{2.67}O_4$。符号 "—" 表示未检出物相。

从分析结果可以看出，微波焙烧温度从 400℃ 提高到 450℃ 时，一水硬铝石 [AlO(OH)] 的衍射峰逐渐变弱，刚玉(Al_2O_3) 的衍射峰逐渐增强，焙烧温度提高到 500℃，一水硬铝石的衍射峰消失，主峰均以刚玉的衍射峰为主，说明铝土矿微波焙烧时，在低于 500℃ 的温度下焙烧 10min，就可促使一水硬铝石相完全脱水转化为刚玉相；焙烧温度提高到 600℃，随着焙烧时间的延长（从 2min 延长至 15min），刚玉的衍射峰强度也逐渐增大，说明提高温度延长时间有利于促使刚玉相结晶完善。

另外，各样品中均未检测到黄铁矿(FeS_2) 的衍射峰，也未检测到其他含硫矿物，说明黄铁矿已发生脱硫反应，硫主要生成二氧化硫气体释放出来，而未与其他矿物发生固硫反应。

结合样品中物相分析，400℃ 和 450℃ 焙烧产物样品中均检测到近似磁铁矿(Fe_3O_4) 的铁的氧化物衍射峰($Fe_{2.95}O_4$ 或 $Fe_{2.67}O_4$)，而 500℃ 以上焙烧产物样品中 $Fe_{2.95}O_4$ 或 $Fe_{2.67}O_4$ 的衍射峰逐渐消失，Fe_2O_3 的衍射峰出现，这也进一步说明了微波焙烧温度低时，FeS_2 可能与 O_2 不能充分接触，反应可能以式(6-2)和式(6-3)为主，而随着焙烧温度提高，O_2 的扩散速率增加，FeS_2 能够与 O_2 充分反应，此时脱硫反应以式(6-5)为主，最终生成稳定的 Fe_2O_3 相。

2. 粒度、比表面积及介孔分析

对高硫铝土矿原矿及微波不同焙烧时间和焙烧温度的产物样品进行粒径和比表面积分析，其结果图 6-38 所示。结果显示，微波焙烧温度和焙烧时间对铝土矿焙烧产物的粒度分布和比表面积均会产生一定影响，与铝土矿原矿相比，微波焙烧脱硫后的产物粒度整体分布均匀，细颗粒占比增加，比表面积大幅提高。

图 6-38(a) 中的数据显示，铝土矿焙烧初期，是其粒度和比表面积变化最显著的阶段，600℃ 焙烧 2min，产物的比表面积就从原矿的 4.67m^2/g 快速增大到 87.20m^2/g，说明微波焙烧初期，在电磁波的作用下，物料颗粒内部快速加热，积聚的热量不能迅速散掉，造成颗粒内部和外部温差大，再加上在颗粒内部脱水及生成气体产物等的压力作用下，颗粒发生热破裂现象，使得颗粒裂隙及细颗粒增多，从而导致产物比表面积大幅提高。这一现象为黄铁矿脱硫反应的快速进行提供了有利条件，使得微波焙烧 2min 就可接近 70% 的脱硫率。

另外，从图 6-38(b) 的结果可以看出，焙烧温度从 400℃ 提高到 500℃，产物的比表面积增加较明显，而温度从 500℃ 提高到 600℃，产物的比表面积增加较少，甚至有下降的趋势，说明微波焙烧条件下，适当提高温度，有利于增大产物的孔隙率（图 6-39），矿物结构疏松，比表面积增大，矿物颗粒能与空气充分接触，给硫的脱除提供了空间；而继续提高温度，Al_2O_3 结晶逐渐趋于完善，晶体结构变得致密，孔隙率下降，比表面积减小，从而使脱硫的速率下降。

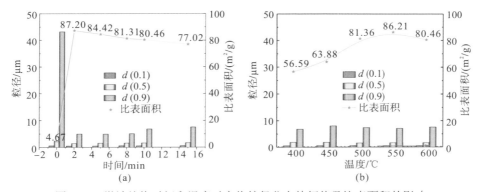

图 6-38 微波焙烧时间和温度对产物粒径分布特征值及比表面积的影响

(a)微波焙烧时间；(b)微波焙烧温度

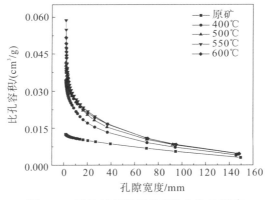

图 6-39 微波焙烧温度对产物介孔的影响

3. 显微形貌

对铝土矿原矿、600℃焙烧 2min、600℃焙烧 10min 和 400℃焙烧 10min 的样品进行了显微形貌分析，各样品的 SEM 图如图 6-40 所示。结果显示，铝土矿微波焙烧前的原矿颗粒结构较致密，微波焙烧后原本致密的颗粒结构遭到破坏，裂隙明显增多，呈现出片层状，结构变得疏松多孔，这一形貌变化进一步解释了前一节中铝土矿焙烧前后比表面积显著变化的主要原因。

图 6-40　铝土矿微波焙烧前后 SEM 图

(a)原矿；(b)600℃焙烧 2min；(c)600℃焙烧 10min；(d)400℃焙烧 10min

　　另外，比较 600℃焙烧 2min[图 6-40(b)]、600℃焙烧 10min[图 6-40(c)]和 400℃焙烧 10min[图 6-40(d)]产物的形貌，可以看出，600℃焙烧 10min 的产物片层结构更加明显，结构更加疏松，说明微波焙烧条件下，适当提高温度和延长焙烧时间，有利于致密颗粒结构的崩裂，从而为铝土矿中硫的脱除创造了有利条件。

　　为进一步分析微波焙烧条件下黄铁矿的反应情况，制备了铝土矿的光片，采用 SEM-EDS 对比分析了光片样品焙烧前后的变化情况，分别如图 6-41 和图 6-42 所示。图 6-41 是样品焙烧前的分析情况，从分析结果可以看出，选取区域的 SEM 图两种矿物分界明显，EDS 分析的 Fe 元素和 S 元素彩色图分布一致，Al 元素和 O 元素彩色图分布一致，说明选取区域是黄铁矿和含铝矿物的交界处。图 6-42 是将光片置于微波炉中 400℃焙烧 10min 后获得的样品的分析结果，可以看出，光片焙烧后已碎裂，选取图 6-41(a)中红色框起的碎块找到黄铁矿的区域进行

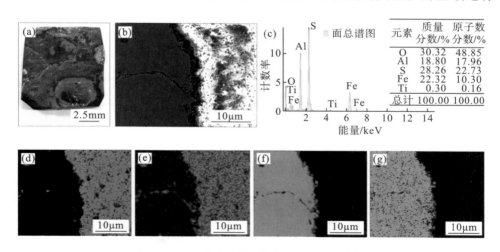

图 6-41　铝土矿微波焙烧前 SEM-EDS 分析

(a)原矿光片照片(光片 1cm×1cm)；(b)黄铁矿和一水硬铝石交界的 SEM 图[扫描区域在图 6-41(a)红色框区域选择]；(c)图 6-41(b)的面扫描能谱图和元素组成；(d)、(e)、(f)、(g)Al、O、Fe、S 元素分布图

SEM-EDS 分析，结果显示，焙烧后黄铁矿区域的 Al、O、Fe、S 元素彩色分布图已与焙烧前的明显不同，Fe 元素与 O 元素的彩色分布图一致，而 S 元素的分布比例较少，这也进一步说明黄铁矿在微波焙烧后发生脱硫反应，生成了铁的氧化物。

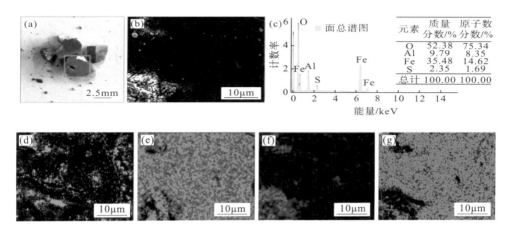

图 6-42　铝土矿微波焙烧后 SEM-EDS 分析

(a)焙烧后样品照片；(b)黄铁矿区域的 SEM 图[扫描区域在图 6-42(a)红色框区域选择]；(c)图 6-42(b)的面扫描能谱图和元素组成；(d)、(e)、(f)、(g)Al、O、Fe、S 元素分布图

4. 实际生产矿样的脱硫效果

取贵州遵义氧化铝厂的实际生产配矿用的高硫铝土矿矿样进行了微波焙烧脱硫效果验证，矿样粒度-0.083mm 占到 79.26%，样品的 XRD 分析及半定量物相组成如图 6-43 所示。结果表明，样品属于一水硬铝石型铝土矿，且含有一定量的黄铁矿。在微波焙烧温度为 600℃的条件下进行了脱硫时间分别为 2min、5min、10min 和 15min 的验证实验，样品焙烧前后的化学组成以及计算的脱硫率见表 6-20。

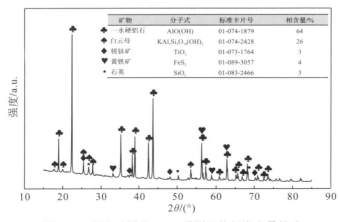

图 6-43　铝土矿样品 XRD 谱图及物相半定量组成

表 6-20 实际生产用铝土矿样品微波焙烧脱硫效果验证

时间/ min	原矿物相组成/%					焙烧矿物相组成/%					脱硫率/%
	Al_2O_3	Fe_2O_3	SiO_2	TiO_2	S_T	Al_2O_3	Fe_2O_3	SiO_2	TiO_2	S_T	
2	64.28	5.86	8.71	2.88	1.42	64.90	5.92	8.79	2.91	0.55	61.64
5	64.28	5.86	8.71	2.88	1.42	64.77	5.98	8.88	2.90	0.47	67.17
10	64.28	5.86	8.71	2.88	1.42	65.01	6.02	9.15	3.11	0.39	72.78
15	64.28	5.86	8.71	2.88	1.42	64.72	5.93	8.90	2.97	0.36	74.81

采用遵义氧化铝厂实际生产用高硫铝土矿样品进行微波焙烧脱硫也可获得较好的脱硫效果,脱硫时间为 2min 时,脱硫率即可达到 61.64%,且随着脱硫时间的延长,脱硫率逐渐增加,与前面进行的微波焙烧时间单因素实验时的脱硫率有着相似的变化趋势,说明微波对脱除铝土矿中的黄铁矿硫有一定的普适性。

微波作为频率在 300MHz～300GHz 的一种高频电磁波,介质加热是其最主要的加热方式,而介质加热的主要原因是偶极子取向极化。偶极子取向极化是指在电场作用下,材料分子的固有偶极矩将沿着电场方向排列,而当电场是高频交变电场(如微波)时,偶极子取向极化不具备迅速跟上交变电场的能力而滞后于电场,会引起极性分子旋转,当这种旋转行为受到原子的弹性散射或者晶格热振动等因素阻碍时会引起能量耗散,电磁能转化为热能,从而引起物体温度升高,具有从内到外的加热特点。因此,基于此特点,绘制微波场中黄铁矿颗粒脱硫的机理模型图,如图 6-44 所示。

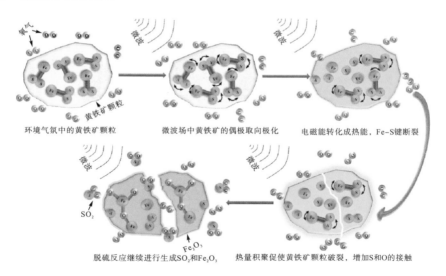

图 6-44 微波场中黄铁矿颗粒脱硫机理模型图

微波加热铝土矿时，黄铁矿等极性物质在偶极子取向极化的作用下，电磁能转化为热能，黄铁矿颗粒内部温度快速升高，促使黄铁矿中的 Fe—S 键断裂，硫离子被大量分离，并不断地向矿物表面扩散，与空气结合生成 SO_2 气体排除。同时，在脱硫的过程中，由于黄铁矿颗粒内部快速积聚的热量不能迅速散掉，颗粒内部和外部形成明显的局部温差，从而产生热应力，当这种热应力达到一定程度时，就会使得颗粒形成不同程度的裂隙，甚至发生热破裂现象，而裂缝的形成或颗粒的破裂有效促进黄铁矿的单体解离和增加其有效反应面积，从而为黄铁矿脱硫反应的快速进行提供了有利条件。另外，结合铝土矿焙烧固体产物物相转化规律进一步分析，在微波场中，黄铁矿脱硫以 $4FeS_2+11O_2\Longrightarrow2Fe_2O_3+8SO_2$ 的反应为主，同时在低温和氧气不充足的条件下会伴随 $3FeS_2+8O_2\Longrightarrow Fe_3O_4+6SO_2$ 反应的发生。

对于微波焙烧法，对原料的适应性较好，无论硫含量的高低均可将以黄铁矿形态存在的硫脱除，获得较好的脱硫效果。焙烧温度对黄铁矿脱硫反应的生成物相影响较显著，低温下焙烧，FeS_2 以生成不稳定的中间相 FeO、Fe_xO_y 的反应为主，而随着焙烧温度提高，这些不稳定的中间相继续与 O_2 反应，最终生成稳定的 Fe_2O_3 相。脱硫后的产物粒度整体分布均匀，细颗粒占比增加，颗粒形貌由致密状转变为片层状，结构变得疏松多孔，比表面积大幅提高，孔隙率增加。

6.5.8　焙烧矿的溶出效果

1. 微波焙烧温度对氧化铝溶出的影响

实验探究了不同微波焙烧温度区间焙烧矿氧化铝的溶出情况，样品均为焙烧 20min 的焙烧矿。拜耳法高压溶出条件如下：溶出温度为 270℃，苛性碱浓度为 265g/L，溶出时间为 60min，CaO 添加量为 8%，配料 Rp 值为 1.2。实验结果如图 6-45 所示。

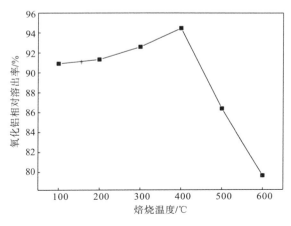

图 6-45　焙烧温度对氧化铝溶出率的影响

从结果可以看出，随着微波焙烧温度升高，焙烧矿氧化铝的相对溶出率有先上升后下降的趋势，微波焙烧温度为400℃时，焙烧矿的氧化铝相对溶出率最大，达到94.77%；继续升高焙烧温度，氧化铝相对溶出率下降较明显，当焙烧温度升至600℃时，氧化铝的相对溶出率下降到80.38%。当温度高于400℃时，氧化铝相对溶出率出现下降，主要原因是焙烧矿存在的刚玉相，在溶出过程中，刚玉相稳定存在于焙烧矿中，而焙烧矿中活性氧化铝的含量较低，导致氧化铝的相对溶出率出现急剧下降。

2. 微波焙烧时间对氧化铝溶出的影响

高硫铝土矿微波400℃焙烧时，一水硬铝石[AlO(OH)]大量分解，使活性氧化铝的含量增加，且氧化铝溶出率最高，因此在该温度区间，考察了不同焙烧时间下获得的焙烧矿氧化铝溶出情况，实验结果如图6-46所示。

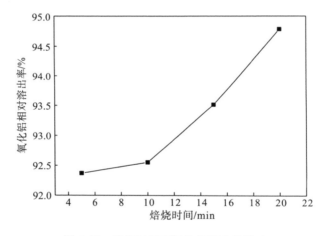

图6-46 焙烧时间对氧化铝溶出的影响

结果显示，在400℃焙烧温度下，延长焙烧时间，焙烧矿氧化铝的溶出率逐渐提高，说明在该焙烧温度下，适当延长焙烧时间，有利于促进铝土矿中的含铝矿物活化，从而提高氧化铝的溶出率。焙烧矿进行了焙烧脱硫预处理，此时的脱硫率为88.84%，全硫含量为0.5%，低于工业生产硫含量的要求，此时的焙烧矿已经能够用于氧化铝溶出。

针对3种不同的焙烧方式对高硫铝土矿焙烧脱硫的实验，可以发现，采用焙烧的方式对硫的脱除效果都较好；同时，相同的焙烧方式对不同的矿样，其脱硫效果差距不大，都能达到溶出的要求。

不同的焙烧方式其化学反应机理相同，随着温度的升高，高硫铝土矿中的黄铁矿(FeS_2)相与空气中的O_2生成的不稳定的中间相FeO，在一定条件下中间相FeO与O_2继续反应生成Fe_3O_4或Fe_2O_3，即高硫铝土矿经焙烧后，其中的硫以SO_2

气体的形式挥发，从而达到焙烧脱硫的目的。同时，随着温度的升高，一水硬铝石[AlO(OH)]逐步向刚玉(Al_2O_3)转化，当焙烧温度提高到一定温度后，一水硬铝石相消失，氧化铝以刚玉为主，焙烧时间的延长以及温度的提高有利于促使刚玉相结晶完善，此时刚玉(Al_2O_3)的溶出性能降低。

但不同的焙烧方式其加热机理不一样，相对于静态焙烧和微波焙烧，气态悬浮焙烧的扩散及传热速率更快，焙烧时间更短；微波焙烧相比于静态焙烧，传热是微波从物质内部开始，具有一定的选择性，能耗更低，但实际生产设备较难实现。

静态焙烧存在焙烧温度高、焙烧时间长、能耗高等问题，在实际生产中，静态焙烧脱硫容易出现 SO_2 气体在矿粉上层富积的情况，导致矿石表面"过烧"和内部"欠烧"的现象，脱硫不完全；而气态悬浮焙烧会产生大量粉尘，需要增加收尘装置，造成设备成本偏高和环境污染；微波焙烧能耗低，但对物料要求较高，适应物料范围较窄，同时设备大型化较困难。此外，焙烧过程中发生铝土矿颗粒细化的现象，焙烧矿过于疏松反而不利于溶出，使赤泥严重细化，沉降性能大为降低。

参 考 文 献

[1] Fulda W, Ginsberg H. Tonerde und Aluminium[M]. Berlin: DeGruyter, 1964.

[2] 仇振琢.铝土矿预脱工艺的改进[J].轻金属,1985(9):9-12.

[3] 刘龙. 高硫铝土矿溶出过程脱硫的研究[D]. 贵阳: 贵州大学，2017.

[4] 梁春来,李小斌,彭志宏.铝矿活化焙烧增浓溶出技术研究[J].世界有色金属,1999(7):9-11,16.

[5] 吕国志,张廷安,鲍丽,等.高硫铝土矿焙烧预处理的赤泥沉降性能[J].东北大学学报(自然科学版),2009,30(2):242-245.

[6] 吕国志,张廷安,鲍丽,等.高硫铝土矿的焙烧预处理及焙烧矿的溶出性能[J].中国有色金属学报,2009,19(9):1684-1689.

[7] 吕国志,张廷安,鲍丽,等.高硫铝土矿的焙烧预处理[J].过程工程学报,2008,8(5):892-896.

[8] 胡小莲,陈文汨,谢巧玲.高硫铝土矿氧化焙烧脱硫研究[J].轻金属,2010(1):9-14.

[9] 陈延信,赵博,酒少武.高硫铝土矿分散态焙烧脱硫实验研究[J].轻金属,2009(12):9-13.

[10] 陈咏梅,李江江,等.高硫铝土矿氧化焙烧脱硫的节能条件优化[J].河南大学学报(自然科学版),2014,44(3):289-291.

[11] 李晓斌.铝土矿焙烧过程及焙烧矿溶出动力学研究[D].长沙:中南工业大学,1985.

[12] 赵恒勤.应用焙烧过程改善低铁一水硬铝石型铝土矿溶出性能的研究[D].长沙:中南工业大学,1989.

[13] 周秋生.活化焙烧改善一水硬铝石矿的溶出性能及加矿增浓溶出技术研究[D].长沙:中南工业大学,1998.

[14] 陈文汨,陈学刚.焙烧氧化法在去除拜耳法有机物中的应用(上)[J].轻金属,2008(8):10-12.

[15] 廖友常,李元坤,史光大.焙烧-湿法预脱硅工艺处理高硫低铝硅比铝土矿石的试验研究及效果——以贵州务川

大竹园铝土矿区矿石为例[J].中国地质,2011, 38(1):129-137.

[16] Kingman S W. Recent developments in microwave processing of minerals[J]. Metallurgical Reviews, 2006, 51(1):1-12.

[17] Uslu T, Atalay Ü. Microwave heating of coal for enhanced magnetic removal of pyrite[J]. Fuel Processing Technology, 2004, 85(1):21-29.

[18] Ma S J, Luo W J, Mo W, et al. Removal of arsenic and sulfur from a refractory gold concentrate by microwave heating[J]. Minerals Engineering, 2010, 23(1):61-63.

[19] Thoms T. Developments for the precombustion removal of inorganic sulfur from coal[J]. Fuel Processing Technology, 1995, 43(2):123-128.

[20] 金会心, 吴复忠, 李军旗, 等. 高硫铝土矿微波焙烧脱除黄铁矿硫[J]. 中南大学学报（自然科学版),2020,51(10):2701-2718.

[21] Liu C P, Xu Y S, Hua Y X. Application of Microwave Radiation to Extractive Metallurgy[J]. Chinese Journal of Metal Science & Technology, 1990(2):121-124.

[22] 张念炳. 高硫铝土矿脱硫机理及微波预焙烧脱硫研究[D]. 重庆: 重庆大学，2011

[23] 张念炳.白晨光.邓青宇. 高硫铝土矿微波焙烧预处理[J].重庆大学学报,2012,35(01):81-85.

[24] 梁佰战,陈肖虎,冯鹤,等.高硫铝土矿微波脱硫溶出试验[J].有色金属(冶炼部分), 2011(03):23-26.

[25] 黎氏琼春.微波强化焙烧一水硬铝石矿提取氧化铝基础研究[D].昆明: 昆明理工大学,2017.

[26] Le T, Ju S H, Peng J H, et al. Phase transformation of the diasporic bauxite–sodium hydroxide–calcium hydroxide system in microwave heating[J]. Journal of Central South University(Science and Technology), 2017,48(12):3152-3159.

[27] Le T, Ju S H, Ravindra A V, et al. Effect of microwave roasting on aluminum extraction from diasporic bauxite-sodium carbonate-calcium hydroxide mixtures[J]. Journal of Metals, 2019, 71(2): 831-837.

[28] Clark D E, Folz D C, West J K. Processing materials with microwave energy[J]. Materials Science & Engineering A, 2000, 287(2):153-158.

[29] 王一雍,张廷安,鲍丽,等.一水硬铝石矿活化焙烧工艺研究[J].东北大学学报(自然版),2009,30(8):1166-1169.

[30] 李光辉. 铝硅矿物的热行为及铝土石矿的热化学活化脱硅 [D]. 长沙：中南大学, 2002.

[31] 胡小莲. 高硫铝土矿中硫在溶出过程中的行为及除硫工艺研究 [D]. 长沙：中南大学, 2011.

[32] 张武. CaO–Al_2O_3–SiO_2 三元系烧结产物物相形成及其溶出规律研究 [D]. 沈阳：东北大学, 2011.

[33] 李小斌. 周秋生. 彭志宏,等. 活化焙烧一水硬铝石矿增浓溶出过程动力学[J]. 中南工业大学学报(自然科学版), 2000(3): 219-221.